U0100970

| 论 衡 |

上林繁葉

秦汉生态史丛说

王子今

著

上海人民出版社

茂陵"泱茫无垠"瓦当

"上林"瓦当

"飞鸿延年"瓦当

长安韦曲郭利世墓出土汉错金银虎镇（据《长安瑰宝》）

秦始皇陵出土铜鹤（据《中国考古学·秦汉卷》）

武威雷台汉墓出土"马踏飞燕"

洛阳空心砖墓"天马"画面（据《洛阳西汉画象空心砖》）

淅川申明铺汉墓出土画像砖"斗虎"图（据《南阳汉代画像砖》）

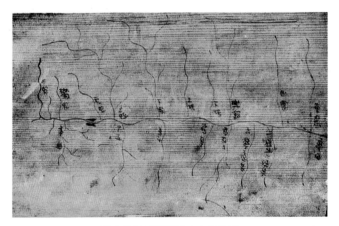

天水放马滩秦墓出土木板地图

乐浪汉墓出土漆奁"商山四皓"形象

西安理工大学西汉壁画墓射猎图（据《西安理工大学西汉壁画墓》）

曹操高陵出土"魏武王常所用挌虎大戟"石牌（据《曹操高陵》）

序

我承担过一个国家社会科学基金资助课题"秦汉时期生态环境研究"，2000年立项（项目编号：00BZS009），结项鉴定等级为"优秀"。最终成果为学术专著《秦汉时期生态环境研究》，北京大学出版社2007年9月出版。可能是比较注重运用考古文物资料的缘故，这本书2008年6月被评为"2007年度全国文博考古十佳图书"。2009年9月又获高等学校科学研究优秀成果奖（人文社会科学）三等奖。《秦汉时期生态环境研究》面世后，《文摘报》2007年10月21日、《中国秦汉史研究会通讯》2007年（总第36期）曾发表书讯，《中国文物报》2008年1月16日发表孙闻博书评《领域开拓与史料发掘——读〈秦汉时期生态环境研究〉》，《科学时报》2008年3月13日"读书周刊"发表李迎春书评《透过生态史看秦汉》。

大概用时六七年完成了这项工作。但是关注生态环境，特别是秦汉史的生态环境背景的兴味，可能因为学术惯性的作用，后来并没有消减。2007年以后十数年发表的相关论文，还有一些，比如《漢魏時代黄河中下游域における環境と交通の関係》（《黄河下流域の歴史と環境——東アジア海文明への道》，東方書店2007年2月），《秦汉关中水利经营模式在北河的复制》（《河套文化论文集》二，内蒙古人民出版社2007年2月），《方春蕃萌：秦汉文化的绿色背景》（《博览群书》2008年第5期），《走马楼竹简"枯兼波簿"及其透露的生态史信息》（《湖南大学学报》2008年第3期），《甘泉方家河岩画与直道黄帝传说——上古信仰史与生态史的考察》（《陕西历史博物馆馆刊》第21辑，三秦出版社2014年12月），《论汉昭帝平陵从葬驴的发现》（《南都学坛》2015年第1期）等。有的论文的主要内容经充实更新，观点亦有提升，收入《汉代丝绸之路生态史》书稿，如《简牍资料所见汉代居延野生动物分布》（《鲁东大学学报》2012年第4期），《北边"群鹤"与泰畤"光景"——汉武帝后元元年故事》（《江苏师范大学学报》哲学社会科学版2013年第5期），《"海"和"海子"："北中"语言现象》（《西域历史语言研究所集刊》第8辑，科学出版社2015年5月）等。也有一些编入其他文集中。

本书收录的《赵充国时代"河湟之间"的生态与交通》（《青海民族研究》2014年第3期）等，按照上海人民出版社的要求，也做了改写。拙文《秦汉北边"水草"

生态与民族文化史进程》，是《中国社会科学报》约稿，2020年8月14日刊出时，文题改为《从秦汉北边水草生态看民族文化》，收入本书，恢复了私意以为更合适的原题。关于生态条件"水草"对于丝绸之路交通及汉帝国西北方向拓进的意义，汉代史籍文献有"善水草""美水草""水草美""饶水草""水草之利"以及"水草少""乏水草""无水草"等表述，都值得生态史研究者关注。

应当指出，有关《史记》的几篇拙作，《太史公笔下"鼠"的故事》《〈史记〉说"蜂"与秦汉社会的甜蜜追求》《〈史记〉"芬芳"笔墨：秦汉人的嗅觉幸福》等，是为中华书局《月读》《史记》讲座"撰写的文字。我承担的这个栏目，从2019年9期起，已经陆续发表小文23篇。以这样的微观视角读《史记》，形成"碎片化"的心得，还有《太史公笔下的"蚕"》（2020年第2期），《〈史记〉对"大疫""天下疫"的记录》（2020年第3期），《〈史记〉最早记录了蝗灾》（2020年第6期），《〈史记〉中的"丝路酒香"》（2021年第2期）等。《史记》卷一〇五《扁鹊仓公列传》载录扁鹊语，说到"以管窥天"。这样的《史记》研究方式，正是以小窥大。但是通过这样的观察，也是可以"窥"见《史记》这部伟大的史学名著为我们展示的万里晴空的。也许用许许多多这样的"碎片"，是可以拼合成历史文化的辉煌全景的。

拉拉杂杂说了以上这些话，是想告知读者我这样的点滴心得：生态环境史研究，秦汉生态环境史研究，还有非常广阔的学术空间，还有许多许多富有趣味的学术切入点，还有许多许多有意义的学术主题。正如本书中所写到的，张衡《西京赋》使用"山谷原隰，决漭无疆"文辞。薛综解释说："决漭，无限域之貌。言其多无境限也。"汉武帝茂陵附近出土汉"决茫无垠"文字瓦当，文意也是大体接近的。班固《西都赋》所谓"灵草冬荣，神木丛生"，张衡《西京赋》所谓"嘉木树庭，芳草如积"以及"神木灵草，朱实离离"等，都描绘了汉代生态环境绿意盎然的风景。希望学界朋友们，特别是青年学人愿意关注这一方向，发现其中烂漫的春光、丰盈的生气和多趣的故事。为理解和说明这一历史时期文明进步的生态背景有更多的富于创新性的学术推进。

我翻译日本学者梅棹忠夫著《文明的生态史观》列入姚鹏主编《世界贤哲名著选译·猫头鹰文库》第一辑，上海三联书店 1988 年 3 月出版，算来是 33 年前的事情了。《解放日报》1988 年 6 月 11 日曾经发表顾国泉书评。此次《上林繁叶：秦汉生态史丛说》面世，全承上海人民出版社马瑞瑞等编辑的鼓励，辛苦编发，细心校定，付出甚多。前后多年上海书界朋友的支持，子今感念至深。

2021 年 6 月 29 日北京大有北里

上林繁叶

目 录

001 /　　序

001 /　　上林浓绿：秦汉宫苑"林麓之饶"

009 /　　《西京赋》的"樱梅"

013 /　　四皓"紫芝"故事

025 /　　汉代关中竹林

029 /　　关于"伐驰道树殖兰池"

035 /　　上林"植物斯生"

043 /　　放马滩秦墓木板地图记录的公元前 3 世纪秦岭西段
　　　　　生态环境

060 /　　里耶秦简"捕鸟及羽"文书的生态史料意义

081 / 汉代的斗兽和驯兽

110 / 秦史蝗灾记录

143 / "泽"与汉王朝的建国史

164 / 汉代"天马"追求与草原战争的交通动力

178 / 武威雷台铜马"紫燕骝"说商榷

183 / 秦汉北边"水草"生态与民族文化史进程

190 / 赵充国"河湟之间"交通经营的生态史背景

213 / 生态史视野中的米仓道交通

242 / 秦汉时期的"虎患""虎灾"

247 / 太史公笔下"鼠"的故事

264 / 《史记》说"蜂"与秦汉社会的甜蜜追求

283 / 《史记》"芬芳"笔墨：秦汉人的嗅觉幸福

301 / 上古社会生活中的鹤

319 / 秦汉陵墓"列树成林"礼俗

352 / 关于曹操高陵出土刻铭石牌所见"挌虎"

357 / 曹操高陵石牌文字"黄豆二斗"辨疑

上林浓绿：秦汉宫苑"林麓之饶"

先秦时期，各地已经开始出现被称作"苑囿"的风景园林，以为王侯贵族观赏游猎之用。"苑"字的本义，在于形容林木繁茂。《汉书》卷一九上《百官公卿表上》说：太仆属官有"边郡六牧师菀令"。王先谦《汉书补注》说，"菀"就是"苑"："先谦曰：《续志》：'牧师苑，皆令官，主养马，分在河西六郡界中。中兴皆省。''菀''苑'通用字。"据张元济《校勘记》，《续汉书·百官志三》中，宋本作"菀"者，殿本往往作"苑"①。而"苑""菀"，都用以形容"茂木"。《国语·晋语二》记优施为里克歌："人皆集于苑，己独集于枯。"可知"苑"与"枯"反义。韦昭注："苑，茂木貌。"《诗·小雅·菀柳》："有菀者柳。"毛亨传："菀，茂木也。"

"囿"，据说原本与"苑"同音。"苑""菀"又音 yù。

---

① 张元济：《百衲本二十四史校勘记·后汉书校勘记》，商务印书馆1999年5月版，第332页。

《诗·小雅·正月》郑玄笺:"菀,音郁徐反。"《诗·小雅·都人士》:"我心苑结。""苑"通"郁"。因而也有人说,"苑""囿"的区别,只在于规模大小不同。《吕氏春秋·重己》:"昔先圣王之为苑囿园池也,足以观望劳形而已矣。"高诱注:"大曰苑,小曰囿。"而"囿"字常常和"圃"字相混淆,如《史记》卷一一七《司马相如列传》:"般般之兽,乐我君囿。"《汉书》卷五七下《司马相如传下》则写作:"般般之兽,乐我君圃。"《左传·僖公三十三年》:"郑之有原圃,犹秦之有具囿也。"《经义述闻》卷一七:"王念孙云:《七经·孟子考闻》曰:宋板'圃'作'囿'。按作'具圃'者是也。作'具囿'者,涉注文'囿'名而误耳。注本云:'原圃、具圃,皆圃名。'""囿"和"圃"字义的相近,似乎显示出苑囿中人工栽植的草木得到突出的强调。然而,事实上"苑"的设置,最初往往都是选择自然植被条件最为优越、生长繁密茂盛的地方。即所谓"遭薮为圃,值林为苑"(《文选》卷五左思《吴都赋》)。

秦穆公时,已经有"具囿"之经营。"具囿",一说"具圃"。《左传·僖公三十三年》:"郑之有原圃,犹秦之有具囿也。"清人高士奇《春秋地名考略》:"臣谨按《诗·驷铁》美襄公有田狩之事、园囿之乐。其诗曰'游于北园,四牡既闲,辎车鸾镳,载猃歇骄'是也。具囿,盖亦苑囿之名。穆公都雍,具囿必在祈年、橐泉之间。自后如文之萯阳，昭之棫林，襄之芷阳，皆离宫也。至始皇而筑长杨、射熊，谓之'上林'。贾山谓其自咸阳而西至雍，离宫三百，苑囿益广矣。"《韩非子·外储说右下》写道："秦大饥，应侯请曰：'五苑之草著蔬菜橡果枣栗，足以活民，请发之。'"当"大饥"之年，范雎建议利用"五苑"野生植被，允许饥民采集，以为救济措施。可见"五苑"之中植物资源相当丰富。到了秦始皇的时代，秦苑名称见于史籍的还有"上林苑"（《史记》卷六《秦始皇本纪》）、"宜春苑"（《史记》卷六《秦始皇本纪》）、"鲲蹏苑"（《尔雅·释畜》郭璞注）等。徐卫民、呼林贵先生在讨论秦苑囿建筑时所列苑囿，又有"兔园""梁山苑""骊山苑"①。《淮南子·氾论》说，"秦之时，……大为苑囿。"有的学者指出，"在这一时期，陕西境内古代园林建设规模之巨大、数量之惊人已经达到了中国历史上登峰造极的地步。"② 有人注意到当时宫殿和苑囿密切结合的特征，如"甘泉前殿必近上林苑"（雍正《陕西通志》卷七二《古迹二》）。根据《史记》卷六《秦始皇本纪》"（始皇）营作朝宫渭南上林苑中"以及"先作前殿阿房"的说法，可以理

---

① 徐卫民、呼林贵：《秦建筑文化》，陕西人民教育出版社 1994 年 7 月版，第 156—159 页。

② 赵琴华、秦建明：《陕西古代园林》，三秦出版社 2001 年 6 月版，第 27 页。

解阿房宫直接营造于"上林苑中"。有学者指出,"阿房宫是秦在渭南上林苑中营建的一个宏大的群体建筑。"并总结了相关考古发现 [①]。

不过,有的研究者则说,咸阳宫殿区只是"把数十公里外的终南山作为园林借景" [②],苑囿对于宫廷生活的陪衬意义体现于一定空间距离之外。秦代的"苑",可知还有秦二世葬地"宜春苑"(《史记》卷六《秦始皇本纪》)等。

西汉继承了秦时苑囿园林。据说汉初曾经部分开放,"令民得田之"(《汉书》卷一下《高帝纪下》)。自汉武帝时代起,历代则又相继扩充新建。萧何营建长安宫殿,应对刘邦因"宫阙壮甚"的斥责,有"无令后世有以加也"的解说(《史记》卷八《高祖本纪》)。然而"无令后世有以加也"的前期设想被汉武帝全面打破。他"作建章宫,度为前门万户"(《史记》卷二八《封禅书》),又扩展苑囿规模。他计划大规模收买农田,"欲除以为上林苑,属之南山",包容"阿城以南,盩厔以东、宜春以西"(《汉书》卷六五《东方朔传》)大片土地。《汉书》卷八七上《扬雄传上》说:"武帝广开上林,南至宜春、鼎胡、御宿、昆吾,旁南山而西,至长杨、五柞,北绕黄山,濒渭而东,周衺

---

① 田静:《秦宫廷文化》,陕西人民教育出版社 1998 年 10 月版,第 38—41 页。

② 周云庵:《陕西园林史》,三秦出版社 1997 年 3 月版,第 51 页。

数百里。"

据《汉书》记载，关中地区有上林苑、博望苑（《汉书》卷一〇《成帝纪》）、黄山苑（《汉书》卷六八《霍光传》）、乐游苑（《汉书》卷八《宣帝纪》）、宜春下苑（《汉书》卷九《元帝纪》）等。其中以上林苑规模最大。

《三辅黄图》卷四《园囿》在"周灵囿"之后，列有"汉上林苑""甘泉苑""御宿苑""思贤苑""博望苑""西郊苑""三十六苑""乐游苑""宜春下苑""梨园"。其中"御宿"，又写作"御羞"。《汉书》卷一九上《百官公卿表上》说，汉武帝元鼎二年（前115）"初置"的"水衡都尉"，"掌上林苑"，这一管理部门"有五丞"。其属官，"有上林、均输、御羞、禁圃、辑濯、钟官、技巧、六厩、辩铜九官令丞。又衡官、水司空、都水、农仓，又甘泉上林、都水七官长丞皆属焉。上林有八丞十二尉，均输四丞，御羞两丞，都水三丞，禁圃两尉，甘泉上林四丞。"又说，"初，御羞、上林、衡官及铸钱皆属少府。"在"水衡都尉"设置之前，这些官职由"少府"统辖。按照如淳的解说，"御羞，地名也，在蓝田，其土肥沃，多出御物可进者，《扬雄传》谓之御宿。《三辅黄图》御羞、宜春皆苑名也。"颜师古则说："御宿，则今长安城南御宿川也，不在蓝田。羞、宿声相近，故或云御羞，或云御宿耳。羞者，珍羞所出；宿者，止宿之义。"汉"禁圃"瓦当出土于陕西西安周至①。"御羞""御宿"与"上林"官署的关系，说明分析苑囿名号时，应当考虑到比较复杂的关系。

《史记》卷一一七《司马相如列传》载司马相如《上林赋》关于上林苑植被形势，说到崇山之间的"深林钜木"（《文选》卷八司马相如《上林赋》作"深林巨木"），而阜陵川原，同样草木繁盛："掩以绿蕙，被以江离，糅以蘪芜，杂以流夷。尃结缕，攒戾莎，揭车衡兰，稿本射干，茈姜蘘荷，葴橙若荪，鲜枝黄砾，蒋芧青薠，布濩闳泽，延曼太原，丽靡广衍，应风披靡，吐芳扬烈，郁郁斐斐，众香发越，肸蠁布写，唅唈芯勃。"

对于所谓"吐芳扬烈"，裴骃《集解》引用郭璞的说法，解释为"香酷烈也"。所谓"唅唈芯勃"，张守节《正义》："唅唈，奄爱二音。皆芳香之盛也。《诗》云'芯芯芬芬'，气也。"作者对草野间"众香发越"，"吐芳扬烈"情境的描写，透露出对自然的一种真实的亲和之心。

《文选》卷一班固《西都赋》说长安地方生态形势，有"幽林穹谷""芳草甘木"语句，又说："西郊则有上囿禁苑，林麓薮泽"，昆明池畔，则有"茂树荫蔚，芳草被堤。兰茝发色，晔晔猗猗。若摛锦布绣，爥耀乎其陂"。李善注："《汉书》曰：'华晔晔，固灵根。'《说文》

① 任虎成、王保平主编：《中国历代瓦当考释》，世界图书出版公司2019年9月版，第321页。

上林繁叶

曰：'晔，草木白华貌。'《毛诗》曰：'瞻彼淇澳，绿竹猗猗。'毛苌曰：'猗猗，美貌。'《说文》曰：'摛，舒也，敕离切。'扬雄《蜀都赋》曰：'丽靡摛爥，若挥锦布绣。'"扬雄所谓"挥锦布绣"，班固所谓"摛锦布绣"，说山林景色的秀美，也告知我们"锦""绣"的光彩，也是来自仿拟自然草木颜色的设计。

《文选》卷二张衡《西京赋》又用这样更为具体的文句描述了上林苑"林麓之饶"："木则枞栝椶柟，梓械楩枫。嘉卉灌丛，蔚若邓林。郁蓊薆蔚，橚爽樆槮。吐葩扬荣，布叶垂阴。草则葴莎菅蒯，薇蕨荔芀。王刍茵台，戎葵怀羊。苯䔿蓬茸，弥皋被冈。筱簜敷衍，编町成篁。山谷原隰，泱漭无疆。"对于"嘉卉灌丛，蔚若邓林"，薛综注："嘉，犹美也。灌丛、蔚若，皆盛貌也。"在"郁蓊薆蔚，橚爽樆槮"句下，薛综也解释说："皆草木盛貌也。"所谓"苯䔿蓬茸，弥皋被冈"，亦见薛综注："弥，犹覆也。言草木炽盛，覆被于高泽及山冈之上也。"

班固《西都赋》描述田猎盛况，也说到作为环境背景的"松柏""丛林""草木"。张衡《西京赋》关于猎场风景，也使用了"梗林""朴丛"等词汇。这些对自然丛林的写叙，大体应是真实可信的。

张衡笔下所谓"山谷原隰，泱漭无疆"，薛综解释说："泱漭，无限域之貌。言其多无境限也。"汉武帝茂陵附近出土的汉"泱茫无垠"文字瓦当，文意也是大体接近的。

汉人辞赋，不免有铺张之嫌。其中草木名称，晋人博学如郭璞，亦往往称"未详"，今人则更难以确知其所指。不过，我们还是可以通过这一类记述，大致了解当时禁苑中林木繁衍、芳草遍地的概况。

是大自然的神奇手笔涂染了上林的浓绿。而宫苑的管理者和享有者能够保持和维护这种色彩的自然形态，其自然主义意识的背景，也是值得我们注意的。

《西京赋》的"栟柟"

  《文选》卷二张衡《西京赋》说上林"植物",列举多种草木。首先说到这些树种:"木则枞栝栟柟,梓棫楩枫。……"

  关于"栟柟"等木本植物,李善注:"郭璞《山海经注》曰:'栟,一名并间。'《尔雅》曰:'梅,柟。'郭璞曰:'柟木似水杨。'又曰:'棫,白桵。'""郭璞《上林赋注》曰:'楩,杞也,似梓。'"今按:栟,应即棕。《南都赋》所见南阳林木中所谓"楈枒栟榈",也值得注意。"楈枒栟榈"句下,李善注:"郭璞《上林赋》注曰:'楈枒似栟榈,皮可作索。'张揖注《上林赋》曰:'栟榈,棕也,皮以为索。'"所说"皮可作索","皮以为索",都是指现今,通称为"棕"的"栟"。《说文·木部》:"栟,栟榈,棕也。""棕,栟榈也,可作萆。"段玉裁注:"《艸部》曰:'萆,雨衣,一名衰衣。'按'可作萆'之文,不系于'栟'下,而系'棕'下者,此树有叶无枝,其皮曰'椶'，可为衰，故不系于'栟'下也。'椶'本木皮，因以为树名。故'栟榈'与'椶'得互训也。"张揖注《上林赋》曰："'并闾，椶也，皮可以为索。'今之椶绳也。"也有称之为"椶榈"，以为即"蒲葵"者。段玉裁已经予以澄清。他指出："《玉篇》云：椶榈一名蒲葵。今按《南方艸木状》云：蒲葵如栟榈而柔薄，可为簦笠，出龙川。是蒲葵与椶树各物也。"不过，所以将所谓"椶榈"和"蒲葵"相混一，可能也是因为出产地大致相同的缘故。

宋人罗愿《尔雅翼》卷九"并闾"条介绍了这种树木的形貌、特性和物用："张揖解《上林赋》曰：并闾，椶也，木高一二丈，傍更无枝，叶大而圆，有如车轮，皆萃于木杪，其下有皮重迭裹之。每皮一匝为一节。其花黄白，结实作房，如鱼状。《山海经》曰：石翠之山，其木多椶，岭南、西川、江南皆有之。其皮为用最广。二旬一割，则叶转复生。皮作绳，入土号为千岁不烂。孙权讨黄祖，祖横两蒙冲，保守沔口，以并闾大绁系石为矴。又齐高帝时，军容寡少，乃编椶皮为马具装。此盖军旅所须，故晋令夷民守护椶皮者，一身不输。而《唐书》：诃陵国在南海洲上，立木为城，作大屋重阁，以椶皮覆之。王坐其中。此皮坚韧不受雨，故可以冒马覆屋也。一名蒲葵。晋人称蒲葵扇。扇自柄上攒众骨如椶叶之状，今宣、歙、衢、信间扇是也。梁张孝秀，性通率，常冠縠皮巾，蹑蒲履，执栟榈皮麈尾。唐世以为拂。今人游山者，作稜鞋。如淳解《甘泉赋》谓：并间，其叶随时政，政平则平，政不平则倾。颜师古曰：'如氏所说自是平虑耳。'并间，谓稜也。又郭璞解《上林赋》曰：'胥邪，似并间，皮可作索。'《南都赋》曰：'楈枒栟榈'，《蜀都赋》曰：'稜枒'，《周书·王会》云：'白州并间，其叶若羽，伐其木以为车。'"

《南都赋》所说"稜"以及"楈枒栟榈"，可能都是指棕榈科植物。汉代秦岭北麓出产被有的学者解释为"并间"即"栟榈"的"稜"，是值得重视的自然生态史信息。

后来南阳地区虽然仍然有"棕"的遗存，但是从20世纪50年代初的资料看，全国"棕""棕皮""棕片""棕绳""棕丝"的主要产地，已经不包括南阳地区了。据中国土产公司计划处编《中国土产综览》，这些产品的主要出产地是：棕，川西；棕皮，皖南、皖北；棕片，湖北；棕绳，广东、川南；棕丝，川南、川东[1]。当然秦岭北坡更没有"棕"出产的迹象。但是汉代生态环境条件较今温暖湿润，这种可能性尚未可排除。从现今植被类型分布图

---

[1] 《中国土产综览》：中国土产公司1951年7月版，上册第103、138页，下册第134、371、552、558、657、671页。

看，农业植被中"棕榈"的分布区，也不包括南阳[①]。

张衡《西京赋》"椶枏"并说，《史记》卷一二九《货殖列传》说"江南"所出，首列"枏"。"枏"即"楠"，是南方林产。后世人们的植物学经验，也知道楠木生于南国。《本草纲目》卷三四《木部·楠》："枏与楠字同。时珍曰：南方之木，故字从南。"现代楠木出产区域只限于四川、云南、贵州、湖北等地[②]。而天水放马滩秦墓出土木板地图可见林产记录有"大楠木"，发掘报告释文作"大楠材"[③]。放马滩木板地图所见"楠"，可以证实汉赋有关汉代上林有"枏"生存的说法。

---

① 西北师范学院地理系、地图出版社主编：《中国自然地理图集》，地图出版社 1984 年 6 月版，第 135 页。
② 《辞海·生物分册》，上海辞书出版社 1975 年 12 月版，第 235 页。
③ 甘肃省文物考古研究所：《天水放马滩墓葬发掘报告》，甘肃省文物考古研究所编：《天水放马滩秦简》，中华书局 2009 年 8 月版，第 109 页。

四皓"紫芝"故事

　　"四皓"事迹最初见于《史记》的记录。而《史记》未用"四皓"称谓，直接的说法是"四人"。

　　《史记》卷五五《留侯世家》写道，刘邦准备废太子，立戚夫人子赵王如意。大臣多谏争，吕后恐慌，不知所为。于是强请张良筹划对策。张良提示，有四位老人为刘邦敬重，皆隐匿山中，不愿为汉王朝服务。太子如果诚恳"固请，宜来"。来则可以为助。"于是吕后令吕泽使人奉太子书，卑辞厚礼，迎此四人。"随后发生的政治变局中，四位老人的谋划对于太子地位的维护和巩固表现出重要的意义。

　　关于《史记》记述的这"四人"，后来通常因"年皆八十有余，须眉皓白"称"四皓"。因张良智谋得以传播的"四皓"故事虽然形成于汉初，却可以透露出道家在战国晚期以至于秦代的某些文化风格。

　　就"四皓"故事及相关问题，通过对交通地理形势、文化联络路径、政治参与程度以及历史影响方式等方面的考察，应当有益于理解和说明当时道家的文化质量和历史面貌。我们还应当注意到，和"四皓"有关的历史记忆，保留了若干生态史的信息。

《汉书》卷八七下《扬雄传下》记载扬雄《解嘲》，其中有"四皓采荣于南山"句。据颜师古注，一种解释是："'荣'谓草木之英，采取以充食。"

"四皓"为吕后迎致之前的行迹，《史记》记载张良语只说"逃匿山中"，《汉书》卷八七下《扬雄传下》则说"四皓采荣于南山"。《汉书》卷七二《王贡两龚鲍传》序文则说"避而入商雒深山"，颜师古注："即今之商州商雒县山也。"后来于是有"商山四皓"的说法。《太平御览》卷一六八引皇甫谧《帝王世纪》曰："四皓始皇时隐于商山，作歌曰：'英英高山，深谷逶迤。晔晔紫芝，可以疗饥。唐虞时远，吾将何归。'"其中"晔晔紫芝"文字引人注目。

宋人欧阳忞《舆地广记》卷一四《陕西永兴军路下·商州·上洛县》："商山，在县西南，秦四皓所隐也。""商山"或说"商洛山""商雒深山""商雒县山"所在，有商君封地作为政治地理坐标[1]，战国时期又依傍丹

---

[1] 王子今、焦南峰、周苏平：《陕西丹凤商邑遗址》，《考古》1989年第 7 期。

江川道形成了通行条件优越的联系秦楚的重要通路。因武关之险，称"武关道"。从武关道穿越秦岭路段的栈道遗存看，当时这条道路最艰险的路段也可以驶行车辆。

"四皓"所居"商山"所在，属于或说秦楚有领土纠纷的"商於之地"，一说"故秦所分楚商于之地"，而"商洛山在县南一里，一名'楚山'，即四皓所隐之处"以及《水经注》卷二〇《丹水》发源于"楚山"的河流又称"楚水"的说法，更暗示"四皓"与楚文化的关系。东汉冯衍《显志》"披绮季之丽服兮，扬屈原之灵芬"将"四皓"中"绮季"与"屈原"并说，也符合这一情形。《后汉书》卷二八下《冯衍传下》李贤注："绮季，四皓之一也。《前书》曰，四皓随太子入侍，须眉皓白，衣冠甚伟。《楚汉春秋》曰'四人冠韦冠，佩银环，衣服甚鲜'，故言'丽服'也。"所谓"绮季之丽服"，所谓"四人""衣服甚鲜"，也与"楚服盛服"的说法一致。《战国策·秦策五》说到秦始皇父亲异人地位得以上升的一个重要情节："异人至，不韦使楚服而见，王后悦其状。"高诱注："楚服盛服。"鲍彪注："以王后楚人，故服楚制以说之。"

后人诗作所谓"西见商山芝，南到楚乡竹"（〔唐〕宋之问：《游陆浑南山自歇马岭到枫香林以诗代书答李舍人适》，《文苑英华》卷一六〇），"商岭芝可茹，楚泽兰堪纫"（〔元〕吴皋：《拟古十首次刘闻廷韵》之六，《吾吾类稿》卷一），"已剖巴陵橘，犹歌商岭芝"（〔元〕钱惟善：《题马远画商山四皓图》，《历代题画诗类》卷三四），"又见武陵桃，更有商岭芝"（〔明〕孙一元：《周舜卿山水图歌》，《太白山人漫藁》卷三），都以"商山""商岭"和楚地风土对应。"四皓"在汉初政治舞台上进行过成功表演，而"商山芝""商岭芝"所谓"芝"提示我们，作为他们醒目道具的，是一种"可茹"即可以食用的山林植物。

唐人苏颋曾说："四皓见贤于子房。"（《夷齐四皓优劣论》，《唐文粹》卷三八）张良以对"四皓"的熟悉和理解，启动了这四位老人影响汉王朝政治方向的表演。张良的举措意义重大。宋代学者晁说之《晁氏客语》："张良致四皓以正太子，分明是决然之策。"谢采伯《密斋笔记》卷一写道："（高帝）及得天下又溺于戚姬，几欲废太子，微四皓，则又是一场狼狈。"罗大经《鹤林玉露》乙编卷四"四老安刘"条也说："子房智人也，乃引四皓为羽翼，使帝涕泣悲歌而止。"张良本人形迹有明显的道家色彩。《史记》卷五五《留侯世家》记载他由黄石公处得传兵书的故事："良尝闲从容步游下邳圯上，有一老父，衣褐，至良所，直堕其履圯下，顾谓良曰：'孺子，下取履！'良鄂然，欲殴之。为其老，强忍，下取履。父曰：'履我！'良业为取履，因长跪履之。父以足受，笑而去。良殊大惊，随目之。父去里所，复还，曰：'孺子可教矣。

后五日平明，与我会此。'良因怪之，跪曰：'诺。'五日平明，良往。父已先在，怒曰：'与老人期，后，何也?'去，曰：'后五日早会。'五日鸡鸣，良往。父又先在，复怒曰：'后，何也?'去，曰：'后五日复早来。'五日，良夜未半往。有顷，父亦来，喜曰：'当如是。'出一编书，曰：'读此则为王者师矣。后十年兴。十三年孺子见我济北，谷城山下黄石即我矣。'遂去，无他言，不复见。旦日视其书，乃《太公兵法》也。良因异之，常习诵读之。"关于老父形貌，张守节《正义》引《括地志》云："孔文祥云'黄石公状，须眉皆白，杖丹黎，履赤舄'。"《留侯世家》还记载："子房始所见下邳坯上老父与太公书者，后十三年从高帝过济北，果见谷城山下黄石，取而葆祠之。留侯死，并葬黄石。每上冢伏腊，祠黄石。"又记载，"留侯从入关。留侯性多病，即道引不食谷，杜门不出岁余。"裴骃《集解》："《汉书音义》曰：'服辟谷之药，而静居行气。'"后来，张良明确表示"愿弃人间事"而从仙人游的心志，不过却为吕后制止："乃称曰：'家世相韩，及韩灭，不爱万金之资，为韩报雠强秦，天下振动。今以三寸舌为帝者师，封万户，位列侯，此布衣之极，于良足矣。愿弃人间事，欲从赤松子游耳。'乃学辟谷，道引轻身。会高帝崩，吕后德留侯，乃强食之，曰：'人生一世间，如白驹过隙，何至自苦如此乎！'留侯不得已，强听而食。"所谓"赤松子",司马贞《索隐》引《列仙传》："神农时雨师也,能入火自烧,昆仑山上随风雨上下也。"

所谓"学辟谷,道引轻身",裴骃《集解》引徐广曰："一云'乃学道引,欲轻举'也。"《汉书》卷四〇《张良传》作:"乃学道,欲轻举。"颜师古注:"道谓仙道。"后人或写作"乃学道辟谷,欲轻举"(〔明〕胡广:《胡文穆杂著》)。他实际上已经实践了早期道教的修行程序。处于秦岭留坝山中的张良庙,后来成为道教圣地。张良被看作道教文化系统中神仙信仰的典范。除了与张良关系亲密而外,"四皓"自身也确实表现出与早期道教文化特征十分接近的品格。皇甫谧《高士传》卷中《四皓》:"四皓者,……一曰东园公,二曰角里先生,三曰绮里季,四曰夏黄公。皆修道洁己,非义不动。秦始皇时见秦政虐,乃退入蓝田山。"其中"皆修道洁己"句,特别值得注意。又《太平御览》卷五七三引崔琦《四皓颂》曰:"昔商山四皓者,盖角里先生、绮里季、夏黄公、东园公是也。秦之博士,遭世闇昧,道灭德消,坑黜儒术,《诗》《书》是焚,于是四公退而作歌曰:'漠漠高山,深谷逶迤。晔晔紫芝,可以疗饥。唐虞世远,吾将何归。驷马高盖,其忧甚大。富贵畏人兮,不如贫贱之肆志。"讲述秦世政治问题,以"道灭德消"形容。所使用的,似乎也是早期道教的语言。李白《过四皓墓》诗:"我行至商洛,幽独访神仙。园绮复安在，云萝尚宛然。荒凉千古迹，芜没四坟连。伊昔炼金鼎，何言闭玉泉。……紫芝高咏罢，青史旧名传。"可知"四皓"的文化肖像，有浓重的"神仙"色彩。而所谓"炼金鼎""闭玉泉"等等，则明显是道家行为。其中"紫芝"的意义，值得我们注意。

宋人王禹偁《拟留侯与四皓书》其中称美"四皓"语，说道："琼林瑶池，以游以息。云浆霞馔，以饮以食。芳君桂父，先生之交也；青鸾紫凤，先生之驾也。龟亡鹤夭，神气愈清。桂朽椿枯，童颜未改。万乘不能屈其节，千金不能聘其才。真所谓神仙中人，风尘外物。"所陈述的是道教色彩鲜明的神仙理想。下文又有"良愿先生出云关，开岫幌，驾玄鹤，驭金虬，俯降殿庭，辱对旒冕，定天下之惑，决君上之疑"语。所使用的也是道家习用文辞。这虽然是后人虚拟文字，却也反映了拟作者心目中的张良精神与"四皓"心态。描述其生存空间，是深山古林完全自然的环境。不过，所谓"云浆霞馔，以饮以食"，当然是不可信的。"商岭芝可茹"，是可能的"以饮以食"的生活资料。

《朱子语类》卷一三五："观四皓恐不是儒者，只是智谋之士。""是时人材都没理会学术权谋，混为一区。如安期生、蒯通、盖公之徒，皆合做一处。四皓想只是个权谋之士。""但不知高后时此四人在甚处。蔡丈云康节谓事定后四人便自去了。曰：也不见得。恐其老死亦不可知。"也许所谓"事定后四人便自去了"，即"四皓"神秘隐身的判断是有合理性的。所谓"四公退而作歌""驷马高盖，其忧甚大""晔晔紫芝，可以疗饥"，将"四人便自去了"情节渲染为隐逸精神的高上标范。而"紫芝"也因"四皓"故事成为一种文化象征，值得我们注意。

《淮南子·俶真》："巫山之上，顺风纵火，膏夏紫芝与萧艾俱死。"高诱注："膏夏、紫芝皆谕贤智也。萧艾，贱草，皆谕不肖。""紫芝"成为代表"贤智"的符号，或与"四皓"故事有关。唐人称"四皓"多以"紫芝"为标识。例如：

紫芝翁

李商隐《四皓庙》："本为留侯慕赤松，汉庭方识紫芝翁。萧何只解追韩信，岂得虚当第一功。"温庭筠《四老》："商於甪里便成功，一寸沉机万古同。但得戚姬甘定分，不应真有紫芝翁。"

紫芝客

刘禹锡《秋日书怀寄白宾客》："蝉噪芳意尽，雁来愁望时。商山紫芝客，应不向秋悲。"钱起《省中春暮酬嵩阳焦道士见招》："垂老遇知己，酬恩看寸阴。如何紫芝客，相忆白云深。"

紫芝叟

白居易《授太子宾客归洛》："白首外缘少，红尘前事非。怀哉紫芝叟，千载心相依。"于邺《斜谷道》："远烟当驿敛，骤雨逐风多。独忆紫芝叟，临风歌旧歌。"

"四皓""旧歌"也以"紫芝"为名号。唐人诗作可见"紫芝曲""紫芝谣""紫芝歌"，都反映"紫芝"作为指代"四皓"和"四皓"行为的文化符号的事实：

紫芝曲

杜甫《洗兵马》："隐士休歌紫芝曲，词人解撰河清颂。"《题李尊师松树障子歌》："松下丈人巾屦同，偶坐似是商山翁。怅望聊歌紫芝曲，时危惨澹来悲风。"李德裕《余所居平泉村舍近蒙韦常侍大尹特改嘉名因寄诗以谢》："未谢留侯疾，常怀仲蔚园。闲谣紫芝曲，归梦赤松村。"

紫芝谣

白居易《和令公问刘宾客归来称意无之作》："闲尝黄菊酒，醉唱紫芝谣。"

紫芝歌

令狐楚《将赴洛下旅次汉南献上相公二十兄言

怀八韵》："许随黄绮辈，闲唱紫芝歌。"张九龄《商洛山行怀古》："长怀赤松意，复忆紫芝歌。"李德裕《题寄商山石》："绮皓岩中石，尝经伴隐沦。紫芝呈几曲，红藓闷千春。"

　　杜甫《故著作郎贬台州司户荣阳》："空闻紫芝歌，不见杏坛丈。"对于"空闻紫芝歌"，《杜诗镜铨》解释说："谓埋迹深山。"宋蔡梦弼《杜工部草堂诗笺》："谓虔不能避禄山之乱而陷贼，愧闻乎昔四皓逃秦而歌紫芝也。"清仇兆鳌《杜诗详注》说："紫芝歌，用四皓事。"

　　在汉代人的意识中，"紫芝"与"福禄来处""神福来处"有关，据说"王以为宝"。《焦氏易林》卷一《师·夬》："文山紫芝，雍梁朱草。生长和气，福禄来处。"《同人·剥》："文山紫芝，雍梁朱草。长生和气，与以为宝。公尸侑食，神福来处。"《蛊·涣》："紫芝朱草，生长和气。公尸侑食，福禄来下。"卷四《丰·家人》："文山紫芝，雍梁朱草。生长和气，王以为宝。公尸侑食，福禄来处。"又《涣·节》："文山紫芝，雍梁朱草。生长和气，王以为宝。公尸侑食，福禄来处。"王充《论衡·验符》："建初三年，零陵泉陵女子傅宁宅，土中忽生芝草五本，长者尺四五寸，短者七八寸，茎叶紫色，盖紫芝也。太守沈酆遣门下掾衍盛奉献。皇帝悦怿，赐钱衣食。诏会公卿，郡国上计吏民皆在，以芝告示天下。"《太平御览》卷九八五引《续汉书》："建初五年，零陵女子傅宁宅内生紫芝五株，长者尺四寸，短者七八寸。太守沈丰使功曹赍芝以闻，帝告示天下。"可以看作"王以为宝"的实例。

宋人罗愿《尔雅翼》卷三《释草·芝》写道："芝乃多种，故方术家有六芝。其五芝，备五色五味，分生五岳。惟紫芝最多。昔四老人避秦入商洛山，采芝食之，作歌曰'晔晔紫芝，可以疗饥'是也。"明人卢之颐《本草乘雅半偈》卷一《本经上品一·六芝》中，"紫芝"列为第一："郭璞云：一岁三华，瑞艹也。昔四皓采芝，群仙服食者也。智者大师云：服食石药，但可平疾。服食芝艹，并可得仙。""紫芝"和"方术家"学说有关，又有"服食"则可"得仙"的传说。

"紫芝"作为隐逸之士"四皓"表演的道具，也可以看作和神仙方术有关的一种文化态度的荣衔或者品牌。宋人唐慎微《证类本草》卷六《草部上品之上》："紫芝，味甘温，主耳聋，利关节，保神益精气，坚筋骨，好颜色，久服轻身不老延年。"所谓"久服轻身不老延年"的神效，使得"紫芝"成为想象中神仙饮食生活的内容。敦煌卷子P3810有所谓《紫芝灵舍咒》："万化丛中一颗草，其色青青香更好。神仙采取在花篮，千般变化用不了。吾令法练隐吾身，纵横世界无烦恼。行亦无人知，坐亦无人见。遇兵不受惊，遇贼不受拷。护道保长生，相随白鹤草。吾奉太上老君急急如律令敕，东岳帝君速降摄。"据说念此咒时左手掐斗诀，右手掐剑诀，脚踏斗罡，云如此则能化草隐遁。为修炼遁法所用的《白鹤灵彰咒》亦见于敦煌卷子P3810，其中写道："慧眼遥观来害者，须臾变态隐吾身。一化白鹤，二化紫芝。隐头其测，众神护持。"紫芝可以"千般变化用不了"，化身紫芝，可得"众神护持"，可见其神奇。"紫芝"与"白鹤"或"白鹤草"的组合，一方面体现了道家文化传统，一方面也反映了当时"商山""商洛山"生态环境。关于"白鹤"和"白鹤草"，应当注意《道法会元》卷二三二有"白鹤诀"。道家传说仙食有"白鹤脯"，道士以此名义用蘑菇、桑蛾替代，采作醮献供品①。《白云仙人灵草歌》："白鹤偏有功，叶青花自红。独体伏真汞，长生在林中。""外丹家用白鹤草独结砂子。"②

① 见《天皇至道太清玉册》卷八，参看胡孚琛主编《中华道教大辞典》，中国社会科学出版社1995年8月版，第679页，"白鹤诀"条，第1509页，"白鹤脯"条，刘仲宇执笔。
② 《中华道教大辞典》，第1414页，"白鹤草"条，刘宁执笔。

汉代关中竹林

西汉时关中竹林之繁茂，与现今自然景观形成强烈的对照。《汉书》卷二八下《地理志下》说：秦地"有鄠、杜竹林，南山檀柘，号称陆海，为九州膏腴"，"竹林"成为资源富足的首要条件。东方朔也曾以关中有"竹箭之饶"，称之为"天下陆海之地"（《汉书》卷六五《东方朔传》）。司马迁《史记》卷一二九《货殖列传》也曾经写道，若拥有"渭川千亩竹"，则与"安邑千树枣；燕、秦千树栗；蜀、汉、江陵千树橘；淮北、常山已南，河济之间千树萩；陈、夏千亩漆；齐、鲁千亩桑麻"的主人同样，其经济地位可以与"千户侯"相当。而以"竹竿万个"为经营之本者，"此亦比千乘之家"。《汉书·景武昭宣元成功臣表》记述，杨仆"坐为将军击朝鲜畏懦，入竹二万个，赎完为城旦"，也说明当时关中曾生长经济价值较高的竹种。

爰叔建议董偃请窦太主献长门园取悦汉武帝，说到顾城庙"有萩竹籍田"（《汉书》卷六五《东方朔传》）。司马相如奏赋描述宜春宫风景，也有"览竹林之榛榛"的辞句（《史记》卷一一七《司马相如列传》）。西汉长安地区民间重视竹林经济效益的情形，又见于班固《西都赋》："源泉灌注，陂池交属，竹林果园，芳草甘木，郊野之富，号为近蜀。"看来，竹林当时确实已经成为关中人"坐以待收"的"富给之资"（《史记》卷一二九《货殖列传》）。

张衡《西京赋》也写道："筱簜敷衍，编町成篁，山谷原隰，泱漭无疆。"薛综注："筱，竹箭也。簜，大竹也。敷，布也。衍，蔓也。编，连也。町谓畎亩。篁，竹墟名也。"李善注："《尚书》曰：'瑶琨筱簜既敷。'"汉代有以"骀荡"为宫名者。《三辅黄图》卷三《建章宫》："骀荡宫，春时景物骀荡满宫中也。"《后汉书》卷四〇上《班固传》："经骀荡而出馺娑，洞枍诣以与天梁。"李贤注："《关中记》：'建章宫有骀荡、馺娑、枍诣殿。'天梁亦宫名也。"《文选》卷班固《西都赋》李善注："《关中记》曰：建章宫有馺娑、骀荡、枍诣、承光四殿。""骀荡"的"荡"与"簜"是否有一定的关联，是值得思考的。

而所谓"泱漭无疆"，可以与汉代瓦当文字"泱茫无垠"对照理解。

《汉书》卷二二《礼乐志》及《汉旧仪》都说到甘泉宫竹宫，《太平御览》卷一七三引《汉宫阙名》也说到"竹宫"。《三辅黄图》卷三："竹宫，甘泉竹宫也，以竹为宫，天子居中。"陈直研究汉"狼千万延"及"王干"反当，以为"狼干为琅玕之假借字""王干疑琅玕之最省文""皆疑为甘泉宫竹宫之物。"①

考古资料中也多见竹结构建筑以及采用竹材作为辅助建材的文化遗存。秦都咸阳1号宫殿遗址发现屋顶棚敷竹席，其中6室和7室的隔墙为"夹竹抹泥墙"②。3号宫殿遗址作为檐墙的1室北墙，"从倒塌建筑堆积发现墙体为夹竹草泥墙"③。秦始皇陵兵马俑坑过洞隔梁的棚木上也铺有席子④。这种"席子"很可能是竹席。考古工作者以为"似为仿照当时贵族第宅而筑"的咸阳杨家湾汉墓墓室护壁结构下部有竹席印迹，作为骨干的圆木之间又用竹竿作衬筋⑤。

西汉薄太后南陵20号从葬坑中发现大熊猫头骨⑥，或

① 陈直：《秦汉瓦当概述》，《摹庐丛著七种》，齐鲁书社1981年1月版，第343页。
② 秦都咸阳考古工作站：《秦都咸阳第一号宫殿建筑遗址简报》，《文物》1976年第11期。
③ 咸阳市文管会、咸阳博物馆、咸阳地区文管会：《秦都咸阳第三号宫殿建筑遗址发掘简报》，《考古与文物》1980年第2期。
④ 陕西省考古研究所始皇陵秦俑坑考古发掘队：《秦始皇陵兵马俑坑一号坑发掘报告（1974—1984）》，文物出版社1988年10月版，第35—36页。
⑤ 陕西省文管会、博物馆、咸阳市博物馆：《咸阳杨家湾汉墓发掘简报》，《文物》1977年第10期。
⑥ 王学理：《汉南陵从葬坑的初步清理兼谈大熊猫头骨及犀牛骨骼出土的有关问题》，《文物》1981年第11期；《汉"南陵"大熊猫和犀牛探源》，《考古与文物》1983年第1期。

许也可以看作当时关中地区竹林繁茂的佐证。

《史记》卷一二九《货殖列传》说，"夫山西饶材、竹、谷、纑、旄、玉石""江南出枏、梓、姜、桂、金、锡、连、丹沙、犀、玳瑁、珠玑、齿革"。"竹"居于山西物产前列却不名于江南物产中，可见当时黄河流域饶产之竹，对于社会经济的意义甚至远远超过江南。而关中竹林，是具有典型性的代表。

关于"伐驰道树殖兰池"

《史记》卷——《孝景本纪》记载：汉景帝六年（前151），"后九月，伐驰道树，殖兰池。"文意费解。既然说"伐"，又怎么可能"殖"呢？梁玉绳《史记志疑》指出："此文曰'伐'，则不得言'殖'矣。"裴骃《集解》引徐广曰："殖，一作'填'。"泷川资言《史记会注考证》引张守节《正义》又引录了另一种说法："刘伯庄云：'此时兰池毁溢，故堰填。'"

秦有兰池宫。《史记》卷六《秦始皇本纪》：秦始皇三十一年（前216），"始皇微行咸阳，与武士四人俱，夜出逢盗兰池，见窘。武士击杀盗，关中大索二十日。"张守节《正义》引《括地志》："兰池陂即古之兰池，在咸阳界。《秦记》云：'始皇都长安，引渭水以为池，筑为蓬、瀛，刻石为鲸，长二百丈。'逢盗之处也。"此处所引《秦记》应当是《三秦记》。《元和郡县图志》卷一："秦兰池宫，在（咸阳）县东二十里。"《铙歌十八曲·芳树》："行临兰池。"《文选》卷一〇潘岳《西征赋》："北有清渭浊泾，兰池周曲。"李善注引《三辅黄图》："兰池观在城外。《长安图》曰：'周氏曲，咸阳县东南三十里，今名周氏陂。陂南一里，汉有兰池宫。'"《汉书·地理志上》也说渭城"有兰池宫"。《汉书·酷吏传·杨仆》："受诏不至兰池宫。"是知秦兰池宫西汉仍继续沿用。《汉书补注》引钱坫云："土人往往于故址得宫瓦，文作'兰池宫当'。"陈直《三辅黄图校证》也指出："《秦汉瓦当文字》卷一第八页，有'兰池宫当'瓦，审其形制，则汉物也。"宫以"兰池"得名，当以濒水形胜。

　　然而后九月时，关中雨季已过，陂池不当"毁溢"。现代西安地区降水的季节分配比例为：春季 25，夏季 41，秋季 31，冬季仅为 3。降水高点月在 9 月。年平均 100 个降水日中，春季 25.3 日，夏季 29.2 日，秋季 31.3 日，冬季 14.2 日。可见以降水频率、降水强度来看，冬季均低于春、夏、秋季[1]。古今气候有所变迁，汉时较现代温暖湿润，然而四季降水的比率当不致有大的变化。"树竹塞水决之口"（《史记》卷二九《河渠书》裴骃《集解》引如淳曰），是水害发生时有效的抢险措施。"后九月"时已秋尽冬初，因而不当有陂池"毁溢"，以致需伐驰道树"堰填"

---

[1]　参看聂树人编著：《陕西自然地理》，陕西人民出版社 1981 年 5 月版，第 119 页。

上林繁叶

事。看来，徐广、刘伯庄以"殖"为"填"的说明，似仍未得其确解。

从时令看，"后九月"恰是树木扦插育苗季节。"殖"作蕃生栽植解，上下文意正顺。《战国策·魏策二》："今夫杨，横树之则生，侧树之则生，折而树之又生。"西汉时必当已掌握扦插技术。多用扦插、压条等方法繁殖的葡萄的传入，可以作为佐证。《四民月令》：正月"尽二月，可剶树枝"。二月"尽三月，可掩树枝（埋树枝土中，令生，二岁以上，可移种之）。"此外也有秋冬时扦插的情形。曹丕《柳赋·序》："昔建安五年，上与袁绍战于官渡。是时余始植斯柳。自彼迄今，十有五载矣。"曹袁官渡决战，正在建安五年秋九月至冬十月间。题唐郭橐驼撰《种树书》："种木杨，须先用木桩钉穴，方入杨庶不损皮，易长。腊月二十四日种杨树不生虫。"竟然时至严冬。查《中国树木志》第二卷"杨柳科"条下，有关于杨柳扦插繁殖的内容。例如以陕西为主要生长地区之一的"银白杨"：

　　扦插繁殖，宜选用1～2年生实生苗、插条苗或大树基部一年生萌条，易生根，成活率高，苗木生长旺盛。秋季落叶后采条（着重点是本书作者所加），将插穗用湿沙贮藏过冬，成活率可提高2～3倍，基径粗 20 ～ 30%。春插前将插穗用冷水浸泡，湿沙闷条进行生根处理，成活率达 80 ～ 90%。苗圃地宜选肥沃沙壤土。用插干及植苗造林。[①]

古农艺书《艺桑总论》《农桑辑要》《农桑衣食撮要》等也都记载了秋暮采条，冬季覆土，春季栽植的"休眠枝埋藏技术"。秋冬之际，是树木枝条内养分贮存最充足的时候，这时采取插条，经埋藏越冬，插条切口还会形成愈伤组织，从而有益于扦插后生根[②]。

"伐驰道树殖兰池"一语的正确理解，有助于判定我国古代劳动者创造这一技术的最初年代。

《初学记》卷二八引《诗义疏》："今淇水旁，鲁国、泰山汶水边路，纯种杞柳也。"《古诗十九首》："驱车上东门，遥望郭北墓。白杨何萧萧，松柏夹广路。"又有"出郭门直视""白杨多悲风"句。可见汉时多有道旁栽种杨柳者。阮瑀《乐府诗》："驾出北郭门，马行不肯驰。下车少踟蹰，仰折杨柳枝。"梁简文帝《咏柳》："垂阴满上路，结草早知春。"沈约《甄杨柳》："轻荫抚建章，夹道连未

---

① 郑万钧主编：《中国树木志》第 2 卷，中国林业出版社 1985 年 12 月版，第 1961 页。

② 参看张思文：《关于我国古籍中插木技术的初步研究》，《中国古代农业科技》，农业出版社 1980 年 12 月版，第 150 页。

央。"陈祖孙登《咏柳》:"驰道藏乌日,郁郁正翻风。抽翠争连影,飞縠乱上空。"杨柳易活多荫,较其他树种更适宜栽植作行道树。《太平御览》卷九五六引《晋中兴书》说,"陶侃明识过人,武昌道上通种杨柳,人有窃之殖于家,侃见识之,问:'何盗官所种?'于时以为神。"也说大道两旁植杨柳,且确实有窃之"殖"于他处者。

汉宫有长杨宫、葡萄宫、棠梨宫、扶荔宫等,往往种植"名果异树"。据《三辅黄图》卷三记载,扶荔宫中曾经移植甘蕉、龙眼、槟榔、橄榄、甘橘、荔枝等南国奇木。古人插枝植树早已注意到位置、土性的选择。有所谓"插杨柳""更须临池种之"的说法(〔明〕文震亨:《长物志》卷二"柳")。联系到西汉有的宫苑确实具有早期植物园特点的情形,我们自然而然地会联想到兰池宫这种滨池沼而多"肥沃沙壤土"之处,正宜选作杨柳等林木的苗圃地。

能否得"殖"字正解,关键还在于认识"伐"字的准确含义。梁玉绳以为"此文曰'伐'则不得言'殖'矣",显然基于一般以为"伐"即完全由根基砍截斩断的理解。有的学者即由此认为"伐驰道树殖兰池","使三辅驰道的部分道树受到了不应有的损失"[1]。其实,此处"伐"字

---

[1] 林剑鸣、余华青、周天游、黄留珠:《秦汉社会文明》,西北大学出版社 1985 年 9 月版,第 246 页。

之义，仅为砍斫枝条。《说文·人部》："伐，击也。从人持戈。一曰败也，亦斫也。"《诗·召南·甘棠》："蔽芾某棠，勿翦勿伐。"孔颖达疏："勿得翦去伐击也。"朱熹解释说："翦，翦其枝叶也。伐，伐其条干也。"（〔宋〕朱熹集注：《诗集传》卷一）《诗·周南·汝坟》有"伐其条枚""伐其条肄"句，与此意近。郑玄笺："枝曰条，干曰枚""渐而复生曰肄。"可见砍削枝条亦可称"伐"。此处之"伐"，不仅不同于《穀梁传·隐公五年》所谓"斩树木坏宫室曰'伐'"（郑玄解释说："斩树木则树木断不复生"），也不同于《国语·晋语一》所谓"伐木不自其本，必复生"，《晏子春秋·谏下》所谓"伐木不自其根，则蘖又生也"的"伐"，而仅仅是伐取其枝条以为扦插之用，即《四民月令》所谓"剟树枝"，现代园林业术语所谓"采条"。

这样，我们可以将"伐驰道树殖兰池"理解为在驰道行道树上采取插穗，在兰池宫苗圃中培育苗木。由此我们可以进一步认识汉代育林技术的实际水平，也可以推定驰道两侧的行道树除所谓"树以青松"（《汉书》卷五一《贾山传》）之外，应当还有杨柳等更易于人工培育的树种。

上林"植物斯生"

张衡《西京赋》写道："上林禁苑，跨谷弥阜，东至鼎湖，邪界细柳，掩长杨而联五柞，绕黄山而款牛首，缭垣绵联，四百余里，植物斯生，动物斯止。"现代生物学依然在使用的"植物""动物"语汇，出现于《西京赋》，是值得珍视的语言学史料。另一例比较早地使用"植物""动物"一语的文献，是《周礼》。《周礼·地官·大司徒》写道："大司徒之职，掌建邦之土地之图与其人民之数，以佐王安扰邦国。以天下土地之图，周知九州之地域，广轮之数，辨其山林川泽丘陵坟衍原隰之名物。而辨其邦国都鄙之数，制其畿疆而沟封之，设其社稷之壝而树之田主，各以其野之所宜木，遂以名其社与其野。以土会之法，辨五地之物生。"对于野生动物和自然植被之资源的把握及其与居民体质的关系，《周礼·地官·大司徒》是这样表述的："一曰山林，其动物宜毛物，其植物宜皂物，其民毛而方。二曰川泽，其动物宜鳞物，其植物宜膏物，其民黑而津。三曰丘陵，其动物宜羽物，其植物宜核物，其民专而长。四曰坟衍，其动物宜介物，其植物宜荚物，其民皙而瘠。五曰原隰，其动物宜赢物，其植物宜丛物，其民丰肉而庳。"都分别说到了"动物""植物"在不同生态环境条件下不同的生存形式。

在张衡《西京赋》中，辽阔至于"四百余里"的区域，其中"植物斯生"的情形，得到生动的描述。通过许多迹象可以了解到，除了自然原生植被而外，秦汉宫苑中多有人工栽植的草木。《后汉书》卷六〇上《马融传》载录《广成颂》也说到"植物"的繁茂："其植物则玄林包竹，藩陵蔽京，珍林嘉树，建木丛生。"

班固《西都赋》所谓"灵草冬荣，神木丛生"，张衡《西京赋》所谓"嘉木树庭，芳草如积"以及"神木灵草，朱实离离"等，都形容这种人工园林为宫廷生活点染另一种绿色的情形。有的研究者称这一环境史的特征为"苑囿的园林化"①。

《史记》卷一一《孝景本纪》记载，汉景帝六年（前151），"后九月，伐驰道树殖兰池。"清代学者梁玉绳《史记志疑》就此有所质疑："此文曰'伐'，则不得言'殖'矣。"其实这里所谓"伐"，只是指砍斫而已。"伐驰道树

---

① 刘策：《中国古代苑囿》，宁夏人民出版社 1979 年 12 月版，第 4 页。

殖兰池"，应是指截取驰道旁行道树的枝梢，用扦插的方法在兰池宫栽植[①]。可见汉代宫苑中植树的形式。"伐驰道树殖兰池"，是宫苑中人工育林的典型例证。张衡《西京赋》所说"上林禁苑"中的"细柳""长杨"，应当都取这种种植形式。张衡《西京赋》中还说到"编町成篁"，很可能是作为经济林的人工培育的竹林。

《上林赋》中所谓"掩以绿蕙，被以江离，糅以蘪芜，杂以流夷"，以及"尃结缕，攒戾莎"等等，都有可能是人工移植。这些草本植物，或许是观赏园林的构成，也有可能有些被用来提制香料，于是作者又有"应风披靡，吐芳扬烈，郁郁斐斐，众香发越"的描述。所植远方果木，据说有卢橘、黄甘、橙、楱、蒲陶、离支、留落、胥邪、仁频、并间等。"黄甘"就是"黄柑"。"楱"，也是橘类。"蒲陶"即"葡萄"。"离支"即"荔枝"。"留落"据说是"石榴"。"胥邪"是"椰子"。"仁频"是"槟榔"。"并间"就是"棕榈"。

帝王出于好奇博物之心而集中四方奇花珍木的情形，进一步使得宫苑不仅仅是特殊的自然保护区，也成为早期的植物园。

《太平御览》卷九五二引《孔丛子》记述了孔子墓园

---

① 王子今：《"伐驰道树殖兰池"解》，《中国史研究》1988 年第 3 期。

的经营:"夫子墓方一里,诸弟子各以四方奇木来殖之。"孔子弟子们搜求四方奇木的这种纪念形式,与大一统的专制主义帝国君王的宫苑经营相比,规模和手段就都显得微不足道了。

《三辅黄图》卷四《苑囿》写道:"帝初修上林苑,群臣远方各献名果异卉三千余种种植其中,亦有制为美名,以标奇异。"《西京杂记》卷一也有相类同的内容:"初修上林苑、群臣远方各献名果异树、亦有制为美名,以标奇丽。梨十:紫梨,青梨实大,芳梨实小,大谷梨,细叶梨,缥叶梨,金叶梨出琅琊王野家,太守王唐所献,瀚海梨出瀚海北,耐寒不枯,东王梨出海中,紫条梨;枣七:弱枝枣,玉门枣,棠枣,青华枣,梬枣,赤心枣,西王枣出昆仑山;栗四:侯栗,榛栗,瑰栗,峄阳栗峄阳都尉曹龙所献,大如拳;桃十:秦桃,榹桃,湘核桃,金城桃,绮叶桃,紫文桃,霜桃霜下可食,胡桃出西域,樱桃,含桃;李十五:紫李,绿李,朱李,黄李,青绮李,青房李,同心李,车下李,含枝李,金枝李,颜渊李出鲁,羌李,燕李,蛮李,侯李;奈三:白奈,紫奈花紫色,绿奈花绿色;查三:蛮查,羌查,猴查;椁三:青椁,赤叶椁,乌椁;棠四:赤棠,白棠,青棠,沙棠;梅七:朱梅,紫叶梅,紫华梅,同心梅,丽枝梅,燕梅,猴梅;杏二:文杏材有文采,蓬莱杏东郡都尉于吉所献,一株花杂五色六出,云是仙人所食；桐三：椅桐，梧桐，荆桐。林檎十株，枇杷十株，橙十株，安石榴十株，楟十株，白银树十株，黄银树十株，槐六百四十株，千年长生树十株，万年长生树十株，扶老木十株，守宫槐十株，金明树二十株，摇风树十株，鸣风树十株，琉璃树七株，池离树十株，离娄树十株，白俞、蠕杜、蠕桂、蜀漆树十株，栭四株，枞七株，栝十株，楔四株，枫四株。余就上林令虞渊得朝臣所上草木名二千余种、邻人石琼就余求借、一皆遗弃、今以所记忆列于篇右。"

《西京杂记》虽然并非可靠的历史文献，但是其中有关"上林苑""植物"移种的情形，参照其他信息分析，可知应该是接近史事的。

司马相如赋作说到宫苑中生长的"蒲陶"（《史记》卷一一七《司马相如列传》）。《史记》卷一二三《大宛列传》说，张骞出使西域，回到长安，向汉武帝报告西行见闻，包括沿途考察西域国家的地理、人文、物产等多方面的信息。关于"大宛"国情，张骞说："大宛在匈奴西南，在汉正西，去汉可万里。其俗土著，耕田，田稻麦。有蒲陶酒。多善马，马汗血，其先天马子也。……"张骞关于大宛自然条件、经济生活、军事实力及外交关系的报告，在陈述其生产方式之后，明确说到其国"有蒲陶酒"。这是中国历史文献关于"蒲陶酒"的最早的记载。汉武帝对于大宛国最为关注，甚至不惜派遣数以十万计的大军远征以夺取的，是"多善马，马汗血，其先天马子也"。在司马迁笔下，大宛"有蒲陶酒"的记载，竟然在"多善马"之前。可知太史公对于这一资源信息的高度重视。关于安息的介绍，司马迁写道："安息在大月氏西可数千里。其俗土著，耕田，田稻麦，蒲陶酒。""蒲陶"，是西域地方普遍栽培的主要因可以酿酒而具有重要经济意义的藤本植物。《汉书》卷九六上《西域传上》"难兜国"条和"罽宾国"条都说，当地"种五谷、蒲陶诸果"。《晋书》卷九七《四夷传》"康居国"条也说，其国"地和暖，饶桐柳蒲陶"。"以蒲陶为酒"，很可能是种"蒲陶"的主要经营目的。在丝绸之路物种引入史中，"蒲陶"是众所周知的引种对象。司马迁在《史记》卷一二三《大宛列传》中记录了汉王朝引种西域经济作物的情形："宛左右以蒲陶为酒，富人藏酒至万余石，久者数十岁不败。俗嗜酒，马嗜苜蓿。汉使取其实来，于是天子始种苜蓿、蒲陶肥饶地。"丝路交通的繁荣，使得这两种经济作物的栽植形成了更大的规模。"及天马多，外国使来众，则离宫别观旁尽种蒲萄、苜蓿极望。"司马迁所谓"天子始种苜蓿、蒲陶肥饶地"，是丝绸之路正式开通后，物种引入的著名记录。

　　西汉长安上林苑有"蒲陶宫"。《汉书》卷九四下《匈奴传下》记载："元寿二年，单于来朝，上以太岁厌胜所在，舍之上林蒲陶宫。告之以加敬于单于，单于知之。"匈奴单于"来朝"，汉哀帝出于"以太岁厌胜所在"的考虑，安排停宿于"上林蒲陶宫"。《资治通鉴》卷三五"汉哀帝元寿二年"记述此事。关于"太岁厌胜所在"，胡三省注："是年太岁在申。"关于"蒲陶宫"，胡三省注："蒲陶本出大宛，武帝伐大宛，采蒲陶种植之离宫。宫由此得名。"我们这里不讨论"厌胜"的巫术意识背景以及"太岁在申"的神秘内涵，只是提示大家注意"蒲陶宫"的营造。"蒲陶宫"，可能是最初"采蒲陶种植之离宫"之所在，或者是栽植"蒲陶"比较集中的地方。

前引司马迁《史记》卷一二三《大宛列传》说，"（大宛）俗嗜酒，马嗜苜蓿。"汉家使节于是引入，"汉使取其实来，于是天子始种苜蓿、蒲陶肥饶地。及天马多，外国使来众，则离宫别观旁尽种蒲陶、苜蓿极望。"《史记》记载，一说"苜蓿、蒲陶"，一说"蒲陶、苜蓿"，《汉书》卷九六上《西域传上》"大宛国"条则都写作"蒲陶、目宿"，"蒲陶"均列名于前。值得我们注意的，是河西汉简资料中，"苜蓿"都作"目宿"。"目宿"，可能体现了汉代文字书写习惯。我们注意到，"蒲陶、苜蓿"是同时引入的富有经济意义的物种，但是河西汉简仅见"目宿"而不见"蒲陶"。《汉书》卷九六下《西域传下》与《史记》卷一二三《大宛列传》同样的记载，写作"益种蒲陶、目宿离宫馆旁，极望焉"。颜师古注："今北道诸州旧安定、北地之境往往有目宿者，皆汉时所种也。"指出唐代丝绸之路沿线苜蓿种植沿承了"汉时所种"的植被形势。

有可能"蒲陶"移种，其空间范围主要集中在"离宫别观旁"。即司马相如《上林赋》所谓"罗乎后宫，列乎北园"。

放马滩秦墓木板地图记录的公元前 3 世纪秦岭西段生态环境

　　天水放马滩 1 号秦墓出土的年代判定为战国时期的木板地图，可以提供重要的历史文化信息，对于推动中国古代地图史、测量学史和地理学研究的进步各有重要意义。从中我们也可以发现反映生态环境面貌的内容。放马滩地图突出显示"材"及其"大""中""小"以及是否已"刊"等，都应理解为反映当地植被条件及其经济效益的史料。联系秦人先祖"养育草木"的历史记忆，可以考察相关历史文化现象。

　　关于放马滩秦地图的绘制年代，尚有不同的判断。何双全以为当在秦始皇八年（前 239)（《天水放马滩秦墓出土地图初探》，《文物》1989 年第 2 期）。朱玲玲赞同此说（《放马滩战国地图与先秦时期的地图学》，《郑州大学学报》1992 年第 1 期）。任步云以为可能在秦王政八年（前 239）或汉高帝八年（前 199）或文帝八年（前 172)（《放马滩出土竹简〈日书〉刍议》,《西北史地》1989年第2期）。李学勤以为在秦昭襄王三十八年（前269)(《放马滩简中的志怪故事》,《文物》1990年第4期）。张修桂以为在秦昭襄王之前的公元前300年以前，并将图分为两组，分别各有推论（《天水〈放马滩地图〉的绘制年代》,《复旦学报》1991年1期）。雍际春以为在秦惠文王后元年间，约当于公元前323年至公元前310年[1]。《天水放马滩墓葬发掘报告》说，"绘成时代早于墓葬年代，当应在公元前二三九年之前，属战国中期的作品"[2]。我们倾向于战国中晚期的判断。

放马滩秦地图所见植被分布

　　放马滩秦墓出土古地图据发掘报告整理者判断，"是迄今发现时代最早的地图实物。"[3]又有"迄今为止我国最古

---

① 雍际春:《天水放马滩木板地图研究》，甘肃人民出版社2002年6月版，第42页。

② 甘肃省文物考古研究所编:《天水放马滩秦简》，中华书局2009年8月版，第131页。

③ 甘肃省文物考古研究所:《天水放马滩墓葬发掘报告》，甘肃省文物考古研究所编:《天水放马滩秦简》，中华书局2009年8月版，第131页。

上林繁叶

老的地图"的说法（《天水放马滩秦简》，第1页）。雍际春的学术专著《天水放马滩木板地图研究》以为这组地图"在地图绘制技术、方法等方面的特点和成就，无疑体现了我国先秦时代地图绘制技术所达到的实际水平，从而填补了先秦至战国时期我国地图学史和科技史的空白"。雍书又进一步指出，当时"地图绘制所达到的实际水平"具体表现为：1."形成统一的图式体例"；2."基本比例的概念已经形成"；3."以水系为地图的基本框架"；4."地图准确性较高"[1]。

雍书就第一个特点进行的说明中，有值得我们重视的一则评载："符号注记配以文字和图形，将地图涉及的河流、山谷、分水岭、植物分布、关隘、特殊标记（亭形物）、城邑乡里、交通线、里程、采伐点等内容醒目清楚、协调统一地有机结合起来，从而构成了放马滩地图完整统一的图式体例系统。"[2] 这样的分析，我们是同意的。而指出图中标示"植物分布"和"采伐点"的意见，特别值得关注。

也有学者注意到这些地图中，"对森林分布的注记较详细，有些地区标注出了树木的种类，如蓟木、灌木、杨木、榆木、大楠木等，……。"[3] 据《天水放马滩秦简》的《一号秦

---

① 雍际春：《天水放马滩木板地图研究》，第172—180页。

② 雍际春：《天水放马滩木板地图研究》，第173页。

③ 卢嘉锡主编；唐锡仁、杨文衡分卷主编：《中国科学技术史：地学卷》，第157页。

墓木板地图释文》，其中文字可能显示树种者，可以看到：

木板地图一（M1.7、8、11A）杨

木板地图二（M1.7、8、11B）格

木板地图三（M1.9）杨 松 松 松 松 松

桯 松

木板地图四（M1.12A）剿木 灌忧 柏 櫹

杨 杨 柏 楠

木板地图六（M1.21A）杨 杨 苏木 苏木

木板地图七（M1.21B）柴槎 柴 杺 杺

其中有些存有疑问，如"柴槎""柴"。又如"格"，《说文·木部》："格，木长皃。"未能确定是否一定是树种。有些尚不能判别是何种树木，如"桯""剿木""灌忧""苏木""杺"等。

如果仅仅以字频统计，则最受重视，很可能也是木材产量居于前列的树种是"松"（6次）和"杨"（6次）。其次则是"柏"（2次）、"苏木"（2次）、"杺"（2次）。这组木板地图本身的材质是松木，也值得注意。不过，"杨"字的出现，均见于地名，如木板地图一"杨里"（M1.7、8、11A）、木板地图三"杨谷"（M1.9）、木板地图四"上杨谷"、"下杨谷"（M1.12A）、木板地图六"下杨"、"上杨"（M1.21A）中，可以作为讨论树种分布的数据，但是与直接标示树种者还是有所不同。

"大楠材"与"大梓"

有学者释读为"大楠木"者，发掘报告释文作"大楠材"。"材"字更突出地显示了取材的实用意义。

特别写作"大楠材"，应是取其树种适宜材用。然而《战国策·宋策》炫耀南方林业资源时说到"楠"和"梓"："荆有长松文梓，楩柟豫樟。"司马迁《史记》卷一二九《货殖列传》分析各地资源形势时也写道："夫山西饶材、竹、谷、纑、旄、玉石；山东多鱼、盐、漆、丝、声色；江南出柟、梓、姜、桂、金、锡、连、丹沙、犀、玳瑁、珠玑、齿革；龙门、碣石北多马、牛、羊、旃裘、筋角；铜、铁则千里往往山出棊置：此其大较也。皆中国人民所喜好，谣俗被服饮食奉生送死之具也。故待农而食之，虞而出之，工而成之，商而通之。"所谓"柟"即"楠"，是"江南"林产。后世人们的植物学经验，也知道楠木生于南国。《本草纲目》卷三四《木部·楠》："柟与楠字同。时珍曰：南方之木，故字从南。"

现代楠木出产区域只限于四川、云南、贵州、湖北等地。然而战国秦汉时代正值历史上的暖期，许多历史数据表明当时气候较现今温暖湿润。而人为破坏因素尚有限，也使得植被条件较现今优越①。

秦岭地区"梓"的生长也见诸史籍。例如有关秦早期历史的记载《史记》卷五《秦本纪》："二十七年，伐南山大梓，丰大特。"秦文公时代的这一史事，具有浓重的神秘主义色彩。裴骃《集解》有这样的解说："徐广曰：'今武都故道有怒特祠，图大牛，上生树本，有牛从木中出，后见丰水之中。'"张守节《正义》引《括地志》写道：

> 大梓树在岐州陈仓县南十里仓山上。《录异传》云："秦文公时，雍南山有大梓树，文公伐之，辄有大风雨，树生合不断。时有一人病，夜往山中，闻有鬼语树神曰：'秦若使人被发，以朱丝绕树伐汝，汝得不困耶？'树神无言。明日，病人语闻，公如其言伐树，断，中有一青牛出，走入丰水中。其后牛出丰水中，使骑击之，不胜。有骑堕地复上，发解，牛畏之，入不出，故置髦头。

---

① 竺可桢：《中国近五千年来气候变迁的初步研究》，《考古学报》1972年第1期，收入《竺可桢文集》，科学出版社1979年3月版；王子今：《秦汉时期气候变迁的历史学考察》，《历史研究》1995年第2期。

汉、魏、晋因之。武都郡立怒特祠，是大梓牛神也。"

汉赋也有邻近长安地区有"楠""梓"生长的记载。如《文选》卷二张衡《西京赋》描述上林苑"林麓之饶"："木则枞栝椶柟，梓棫楩枫。"薛综注："枞，松叶柏身也。栝，柏叶松身。梓，如栗而小。棫，白蕤也。枫，香木也。"李善注："郭璞《山海经注》曰：'椶，一名并闾。'《尔雅》曰：'梅，柟。'郭璞曰：'柟木似水杨。'又曰：'棫，白桵。'""郭璞《上林赋注》曰：'楩，杞也，似梓。'"今按：椶，应即棕①。现在通过放马滩秦墓出土地图文字的印证，可知《西京赋》有关上林苑树种的记录有可能是真实的。

"橚"，有可能即"梓"。《集韵·尤韵》："楸，木名。《说文》：'梓也。'或作橚。"

林区虎豹

还有一则讨论生态史时应当关注的参考信息具有特殊

---

① 王子今：《方春蕃萌：秦汉文化的绿色背景》,《博览群书》2008年第5期。

价值，即M14出土木板画（M14·9B）(《天水放马滩秦简》，第148页）。

据发掘报告描述，“正面用墨线绘一虎拴在树桩之上，虎前肢伸，后肢曲，回首翘尾，作咆哮挣脱状。”(《天水放马滩秦简》，第119页）从画面看，拴虎的并非“树桩”，而是一棵树。

画面中心的动物，从头形和皮毛花纹看，似乎也并非“一虎”，而更可能是一只豹。当然，真切描绘虎的形象难度甚大，马援因有“画虎不成”的著名感叹（《后汉书》卷二四《马援传》)。不排除M14出土木板画的作者原意是以虎作为画面主题的可能。姜守诚教授论证所画是虎，并以历史人类学方法有所讨论。其说可以参考[①]。

如果是虎，则对这一地区当时野生动物分布的考虑，似乎还应当更为慎重。

与放马滩同样处于秦岭山区的其他地方，在战国秦汉时期是曾经有“虎”生存的。《华阳国志·巴志》记载：“秦昭襄王时，白虎为害，自秦、蜀、巴、汉患之。”虎患危害地方应包括“秦、蜀”之间的秦岭山地。《隶释》卷四《司隶校尉杨孟文石门颂》中所谓“恶虫蔽狩，蛇蛭毒蟳”，也是说明虎患曾威胁川陕古道交通安全的资料。《汉

① 姜守诚：《天水放马滩秦墓（M14）出土的系虎及博局板画考述》,《新史学》第24卷第2期，2013年6月。

书》卷二八上《地理志上》"京兆尹"条记载:"蓝田,有虎候山祠,秦孝公置也。"《续汉书·郡国志一》刘昭注补引《地道记》:蓝田"有虎候山"。王先谦《汉书补注》:"《长安志》亦载之。吴卓信云:'《蓝田县志》:县西十五里有虎坷山。疑是。'"由"虎候山"、"虎坷山"之定名,推想自蓝田东南向经武关直抵南阳的古武关道,在经过秦岭的路段曾经有虎患的危害。汉光武帝建武年间,刘昆任弘农太守。《后汉书》卷七九上《儒林列传·刘昆》记载:"先是崤、黾驿道多虎灾,行旅不通。(刘)昆为政三年,仁化大行,虎皆负子度河。"王充《论衡·初禀》中写道:"光禄大夫刘琨,前为弘农太守,虎渡河。"弘农的"虎灾",也应在关注秦岭多虎情形时参考①。

《汉书》卷八七下《扬雄传下》:"上将大夸胡人以多禽兽,秋,命右扶风发民入南山,西自褒斜,东至弘农,南驱汉中,张罗罔罝罦,捕熊罴豪猪虎豹狖玃狐菟麋鹿,载以槛车,输长杨射熊馆。"说秦岭山区野生动物包括"虎豹"。

《山海经·西山经》:"南山上多丹粟,丹水出焉,北流注于渭。兽多猛豹。"则强调秦岭多"豹"。《说郛》卷

---

① 王子今:《秦汉虎患考》,《华学》第1辑,中山大学出版社1995年8月版;《汉代驿道虎灾——兼质疑几种旧题"田猎"图像的命名》,《中国历史文物》2004年第6期。

六一上《辛氏三秦记》："豹林谷，在子午谷。"用"豹"字为地名，也说明秦岭多有这种猛兽活动。

放马滩秦地图林木资源利用信息

何双全最初介绍这组地图时，指出对研究邽县的"自然资源""有重大价值"[①]。这一意见值得重视。有学者注意到放马滩秦墓出土地图中，除了标注植被分布情形而外，"有些地区注出了森林的砍伐情况，……。"[②] 应是指第二块M1.9地图文字"七里松材刊"反映的情形。

秦人有经营林业的历史，作为秦早期经济发展基地的西垂之地，长期是林产丰盛的地区。《汉书》卷二八下《地理志下》写道："天水、陇西，山多林木，民以板为室屋。""故《秦诗》曰'在其板屋'。"原生林繁密的生态条件，成为特殊的物产优势的基础。《汉书》卷二八下《地理志下》说秦先祖柏益事迹，有"养育草木鸟兽"语，经

---

① 何双全：《天水放马滩秦墓出土地图初探》，《文物》1989年第2期。

② 卢嘉锡主编；唐锡仁、杨文衡分卷主编：《中国科学技术史：地学卷》，第157页。

营对象包括"草木"。《书·舜典》："帝曰：畴若予上下草木鸟兽。佥曰：益哉。"《史记》卷一《五帝本纪》："舜曰：'谁能驯予上下草木鸟兽？'皆曰益可。于是以益为朕虞。"裴骃《集解》："马融曰：'上谓原，下谓隰。'"《史记》卷五《秦本纪》则只说"调驯鸟兽"。所谓"养育草木"，说明林业在秦早期经济形式中也曾经具有相当重要的地位。"大梓牛神"传说所谓"伐树，断，中有一青牛出"的情节，似乎暗示已经进入农耕经济阶段的秦人，在其文化的深层结构中，对于以往所熟悉的林业、牧业和田猎生活，依然保留着悠远的追念[1]。

古时行政地图和军用地图均重视生态环境条件的记录和显示。如《周礼·夏官司马·司险》："司险掌九州岛之图，以周知其山林川泽之阻，而达其道路。"郑玄注："'周'，犹徧也。'达''道路'者，山林之阻则开凿之，川泽之阻则桥梁之。"《管子·地图》也说："凡兵主者，必先审知地图。轩辕之险、滥车之水、名山通谷、经川陵陆，丘阜之所在，茸草林木蒲苇之所茂，道里之远近，城郭之大小，名邑、废邑、困殖之地，必尽知之。地形之出入相错者，尽藏之。然后可以行军袭邑，举错知先后，不失地利。此地图之常也。"关于古地图学的经典论说，都强

---

[1] 王子今：《秦汉民间信仰体系中的"树神"和"木妖"》，《周秦汉唐文化研究》第 3 辑，三秦出版社 2004 年 11 月版，第 80—91 页。

调了"山林"信息、"苴草林木蒲苇之所茂"等信息的载录，但是放马滩秦地图与一般的地图不同，其中突出显示"材"及其"大""中""小"以及是否"刊"等，因此可以理解为珍贵的林业史料。

放马滩秦地图说到"材"的文字，有：

木板地图三（M1.9）　杨谷材八里　多材木　大松材　松材十三里　松材刊

木板地图四（M1. 12A）　去谷口可五里櫄材　谷口可八里大楠材

"杨""松""楠"，是人们熟悉的材木。"櫄"，应当也是一种树木。有说是楸木或梓木者。《说文·木部》："櫄，长木兒。"《集韵·屋韵》："櫄，木名。"《集韵·尤韵》："楸，木名。《说文》：'梓也。'或作櫄。"明杨慎《奇字韵》卷二："櫄，古楸字。"

说到可能和"材"之体量有关的"大""中""小"的文字，有：

木板地图三（M1.9）　大松材　大桯　大松
木板地图四（M1.12A）　谷口可八里大楠材
木板地图七（M1.21B）　大柴樅　大柴相铺谿　中

杶　小杶

关于"中杶"和"小杶","杶"可能是树种。《广韵·侵韵》："杶，木名。其心黄。""杶"字何双全释作"秋"①。细察图版，也可能应读作"柞"。柞木现今分布于中国西部、中部和东南部，为常绿灌木或小乔木。生长较慢，木材坚硬。又各地均有生长的通称"青刚"的麻栎也称柞木。木质坚重，材用范围很广。这种落叶乔木高可达25米。此类同名异质的树种，可能会形成"大""中""小"区别的情形。《说文·木部》："柞，柞木也。"段玉裁注：《诗》有单言'柞'者，如'维柞之枝'、'析其柞薪'是也。有'柞棫'连言者，如《皇矣》、《旱麓》、《绵》是也。陆机引《三苍》：'棫即柞也。'与许不合。假令许谓'棫'即'柞'、则二篆当联属之。且《诗》不当或单言'棫'，或单言'柞'，或'柞棫'并言也。郑《诗笺》云：'柞、栎也。'孙炎《尔雅注》：'栎实、橡也。'《齐民要术》援《尔雅注》合'柞''栩''栎'为一。亦皆非许意。"虽名义区分尚不明朗，但是可以说明"柞木"是习见材用。

其他"桯""柴""樅"等，也不排除是树种的可能。"柴"，何双全释作"祭"②。

---

①② 何双全：《天水放马滩秦墓出土地图初探》，《文物》1989年第2期。

"桯"有可能可以读作"柽"。《说文·木部》:"柽,河柳也。从木,圣声。"段玉裁注:"《释木》、《毛传》同。陆机云:'生水旁,皮正赤如绛,一名雨师。'罗愿云:'叶细如丝。天将雨,柽先起气迎之。故曰雨师。'按'柽'之言赪也。赤茎故曰'柽'。《广韵》释'杨'为'赤茎柳'。非也。"木板地图三标示"大桯"处,也正在"水旁"。

　　《说文·木部》:"柴,小木散材。从木,此声。"《月令》:'乃命四监,收秩薪柴,以供郊庙及百祀之薪燎。'注云:'大者可析谓之薪,小者合束谓之柴。薪施炊爨。柴以给燎。'按'燎',柴祭天也。燔柴曰'柴'。《毛诗·车攻》假'柴'为'积'字。"但是放马滩地图"大柴"的"柴"应不是"小木散材"。"柴"有可能是"柹"。《重修玉篇》卷一二:"柹,疾赀切,无柹木。""无柹",可能即"无疵"。《尔雅·释木》:"榆无疵。"郭璞注:"榆,梗属,似豫章。"然而细辨字形,释文作"柴"字者,似不从木,应是"㶚"。其字义还有讨论的必要。

　　"樅"或即"枞"。《说文·木部》:"枞,松叶柏身。从木,从声。"段玉裁注:"见《释木》。郭引《尸子》曰:'松柏之鼠,不知堂密之有美枞。'按'堂密',谓山如堂者。"

放马滩秦地图水资源利用信息

图中关隘用特殊形象符号表示，发掘者和研究者多称"闭"，共见 8 处。即木板地图二（M1.7、8、11B）2 处，木板地图三（M1.9）5 处，木板地图四（M1.12A）1 处。由此也可以了解秦交通管理制度的严格[①]。承甘肃省文物考古研究所张俊民研究员提示，肩水金关汉简有简文"张掖肩水塞闭门关啬夫粪土臣"（73EJT1：18），其中"'闭'、'关'二字的写法，虽有稍许差异，但仍可以看作是一个字。"又如"☐肩水都尉步安谓监领关☐"（73EJT3：110A），其中"关"字形"像'闭'字"，"按照文义可以做'关'字释读。"[②] 这一意见可以赞同。

木板地图四（M1.12A）有一横贯直线，与曲折的河流不同，应是交通道路的示意。在这条在线，表现"关"的图形，如《天水放马滩墓葬发掘报告》所说，以"束腰

[①] 曹婉如：《有关天水放马滩秦墓出土地图的几个问题》，《文物》1989 年第 12 期。

[②] 张俊民：《肩水金关汉简〔壹〕释文补例》，《考古与文物》待刊；孔德众、张俊民：《汉简释读过程中存在的几类问题字》，《敦煌研究》2013 年第 6 期。

形"图示表示(《天水放马滩秦简》,第120页),正显示扼守在交通道路上的控制性设置。

而另一种情形,木板地图二(M1.7、8、11B)2处与木板地图三(M1.9)5处的"关",《天水放马滩墓葬发掘报告》以为"加圆点"表示者也是"关口"(《天水放马滩秦简》,第150页)。应如雍际春所说,"以两个半月形点对称绘于河流两岸"[①],均显示对河流航道的控制,应理解为水运木材的交通方式的体现。承陕西省考古研究院《考古与文物》编辑部张鹏程先生见告,榆林以北河道两侧发现的汉代建筑遗存,与放马滩秦地图表现的这种设置十分相近。秦人较早开发水运的情形值得注意。《战国策·赵策一》记载,赵豹警告赵王应避免与秦国对抗:"秦以牛田,水通粮,其死士皆列之于上地,令严政行,不可与战。王自图之!"缪文远说,明人董说《七国考》卷二《秦食货》"牛田"条"'水通粮'原作'通水粮',误。"[②]所谓"水通粮",是形成"不可与战"之优越国力的重要因素。《说文·水部》:"漕,水转谷也。"这种对于中国古代社会经济交流和政治控制意义重大的运输方式的启用,秦人曾经有重要的贡献。《石鼓文·霝雨》说到"舫舟"的使用,可见秦人很早就沿境内河流从事水上运输。

————————————

① 雍际春:《天水放马滩木板地图研究》,第96页。
② 〔明〕董说原著、缪文远订补:《七国考订补》(上册),上海古籍出版社1987年4月版,第183页。

《左传·僖公十三年》记述秦输粟于于晋"自雍及绛相继"的所谓"泛舟之役"，杜预《集解》："从渭水运入河、汾。"这是史籍所载规模空前的运输活动。中国历史上第一次大规模河运的记录，可能是由秦人创造的。《战国策·楚策一》记载张仪说楚王时，炫耀秦国的水上航运能力："秦西有巴蜀，方船积粟，起于汶山，循江而下，至郢三千余里。舫船载卒，一舫载五十人，与三月之粮，下水而浮，一日行三百余里；里数虽多，不费汗马之劳，不至十日而距扞关。"如果这一记录可以看作说士的语言恐吓，则灵渠的遗存，又提供了秦人在统一战争期间开发水利工程以水力用于军运的确定的实例。据《华阳国志·蜀志》，李冰曾经开通多处水上航路，于所谓"触山胁溷崖，水脉漂疾，破害舟船"之处，"发卒凿平溷崖，通正水道。""乃壅江作堋，穿郫江、检江，别支流双过郡下，以行舟船。岷山多梓、柏、大竹，颓随水流，坐致材木，功省用饶。"岷山林业资源的开发，因李冰的经营，可以通过水运"坐致材木"。这可能是最早的比较明确的水运材木的记录。而放马滩秦地图透露的相关信息，更可以通过文物数据充实这一知识。

今天天水地方的河流水量，已经不具备开发水运的条件。放马滩秦墓地图提供的信息，对于我们认识当时的水资源状况因此具有重要的意义。

里耶秦简"捕鸟及羽"文书的生态史料意义

里耶出土"捕鸟""捕羽""捕鸟及羽"简文，提供了以猎捕禽鸟为形式的社会生产活动的重要信息，有关"羽"进入市场与"羽赋"征收等现象，及其最重要的消费主题可能在于满足装饰需求等民俗文化现象也得以透露。此外，相关文书也在一定程度上反映了秦时洞庭郡地方的生态条件。生态环境史研究者应当可以由此得到新的发现。

"捕羽"和"输羽"

《里耶秦简（壹）》介绍了简文有关"刑徒""劳动"的内容。执笔者写道："里耶简文，为我们提供了刑徒所从事的多种劳动。""有刑徒参加田间农业劳动之外，还可作园、捕羽、为席、牧畜、库工、取薪、取漆、输马、买徒衣、徒养、吏养、治传舍、治邸，乃至担任狱卒或信差的工作，行书、与吏上计或守囚、执城旦。"①其中"捕羽"劳作，值得我们关注。

里耶秦简博物馆藏里耶出土秦简可见"捕羽"简文。《卅二年十月己酉朔乙亥司空守圂徒作簿》中，依栏次顺序，所见劳作内容有"作园""徒养""作务""与吏上事守府""除道沅陵""作庙""削廷""学车酉阳""缮官""治邸""取篊（篊）""伐筊""伐材""治观""为笥""捕羽""市工用""与吏上计""为炭""传送酉阳""取芒""守船""司寇""为席""治枭""塈" 等26种。其中"作园""作务""除道沅陵""作庙""取篊（篊）""为笥""与吏上计""传送酉阳"出现2次，而"徒养"（第一栏、第四栏、第七栏）与"捕羽"（第三栏、第五栏、第七栏）出现3次。可知"捕羽"当时在迁陵地方很可能是"徒作"内容中调发频次较高的劳作形式。

在"城旦司寇一人""鬼薪廿人""城旦八十七人""仗城旦九人""隶臣毄（系）城旦三人""隶臣居赀五人"结成的组合，"凡百廿五人"中，包括："八人捕羽：操∠、宽∠、末∠、衷∠、丁∠、圂∠、辰∠、却。""八人捕羽"，是各种劳作类别中人数最多的。第五栏又有："六

____

① 湖南省文物考古研究所编著：《里耶秦简（壹）》，文物出版社2012年1月版，第4—5页。

人捕羽：刻、嫛、卑、鬻、娃、变。"在"□□【八】人""□□十三人""隶妾㲻（系）春八人""隶妾居赀十一人""仓隶妾七人"结成的劳作组合"凡八十七人"中，承担"捕羽"劳作的女性劳役人员"六人"，也是这一劳作组合之多种分工中人数最多的。又如第七栏："一人捕羽：强。"（9-2294+9-2305a+8-145a）看来，里耶秦简记录的劳役形式中，"捕羽"是一项相当重要的劳作主题。正如杨小亮所说："'捕羽'是当时刑徒所从事多种劳动中的一项重要内容。"[1] 在这三组劳役者的分工记录中，可见"鬼薪""城旦""隶臣"等身份者"凡百廿五人"中"八人捕羽"，"隶妾"等"凡八十七人"中"六人捕羽"，"小城旦九人"中"一人捕羽"，承担"捕羽"劳作者分别占该组合总人数的 6.4%、6.9%、11.1%。

《里耶秦简〔壹〕》又载录其他"捕羽"简例。据陈伟主编《里耶秦简牍校释》："卅五年七月【戊子】朔壬辰，贰【春】☑Ⅰ书毋徒捕羽，谒令官亟☑Ⅱ之。／七月戊子朔丙申，迁陵守☑Ⅲ。"（8-673+8-2002）"遣报之传书。／欬手／☑Ⅰ七月乙未日失（昳）【时，东】成□上造□以来。☑。"（8-673+8-2002 背）[2]《里耶秦简牍校释》将

---

① 杨小亮：《里耶秦简中有关"捕羽成镞"的记录》，《出土文献研究》第 11 辑，中西书局 2012 年 12 月版，第 147—152 页。

② 陈伟主编，何有祖、鲁家亮、凡国栋撰著：《里耶秦简牍校释》（第 1 卷），武汉大学出版社 2012 年 1 月版，第 200 页。

《里耶秦简〔壹〕》发表的简 8-1520 与 8-1069 及 8-1034 缀合，释文作："卅二年五月丙子朔庚子，库武作徒薄：受司空城旦九人、鬼薪一人、舂三人；受仓隶臣二人。·凡十五人。Ⅰ其十二人为堇：奖、庆忌、敢、敢、船、何、取、交、颉、徐、娃、聚；Ⅱ一人纨：窜。Ⅲ二人捕羽：亥、罗。Ⅳ"（8-1069+8-1434+8-1520）简文所见"凡十五人"中"二人捕羽"，"捕羽者"占"徒"总数的 13.3%，超过了此前我们统计的比例。有关"捕羽"的信息，又有如下简例："二月辛未，都乡守舍徒薄（簿）▨Ⅰ受仓隶妾三人、司空城▨Ⅱ凡六人。捕羽，宜、委、□▨Ⅲ"（8-142）"二月辛未旦，佐初□▨"（8-142 背）。这一"徒薄（簿）""凡六人"中，"捕羽"者至少 3 人，占 50%。对于"捕羽"，校释者注释："捕羽，即捕鸟。"[①]

"捕羽""捕鸟"作为重要劳役内容，值得秦代经济史、行政史和赋役史研究者关注。另有简例，可见涉及"输羽"的内容。里耶秦简"徒薄（簿）""中"又有"求羽"简例，可知"求羽"是"徒"的重要劳作任务。里耶秦简有关于"羽赋"的简文。解释者称"纳羽为赋"。里耶秦简提供的有关"羽赋"的信息，说明秦统一后即及时将楚地贡赋"羽毛"纳入国家经济体系。而里耶出土"廿七年

---

① 陈伟主编，何有祖、鲁家亮、凡国栋撰著：《里耶秦简牍校释》（第 1 卷），第 272—273、82 页。

羽赋"简文，就时间和空间来说，意义都十分重要。云梦睡虎地秦简《为吏之道》列举"吏"的行政任务，明确包括"金钱羽旄"，也说明秦时楚地行政官吏职责包括对"羽"的征收。

"鹤氅之服"与"翡翠之饰"

所谓"羽赋"所征纳的"羽"的用途，是值得讨论的。前引《里耶秦简牍校释》言"纳羽为赋"制度，言《周礼·地官·羽人》"羽人，掌以时征羽翮之政于山泽之农，以当邦赋之政令"，又据《后汉书·南蛮西南夷列传》："其君长岁出赋二千一十六钱，三岁一出义赋千八百钱。其民户出幏布八丈二尺，鸡羽三十镞。汉兴，南郡太守靳强请一依秦时故事。"[1] 关于巴中民户出"鸡羽三十镞"，说到"羽"与"镞"的关系。不过，《里耶秦简牍校释》引《后汉书·南蛮西南夷列传》文句不完整，未可清晰说明秦制渊源。《后汉书》卷八六《巴郡南郡蛮传》是这样记录的："及秦惠王并巴中，以巴氏为蛮夷君长，世尚秦女，其民爵

---

① 陈伟主编，何有祖、鲁家亮、凡国栋撰著：《里耶秦简牍校释》（第1卷），第384页。

比不更，有罪得以爵除。其君长岁出赋二千一十六钱，三岁一出义赋千八百钱。其民户出帑布八丈二尺，鸡羽三十镞。汉兴，南郡太守靳强请一依秦时故事。"这里"民户"所"出"之"鸡羽"，即属于"赋"。应当注意到，汉代执政者所"依""秦时故事"，即边远地方重视"山林"自然资源开发的历史经验。所谓"鸡羽"，很可能来自野生禽鸟。

里耶出土有关"羽赋"的简文受到学界的注意。沈刚认为，里耶"捕羽""求羽"的资料"和秦代赋税制度有关"。"羽""是国家赋税之一种"，"兼有军赋和贡赋两种特质，这是受先秦时期制度的影响，也是秦集权制度不断完善的反映。"[1] 杨小亮以为，"'羽赋'可能并非秦帝国的正式税目，而更多具有'特贡'的意味。"[2] 体现"羽"与"镞"的关系的简文，有《里耶秦简牍校释》缀合的8-1457简和8-1458简。杨小亮又将8-1260简与此成功缀合。缀合后释文为："卅五年正月庚寅朔甲寅，迁陵少内壬付内官☐"【1】(第一栏)"翰羽二当一者百五十八镞，三当一者三百八十六镞，（第二栏）·五当一者四百七十九镞，·六当一者三百卅六镞，（第三栏）·八当一者五〔百〕

① 《"贡""赋"之间——试论〈里耶秦简〉【壹】中的"求羽"简》，《中国社会经济史研究》2013 年第 4 期。
② 《里耶秦简中有关"捕羽成镞"的记录》，《出土文献研究》第 11辑，中西书局 2012 年 12 月版。

廿八鍭，·十五当一者□百七十三鍭。【2】（第四栏）·卅五年四月己未□□，凡成鍭四百□□【3】"①。另一简例，也涉及"白翰羽"与"鍭"的关系。《里耶秦简牍校释》："□敬入徒所捕白翰羽千□Ⅰ□□□【鍭二】□□……Ⅱ"（8-2501）②。"羽"与军国之用"鍭"的确定关系，为研究者提示了考察"羽赋"用途的思路。杨小亮指出："'捕羽'如此重要，是因为鸟羽是制作鍭矢的重要材料。"③这些简例所显示的情形，确实如有的学者所说，"'羽'用于制造箭羽"④，"'捕羽'、'求羽'所得之各类羽毛其用途很可能和'鍭'相关。""所获之'羽'主要用来制作'鍭'矢，……"论者认为，"徒隶'捕羽'所获以及官府交易所得'翰羽'最后会被制成'鍭'。""制作完成的'鍭'矢则由县少内负责收集、管理并统一上缴给中央的内官。"又联系张家山汉简《算数术》有关"羽矢"的算题，深化了相关研究⑤。有学者认真考论"羽毛和成鍭之间的换算关系"，

---

① ③ 杨小亮：《里耶秦简中有关"捕羽成鍭"的记录》，《出土文献研究》第 11 辑，中西书局 2012 年 12 月版，第 147—152 页。

② 陈伟主编，何有祖、鲁家亮、凡国栋撰著：《里耶秦简牍校释》（第 1 卷），第 475 页。

④ 沈刚：《"贡""赋"之间——试论〈里耶秦简〉【壹】中的"求羽"简》，《中国社会经济史研究》2013 年第 4 期。

⑤ 鲁家亮：《里耶出土秦"捕鸟求羽"简初探》，魏斌主编：《古代长江中游社会研究》，上海古籍出版社 2013 年 2 月版，第 101、103 页。

上林繁叶

并结合秦始皇陵铜车马"一号铜车上的66支铜箭"文物实证的形制分析，提出了关于制作一"鏃"的羽毛的"标准长度"的判断①。《说文·羽部》："翭，羽本也。从羽，侯声。一曰羽初生。"段玉裁注："谓入于皮肉者也。按《诗》、《周礼》'鏃矢'，《土丧礼》作'翭矢'。盖此矢金鏃，翭物其中，如羽本之入肉，故假借通用也。"《仪礼·既夕礼》："翭矢一乘，骨鏃短卫。"贾公彦疏分析郑注："……此亦《尔雅·释器》文，案彼云'金鏃翦羽谓之翭'是也。"《尔雅·释器》："金鏃翦羽谓之镞。"《九章算术·粟米》："今有出钱六百二十，买羽二千一百翭。""翭"的字形字义，也反映"羽"和"鏃"的关系。

不过，"羽赋""所获之'羽'主要用来制作'鏃'矢"的意见是否真确，其实还可以深思。"羽"应当还有其他用途。杨小亮提出"捕羽主要为制作鏃矢，也可用羽毛作衣服装饰"的意见②，应当引起我们重视。

"羽"用作武备之外，较多用于装饰，此外也出现于礼乐仪式。

"用羽毛作衣服装饰"情形，见于《墨子·非乐上》言"蚩鸟"所谓"因其羽毛以为衣裘"。扬雄《长杨赋》说到"后宫""翡翠之饰"（《汉书》卷八七下《扬雄传

---

①② 杨小亮：《里耶秦简中有关"捕羽成鏃"的记录》，《出土文献研究》第11辑，中西书局2012年12月版。

下》)。江充初见汉武帝于犬台宫，"自请愿以所常被服冠见上。上许之"，奇装异服之外，"冠禅纚步摇冠，飞翮之缨"，"帝望见而异之，谓左右曰：'燕赵固多奇士。'"所谓"飞翮之缨"，颜师古注："服虔曰：'冠禅纚，故行步则摇，以鸟羽作缨也。'苏林曰：'析翠鸟羽以作蕤也。'臣瓒曰：'飞翮之缨，谓如蝉翼者也。'师古曰：'服说是也。'"(《汉书》卷四五《江充传》) 以"羽"为服饰在神仙信仰的意识背景下，或具有神秘意义。汉武帝迷信方士栾大，"使使衣羽衣，夜立白茅上，五利将军亦衣羽衣，夜立白茅上受印，……"(《史记》卷二八《封禅书》)《汉书》卷二五上《郊祀志上》同样记载，颜师古注："羽衣，以鸟羽为衣，取其神仙飞翔之意也。"曹植《平陵东》："被我羽衣乘飞龙。乘飞龙，与仙期，东上蓬莱采灵芝。灵芝采之可服食，年若王父无终期。"他的《驱车篇》有"餐霞漱沆瀣，毛羽被身形""同寿东父年，旷代永长生"句，都同样"取其神仙飞翔之意"。后世《集仙录》记述"仙女杜兰香"故事，说到"上仙之所服"，有"黄麟羽帔，绛履玄冠，鹤氅之服，丹玉佩挥剑"等。"羽帔"和"鹤氅"，当然都是以鸟羽制作。杜兰香故事发生的空间背景在"湘江洞庭之岸""洞庭包山"[1]，正与里耶邻近，也是

---

① 李昉等编：《太平广记》，中华书局 1961 年 9 月版，第 387 页。

发人深思的。"羽"或可将人们的意识引入接近"神仙飞翔"的意境。

江充"飞翮之缨"与"冠"饰连说。而燕王刘旦"郎中侍从者著貂羽，黄金附蝉"，颜师古注引晋灼曰："以翠羽饰冠也。"据说"貂羽附蝉"是"天子侍中之饰"，而刘旦"僭为之"（《汉书》卷六三《武五子传·燕刺王旦》）。但这正可以说明"以翠羽饰冠"是高等级服饰形式。此外明确以鸟羽为首饰者，见于司马相如《子虚赋》："错翡翠之威蕤。"李善注："张揖曰：'错其羽毛以为首饰也。'"《续汉书·舆服志下》说太皇太后、皇太后的簪："上为凤皇爵，以翡翠为毛羽。"皇后的首饰，"诸爵兽皆以翡翠为毛羽。……以翡翠为华云。"

《诗·卫风·硕人》："四牡有骄，朱帻镳镳，翟茀以朝。"毛传："翟，翟车也。夫人以翟羽饰车。茀，蔽也。"《周礼·地官·羽人》："羽人，掌以时征羽翮之政于山泽之农，以当邦赋之政令。"贾公彦疏以为"羽"主要用于"车饰"："释曰：此羽人所征羽者，当入于锺氏，染以为后之车饰及旌旗之属也。""重翟""厌翟"等鸟羽装饰车辆的方式，辇车"有翣羽盖"，以及直接以"翟车"为名号者，见于《周礼·春官·巾车》。司马相如《子虚赋》说到"羽盖"和"翠帷"。扬雄《甘泉赋》说天子"灵舆"："抚翠凤之驾，六先景之乘。"颜师古注："翠凤之驾，天子所乘车，为凤形而饰以翠羽也。"尊贵者乘以鸟羽装饰，看来形成了交通史的常规现象。

建筑形式普遍使用鸟羽装饰，实例有秦始皇陵地宫"饰以翡翠"（《汉书》卷五一《贾山传》），以及西汉长安宫殿"翡翠火齐，流燿含英"情形（班固：《西都赋》，《后汉书》卷四〇《班固传》）。赵飞燕女弟居昭阳舍，据说殿上"明珠、翠羽饰之"。颜师古注："于壁带之中，往往以金为釭，若车釭之形也。其釭中著玉璧、明珠、翠羽耳。"（《汉书》卷九七下《外戚传下·孝成赵皇后》）《续汉书·礼仪志中》刘昭注补引蔡质《汉仪》描述德阳殿的豪华，也说到"厕以青翡翠"的装饰形式。《文选》卷一一何晏《景福殿赋》："流羽毛之威蕤，垂环玭之琳琅。"李善注："言宫室以羽毛为饰。"

礼乐节目以"羽"为道具，是值得重视的现象。《诗·邶风·简兮》："硕人俣俣，公庭万舞。左手执籥，右手秉翟。"毛传："翟，翟羽也。"郑玄笺："硕人多才多艺，又能籥舞，言文武道备。"孔颖达疏："翟，翟羽，谓雉之羽也。""《韩诗》说以夷狄大鸟羽。""《尔雅》说：翟，鸟名，雉属也。知翟羽舞也。"《礼记·祭统》："夫祭有畀、辉、胞、翟、阍者，惠下之道也。唯有德之君为能行此。"郑玄注："翟者，乐吏之贱者也。"可知因"翟羽舞"，"翟"成为"乐吏"名号。这种"翟羽舞"，显示"文武道备"，显示"有德"，自有仪礼性质。张衡《东京赋》："冠华秉翟，列舞八佾。"薛综注："冠华，以铁作之，上阔下狭。以翟雉尾饰之，舞人头戴。"刘良注："言舞人冠华冠，秉翟毛也。"两说对"秉翟"理解不同，应以刘良说近是。这种礼乐形式得以长久继承。《宋书》卷一九《乐志一》："今《凯容》《宣烈》舞所执羽籥是也。盖《诗》所云'左手执籥，右手秉翟'者也。"

"以时征羽翮之政"

里耶秦简有关于"羽赋"的简文。解释者称"纳羽为赋"。如《里耶秦简牍校释》："廿七年羽赋二千五【百□】"（8-1735）。注释："羽赋，纳羽为赋。《周礼·地官·羽人》：'羽人，掌以时征羽翮之政于山泽之农，以当邦赋之政令。'《史记·夏本纪》：'荆及衡阳维荆州：江、汉朝宗于海。九江甚中，沱、涔已道，云土、梦为治。其土涂泥。田下中，赋上下。贡羽、旄、齿、革，金三品，杶、干、栝、柏，砺、砥、砮、丹，维箘簵、楛，三国致贡其名，包匦菁茅，其篚玄纁玑组，九江入赐大龟。'《后汉书·南蛮西南夷列传》：'其君长岁出赋二千一十六钱，三岁一出义赋千八百钱。其民户出賨布八丈二尺，鸡羽三十镞。汉兴，南郡太守靳强请一依秦时故事。'"①所谓"秦时故事"，正可以得到里耶秦简相关资料的印证。所谓"羽赋"，应即《周礼》"以时征羽翮之政于山泽之农，以当邦赋之政令"。《里耶秦简牍校释》论此制度引据《史记·夏本纪》，其实可以直接引《禹贡》："荆及衡阳惟荆州：江、汉朝宗于海。九江甚中，沱、潜已道，云土、梦为治。其土涂泥。田下中，赋上下。贡羽毛、齿革、惟金三品，杶、干、栝、柏、砺、砥、砮、丹，维箘簵、楛，三国致贡其名，包匦菁茅，其篚玄纁玑组，九江纳锡大龟。"九州之中，只有扬州、荆州"贡羽毛"，而惟荆州在贡品中位列第一。里耶秦简提供的有关"羽赋"的信息，说明秦统一后即及时将楚地贡赋"羽毛"纳入国家经济收入体系。而里耶出土"廿七年羽赋"简文，就时间和空间来说，意义都十分重要。云梦睡虎地秦简《为吏之道》列举"吏"的行政任务，明确包括"金钱羽旄"②，也可以看作秦时官吏"掌以时征羽翮之政于山泽之农，以当邦赋之政令"的文物证明。

———————————

① 陈伟主编，何有祖、鲁家亮、凡国栋撰著：《里耶秦简牍校释》（第1卷），第384页。

② 睡虎地秦墓竹简整理小组：《睡虎地秦墓竹简》，文物出版社1978年11月版，第286页。

所谓"以时征羽翮"的"时"，可以在里耶简例中发现有价值的信息。

前引《卅二年十月己酉朔乙亥司空守圂徒作簿》体现"捕羽"劳作形式调发频率较高是在"十月"。承担"捕羽"劳作者分别占该组合总人数的 6.4%，6.9%，11.1%。

而 8-1069+8-1434+8-1520 简文则是"五月"的文书。简文所见"凡十五人"中"二人捕羽"，"捕羽者"占"徒"总数的 13.3%，比率超过前例，但绝对数字并不多。

又简 142 则记录"二月""捕羽"事，"凡六人"中，"捕羽"者至少 3 人，占 50%。"捕羽"的绝对人数其实也并不多。

里耶秦简博物馆藏《〔卅〕四年十二月仓徒薄（簿）冣》中，可见"输鸟"字样，也很有可能与"捕羽"相关。第六栏："女卅九人与史武输鸟"（10-1170）。此"输鸟"事使用人力数额之多，是惊人的。这一情形似可说明"输鸟"是一项工作量比较大的劳作内容。

据陈伟主编《里耶秦简牍校释》，也有"七月""捕羽"简例：

卅五年七月【戊子】朔壬辰，【贰】春☐ Ⅰ

书卌转捕羽，谒令官巫☐ Ⅱ

之。／七月戊子朔丙申，迁陵守☐ Ⅲ 8-673 ＋

8-2002

遣报之。传书／歓手／☐ I

七月乙未日失（昳）【时，东】成☐上造☐以

来。☐8-673+8-2002背

又有关于"后九月""捕鸟"的简文：

一人☐:【朝】。A I

一人有狱讯：目。A Ⅱ

一人捕鸟：城。A Ⅲ

一人治船：疵。B I

一人为作务：且。B Ⅱ

一人输备弓：具。B Ⅲ

后九月丙寅，司空☐敢言☐　8-2008背

此外，又有关于"七月""捕献鸟"的信息："廿八年七
月戊戌朔乙巳启陵乡赵敢言之令＝启陵捕献鸟明渠雌
一……。"（8-1562）

这样说来，我们看到的里耶"捕羽""捕鸟"简文，
涉及的"时"，有"十月""十二月""二月""五月""七
月""后九月"。据睡虎地秦简《秦律十八种》中的《田
律》，自"春二月"起，是禁止"置穽罔（网）"的，"到

七月而纵之。"① 这应当与"雉"等禽鸟"繁殖期在春季"②有关。我们看到的里耶"二月"与"五月""捕羽""捕鸟"简例，应是违犯当时礼俗制度的。这可能是因为帝制时代行政力量强化导致的特殊现象，也可能不同地域有关自然资源保护的风俗不同。《汉书》卷八《宣帝纪》载元康三年（前63）夏六月诏："前年夏，神爵集雍。今春，五色鸟以万数飞过属县，翱翔而舞，欲集未下。其令三辅毋得以春夏摘巢探卵，弹射飞鸟，具为令。"《续汉书·五行志二》也记录了"五色鸟"事："案宣帝、明帝时，五色鸟群翔殿屋，贾逵以为胡降征也。"这应当是因"神爵"及"五色鸟"的特殊表现而宣布的强调民间礼俗传统的诏令。

中国古代动物学史研究者指出，"动物成群飞翔有时形成有规律有季节有方向的飞翔活动，特称之为迁飞。"比如，"雁是9、10月飞向南方。"③ 这正与里耶秦简所见"捕羽""捕鸟"简文以"后九月"与"十月"较为集中的情形一致。对于候鸟南北迁飞的路线和栖息地，战国秦汉时期人们已经有所认识。《管子·戒》："今夫鸿鹄，春北而秋南，而不失其时。夫唯有羽翼以通其意于天下乎？"

---

① 睡虎地秦墓竹简整理小组：《睡虎地秦墓竹简》，文物出版社1978年11月版，第26页。

② 谢成侠：《中国养禽史》，中国农业出版社1995年2月版，第104页。

③ 郭郛、〔英〕李约瑟、成庆泰著：《中国古代动物学史》，科学出版社1999年2月版，第261、263页。

《法言·问明》："朱鸟翾翾，归其肆矣。或曰：'奚取于朱鸟哉？'曰：'时来则来，时往则往，能来能往者，朱鸟之谓欤。'"《焦氏易林》卷五《蛊·离》："鸿雁南飞，随阳休息。转逐天和，千年不衰。"均指出了其季节规律性。《太平御览》卷五七引杨方《五经钩深》曰："夫鸟游旷泽之地，而比翾者万群。""夫霜树落叶，而鸿雁南飞。"《太平御览》卷九一六引隋卢思道《孤鸿赋》，其中写道："平子赋曰：'南寓衡阳，避祁寒也。'"则"衡阳"地名的出现，与洞庭迁陵颇为接近。

《艺文类聚》卷九一引《淮南子》曰："夫雁从风而飞，以爱气力；衔芦而翔，似备弋缴。"秦汉时人注意到候鸟对于猎杀危险的警觉。我们理解里耶"捕羽""捕鸟"简文，似未可排除季节性捕杀候鸟的可能。

"捕鸟"与"输鸟"

虽然研究者有"捕羽，即捕鸟"之说，然而简文中我们又可以看到确定的"捕鸟"字样。如《里耶秦简牍校释》："一人□：【朝】。ＡⅠ一人有狱讯：目。ＡⅡ一人捕鸟：城。ＡⅢ一人治船：疵。ＢⅠ一人为作务：且。ＢⅡ

一人输备弓：具。B Ⅲ……"（8-2008）"后九月丙寅，司空
□敢言□"（8-2008背）。

李斯《谏逐客书》写道："今陛下致昆山之玉，有随、
和之宝，垂明月之珠，服太阿之剑，乘纤离之马，建翠凤
之旗，树灵鼍之鼓。此数宝者，秦不生一焉，而陛下说
之，何也？"（《史记》卷八七《李斯列传》）所谓"翠凤之
旗"，应当是用"翠凤"羽毛装饰的旗帜。所谓"此数宝
者，秦不生一焉"，所言"翠凤"，应当来自距离秦地甚远
的南国。《史记》卷七九《范雎蔡泽列传》："……且夫翠、
鹄、犀、象，其处势非不远死也，而所以死者，惑于饵
也。"捕杀"翠、鹄"，应是为了取其羽毛。而"翠、鹄"
与"犀、象"并说，也提示来自南方。《禹贡》言天下九
州资源形势、贡赋内容与运输路径，关于荆州，有"贡
羽毛、齿革、惟金三品，杶、榦、栝、柏、砺、砥、砮、
丹，维箘簵、楛，三国致贡其名，包匦菁茅，其篚玄纁玑
组，九江纳锡大龟"语。九州之中，只有扬州、荆州"贡
羽毛"，而扬州言"贡齿革、羽毛……"，荆州言"贡羽毛、
齿革……"，在多种贡品中，"羽毛"位列第一的只有荆州。
里耶秦简提供的有关"羽赋"的信息，说明秦统一后即及
时将楚地贡赋"羽毛"纳入了国家经济体系。《禹贡》的贡
纳设计，在实现统一的秦帝国终于付诸实践。

《汉书》卷五一《贾山传》载贾山叙述秦始皇陵地宫

形制，说到"饰以翡翠"。"翡翠"，颜师古注："应劭曰：'雄曰翡，雌曰翠。'臣瓒曰：'《异物志》云翡色赤而大于翠。'师古曰：'鸟各别类，非雄雌异名也。'"班固《西都赋》说长安宫殿装饰，有"翡翠火齐，流燿含英"语。李贤注引《异物志》曰："翠鸟形如燕，赤而雄曰翡，青而雌曰翠，其羽可以饰帏帐。"（《后汉书》卷四○《班固传》）对于禽鸟雌雄的关注，又见于里耶秦简有关"捕献鸟"的文书。据《里耶秦简牍校释》，可知有如下情形：

廿八年七月戊戌朔乙巳，启陵乡赵敢言之：令令启陵捕献鸟，得明渠 Ⅰ

雌一。以鸟及书属尉史文，令输。文不冐（肯）受，即发鸟送书，削去 Ⅱ

其名，以予小史适，适弗敢受。即畀适。已有（又）道船中出操楫以走赵，奠詢 Ⅲ

畀赵。谒上狱治，当论论。敢言之。令史上见其畀赵。Ⅳ 8-1562

七月乙巳，启陵乡赵敢言之：恐前书不到，写上。敢言之。贝手。Ⅰ

七月己未水下八刻，□□以来。／敬半　贝手。Ⅱ 8-1562 背注释："献鸟，贡献之鸟。8-769 云：'廷下令书曰取鲛鱼与山今卢（鲈）鱼贡献之。'可参看。""明渠，鸟名。《文选·司马相如〈上林赋〉》：'烦鹜庸渠。'李善注引郭璞曰：'庸渠似凫，灰色而鸡脚，一名章渠。''明渠'或与类似。""鸟送书，送鸟的文书。"今按：明朱谋㙔《骈雅》卷七《释虫鱼》："庸渠，帝渠也。"清姚炳《诗识名解》卷三《鸟部》"脊令"条："《释鸟》以鸭鸰为雒渠，……《上林赋云》'烦鹜庸渠'，乃水鸟也。"论者则以为"非水中之鸟"，然而又说："即是水鸟，亦何妨在原？几见近洲渚者，便不翔山林耶？"里耶简文"明渠"应确是"鸟名"，"得明渠雌一"即郑重进献，或许是难得的珍禽。

贾山《至言》批评秦始皇陵工程"为葬薶之侈"，有"饰以翡翠"语。颜师古注："应劭曰：'雄曰翡，雌曰翠。'臣瓒曰：'《异物志》云翡色赤而大于翠。'师古曰：'鸟各别类，非雄雌异名也。'"（《汉书》卷五一《贾山传》）按照应劭的解说，依然是"雄雌异名"。《说文·羽部》："翡，赤羽雀也，出郁林。""翠，青羽雀也，出郁林。"只说"赤羽""青羽"，不说"雄雌"，但是"雄雌"异色也是可能的。即前引《异物志》所谓"赤而雄曰翡，青而雌曰翠"。

《汉书》卷五三《景十三王传·江都易王非》："（江都王刘建）遣人通越繇王闽侯，遗以锦帛奇珍，繇王闽侯亦遗建荃、葛、珠玑、犀甲、翠羽、蝯熊奇兽，数通使往来，约有急相助。"所谓"翠羽"作为"奇珍"，被作为服务于外交的礼品。"翠羽"可能只是"翡翠"或"翠鸟"的"羽"。而南越王赵佗故事则有分说"翠鸟""生翠""孔雀"的情节。赵佗上书汉文帝："今陛下幸哀怜，复故号，通使汉如故，老夫死骨不腐，改号不敢为帝矣！谨北面因使者献白璧一双，翠鸟千，犀角十，紫贝五百，桂蠹一器，生翠四十双，孔雀二双。昧死再拜，以闻皇帝陛下。"（《汉书》卷九五《南粤传》）"生翠四十双，孔雀二双"，或许可以读作"生翠四十双，生孔雀二双"，也就是活的翠鸟和孔雀，而与前列"翠鸟千"不同。

又如《里耶秦简牍校释》可见"一人求白翰羽：章"（8-663A Ⅴ）。注释："白翰，鸟名，即白雉。白翰羽，即白雉的羽毛。"我们看到，与这枚简所谓"求白翰羽"相类，又有"求翰羽"简文："一人求翰羽：强。"（8-1259 Ⅱ）[1] 对于"白翰"及"白翰羽""翰羽"的生物学定位，自然还可以讨论。但是《说文·羽部》有关"翰"的内容是我们应当注意的："翰，天鸡也，赤羽。从羽，倝声。《逸周书》曰：'文翰若翚雉。'"段玉裁注："《释鸟》：'鶾，天鸡。'鶾本又作翰。""天鸡，樊光云一名山鸡。""小宛传云：翰，高也。谓羽长飞高。此别一义。"此所谓"羽长"，应是特意"求"取的原因。

---

[1] 陈伟主编，何有祖、鲁家亮、凡国栋撰著：《里耶秦简牍校释》（第1卷），第196、197、301页。

汉代的斗兽和驯兽

马克思和恩格斯曾经写道："全部人类历史的第一个前提无疑是有生命的个人的存在。因此，第一个需要确认的事实就是这些个人的肉体组织以及由此产生的个人对其他自然的关系。""历史可以从两方面来考察，可以把它划分为自然史和人类史。但这两方面是不可分割的；只要有人存在，自然史和人类史就彼此相互制约。"①人和自然的关系，贯穿于社会历史的始终。在这种关系中，人对猛兽的畏避、抗争和征服，是引人注目的。面对逐渐扩张的人的社会，兽走向屈从、驯宠，甚至消亡。在汉代，斗兽和驯兽所体现的人和兽的关系，也是关注社会史的人们应当重视的。

---

① 马克思、恩格斯：《德意志意识形态》，《马克思恩格斯选集》（第1卷），人民出版社 2012 年 9 月版，第 146 页。

"虎牢"和"虎圈"

很早以前就出现了以圈养猛兽为乐的情形，相传"桀之时，女乐三万人，放虎于市，观其惊骇"（《太平御览》卷八九一引《管子》）。这里所谓"放虎"者，当是圈畜之虎。《史记》卷三《殷本纪》说，帝纣在沙丘大筑苑台，"多取野兽蜚鸟置其中"。《太平御览》卷一九七引《穆天子传》："伐犬戎，获虎畜于东虞，命曰'虎牢'。"说周穆王曾经畜虎于东虞，定名"虎牢"。先秦社会的畜兽风习还可以通过其他迹象有所反映[①]。

然而大规模广设兽圈的，是西汉帝王。

《史记》卷一〇二《张释之冯唐列传》记述张释之劝谏汉文帝事迹，涉及"上林""虎圈"：

> 释之从行，登虎圈。上问上林尉诸禽兽簿，十余问，尉左右视，尽不能对。虎圈啬夫从旁代尉对上所问禽兽簿甚悉，欲以观其能口对响应无穷者。文帝曰："吏

---

① 王子今：《从地名看先秦畜兽风俗》，《地名知识》1981年第4.5期。

上林繁叶

不当若是邪？尉无赖！"乃诏释之拜啬夫为上林令。

后来为张释之劝阻，"乃止不拜啬夫。"所谓"虎圈啬夫从旁代尉对上所问禽兽簿甚悉"，可见早在汉文帝时期，兽圈已有严格的簿册登记，有专职的官吏管理。

陈直先生在《汉书新证》中对"虎圈"有所考论，以张释之事迹与"'虎圈'半通印"结合起来考察。他写道：

　　直按：《御览》卷一百九十七，引《郡国志》云："雍州虎圈，在通化门东二十五里，汉文帝问上林尉处，及冯倢伃当熊处。"比较《三辅黄图》为详。又按：《金石萃编》汉十四，汉《张迁碑》云："文景之间，有张释之，建忠弼之谟，帝游上林，问禽狩所有，苑令不对，更问啬夫，啬夫事对。于是进啬夫为令，令退为啬夫，释之议为不可，苑令有公卿之才，啬夫喋喋小吏，非社稷之重，上从言。"碑文以上林尉为上林令，及令退为啬夫，与《史》《汉》所记，微有不同。家保之兄云：《艺林月刊》曾印"虎圈"半通印，当为虎圈啬夫等公用之印。①

————————

① 陈直：《汉书新证》，天津人民出版社 1979 年 3 月版，第 298 页。

今按：所谓"《御览》卷一百九十四"，当为《太平御览》卷一九七引。虎圈及其管理机构的设置，得到了文物的证明。

《史记》卷二八《封禅书》记载："（汉武帝）作建章宫，度为千门万户。……其西则唐中，数十里虎圈。"同样的文字见于《史记》卷一二《孝武本纪》，张守节《正义》引《括地志》："虎圈今在长安城中西偏也。"《三辅黄图》卷六有"圈"条，下列"秦兽圈""汉兽圈"和"虎圈"。然而内容则只有"秦兽圈"和"汉兽圈"，阙"虎圈"：

> 秦兽圈。《列士传》云："秦王召魏公子无忌，不行，使朱亥奉璧一双诣秦。秦王怒，使置亥于兽圈中。亥瞋目视兽，眥血溅于兽面，兽不敢动。"
>
> 汉兽圈九。彘圈一在未央宫中。文帝问上林尉，及冯媛当熊，皆此处。兽圈上有楼观。

关于"秦兽圈"，《水经注》卷一九《渭水》称作"秦虎圈"："霸水又北径秦虎圈东，《列士传》曰：'秦昭王会魏王，魏王不行，使朱亥奉璧一双。秦王大怒，置朱亥虎圈中，亥瞋目视虎，眥裂血出溅虎，虎不敢动。'即是处也。"又写道："故渠又北分为二渠：东径虎圈南而东入霸，一水北合渭，今无水。"《太平御览》卷一九七引《郡国志》："雍州虎圈在通化门东二十五里。秦王置朱亥于其中，亥瞋目视虎，虎不敢动，汉文帝问上林尉处及冯倢伃当熊在此。"《太平御览》卷一九七引《汉宫殿疏》："秦故虎圈周匝三十五步，长二十步，西去长安十五里。"何清谷先生以为"秦虎圈在漕渠之北，霸水之西，即今西安市东北阎家村之南"①。

《太平御览》卷一九七引《三辅故事》："师子圈在建章宫西南。"又引《汉宫殿疏》："有虒圈，有师子圈，武帝造。"陈直先生论汉"六畜蕃息"瓦当："此为西汉兽圈之瓦，乾隆时曾出一品，环读成文，一九四八年，又出残缺者一面，仅存六畜两字。"②《淮南子·主术》说到兽圈的经营："夫水浊则鱼噞，政苛则民乱。故夫养虎豹犀象者，为之圈槛，供其嗜欲，适其饥饱，违其怒恚，然而不能终其天年者，形有所劫也。"文句中所发表的不仅仅是对反自然的指责，更着重在于从治政角度出发的批评。论者又表扬了先古圣王的"节俭之行"和"相爱之仁"，作为对比，又说道："衰世则不然，一日而有天下之富，处人主之势，则竭百姓之力，以奉耳目之欲，志专在于宫

① 何清谷：《三辅黄图校注》，三秦出版社1995年10月版，第338页。
② 《秦汉瓦当概述》，《簠庐丛著七种》，齐鲁书社1981年1月版，第352页。

室台榭，陂池苑囿，猛兽熊罴，玩好珍怪。是故贫民糟糠不接于口，而虎狼熊罴獒刍豢；百姓短褐不完，而宫室衣锦绣。"《盐铁论·散不足》也说："古者不以人力徇于禽兽""今猛兽奇虫，不可以耕耘，而令当耕耘者养食之""黎民或糠糟不接，而禽兽食粱肉。"不过，我们在这里更注意的，是"虎狼熊罴獒刍豢"现象的背后，透露出了怎样的社会风习的倾向。

西汉宫廷"刺彘""刺虎"

西汉宫廷的"虎圈"，曾经作为人与困兽相斗的竞技场。

斗兽，在远古社会的狩猎生活中，是一种主要的生产手段。先秦时代勇士力搏猛兽，长期作为贵族畋猎时的军事体育项目。《诗·郑风·大叔于田》歌颂郑太叔段多才好勇，能袒身空手搏虎："袒裼暴虎，献于公所。"然而西汉"虎圈"的斗兽，却更多地表现出表演的性质。

洛阳出土的汉彩画砖，有"上林虎圈斗兽图"，描绘斗兽场面。史籍中也多见记叙斗兽的文字。《史记》卷一二一《儒林列传》说，儒生辕固言语冲撞窦太后，太

上林繁叶

后竟然令他入兽圈与野猪搏斗："……乃使（辕）固入圈刺彘。景帝知太后怒而固直言无罪，乃假固利兵，下圈刺彘，正中其心，一刺，彘应手而倒。"《汉书》卷一五四《李广传》说，李广的孙子李禹酒后"侵陵"侍中贵人，于是有下虎圈刺虎的故事："尝与侍中贵人饮，侵陵之，莫敢应。后戏之上，上召（李）禹，使刺虎，县下圈中，未至地，有诏引出之。禹从落中以剑斫绝累，欲刺虎。上壮之，遂救止焉。"看来，斗兽一方面可测验勇力，有时又兼有刑罚的意味。而作为观赏者，都是从残酷的血腥搏斗中取乐。

上文说到的陈直所举《太平御览》卷一九七引《郡国志》所谓"冯倢伃当熊"故事，《三辅黄图》所谓"冯媛当熊"故事，见于《汉书》卷九七下《外戚传下·孝元冯昭仪》："建昭中，上幸虎圈斗兽，后宫皆坐。熊佚出圈，攀槛欲上殿。左右贵人傅昭仪等皆惊走，冯倢伃直前当熊而立，左右格杀熊。上问：'人情惊惧，何故前当熊？'倢伃对曰：'猛兽得人而止，妾恐熊至御坐，故以身当之。'元帝嗟叹，以此倍敬重焉。"

这里说到"上幸虎圈斗兽，后宫皆坐"，可见观看斗兽表演已成为整个宫廷风行的娱乐活动。

汉赋中也可以看到涉及斗兽的内容。枚乘《七发》描述贵族田猎情形，有"逐狡兽""恐虎豹"句。又说："榛林深泽，烟云闇莫，兕虎并作。毅武孔猛，袒裼身薄，白刃磑磑，矛戟交错。"司马相如《子虚赋》则说徒手斗兽情形："……有白虎玄豹，蟃蜒貙豻，于是乎乃使专诸之伦，手格此兽。"君王于是"观壮士之暴怒，与猛兽之恐惧"。《上林赋》说"天子校猎"形势，也有"生貔豹，搏豺狼，手熊罴，足野羊"的情节。汉赋固然如前人批评，往往"假象过大""逸辞过壮""丽靡过美"，不足以具体地验证史实，但其中所反映的西汉帝王对斗兽的专好，则是基本可信的。《汉书》《成帝纪》记载，元延二年（前11）冬，"行幸长杨宫，从胡客大校猎。"兽在长杨宫举行"大校猎"。如淳说："合军聚众，有幡校击鼓也。《周礼》校人掌王田猎之马，故谓之校猎。"颜师古则有不同的解释："如说非也。此校谓以木自相贯穿为阑校耳。《校人》职云'六厩成校'，是则以遮阑为义也。校猎者，大为阑校以遮禽兽而猎取也。"实际上是让"专诸之伦"在以木栅绳网包围的较为开阔的"兽圈"中进行大型的集体斗兽表演。扬雄《长杨赋》记叙这次大校猎："上将大夸胡人以多禽兽，秋，命右扶风发民入南山，西自褒斜，东至弘农，南驱汉中，张罗罔罝罘，捕熊罴豪猪虎豹狖玃狐菟麋鹿，载以槛车，输长杨射熊馆。以罔为周阹，纵禽兽其中，令胡人手搏之，自取其获，上亲临观焉。"

《长杨赋》又写到以槛车运送猛兽的情形："搤熊罴，

上林繁叶

抆豪猪，木雍枪㩻，以为储胥。"对于所谓"储胥"以及"木雍枪㩻"的形式，《汉书》卷八七下《扬雄传下》颜师古注："苏林曰：'木拥栅其外，又以竹枪累为外储也。'服虔曰：'储胥犹言有余也。'师古曰：'储，峙也。胥，须也。以木拥枪及累绳连结以为储胥，言有储畜以待所须也。'"《文选》卷九李善注引韦昭曰："储胥，蕃落之类也。"临时设施尚且如此，兽圈作为永久性建筑可想而知。辕固入彘圈称"下"，李禹也以"落"和"累""县（悬）下圈中"，颜师古注："'落'与'络'同，谓当时襁络之而下也。'累'，索也。""落"应即"络"，可能是网状物。可见兽圈形式必如深穴，以坚壁防止猛兽逸出，而斗兽者的生命安全则只能完全系于自身的勇力了。《汉书》卷五〇《张释之传》称"登虎圈"，《汉书》卷五〇《张释之传》作"上登虎圈"。《三辅黄图》卷六说："兽圈上有楼观。"这些高踞楼观之上，簇拥后宫嫔妃的西汉帝王们观赏人与猛兽生死搏斗以取乐的行为，似乎可以与古罗马帝国盛行角斗之风的情形相比照。

不过，有所不同的是，以观赏斗兽为乐的帝王贵族，有时也亲自参与这种惊险的搏斗。

《风俗通义·正失》说，"文帝代服衣罽，袭毡帽，骑骏马，从侍中近臣常侍期门武骑猎渐台下，驰射狐兔，毕雉刺彘，是时，待诏贾山谏以为'不宜数从郡国贤良吏出游猎，重令此人负名，不称其举'，及太中大夫贾谊，亦数谏止游猎。"是汉文帝有亲自"骑猎""刺彘"的喜好。汉武帝也有亲自"手格熊罴"的行为（《汉书》卷六五《东方朔传》），史称"是时天子好自击熊彘，驰逐野兽"（《史记》卷一一七《司马相如列传》）。他的儿子刘胥，也继承了这样的性格，喜欢"空手搏熊彘猛兽"。《汉书》卷六三《武五子传·广陵厉王胥》："胥壮大，好倡乐逸游，力扛鼎，空手搏熊彘猛兽，动作无法度，故终不得为汉嗣。"昌邑王刘贺到长安后，也曾经"驾法驾，皮轩鸾旗，驱驰北宫、桂宫，弄彘斗虎"（《汉书》卷六八《霍光传》）。

《盐铁论·散不足》批评社会浮侈之风，说道："今民间雕琢不中之物，刻画玩好无用之器。玄黄杂青，五色绣衣，戏弄蒲人杂妇，百兽马戏斗虎，唐锑追人，奇虫胡姐。"指出西汉中期斗兽已时行于民间豪富之家。郑州新通桥西汉晚期墓出土的画像空心砖上有刺虎图，虎狂扑而来，一人持剑迎刺，虎足前有网状物，可能就是悬下兽圈所用的"落"（即"络"）。这幅刺虎图与乐舞图并列，刺虎作为戏乐的意义很明显[①]。东汉文物中也多见反映斗兽场面的画面。山东肥城东汉建初八年墓出土的画像石描绘一人持戟刺虎，另一人闲坐高阙上观看，从不同的服饰可看出二者

---

① 郑州市博物馆：《郑州新通桥汉代画像空心砖墓》，《文物》1972年第 10 期。

身份的鲜明差异[①]。河南方城东关东汉中期墓出土画像石，画面为一武士右手抓虎尾，左手奋臂挥剑欲刺[②]。南阳市五中出土的画像石表现勇士与犀牛搏斗[③]。南阳汉代画像也有斗牛场面[④]。河南唐河出土的汉画像石，还有一名勇士力搏双虎的画面。又有画面可见斗牛者手提牛角奋力相搏的形象[⑤]。连云港网疃庄汉木椁墓出土漆盒饰有斗熊图案，斗熊者持戈作退却势挑诱熊[⑥]。山东嘉祥汉画像石表现的"斗虎"形象，"多半是人持剑和虎斗，与普通的狩猎图象略有不同。"[⑦]山东梁山后银山汉墓壁画中，斗牛者一手按住牛头，另一手奋力相击[⑧]。南阳杨官寺汉画像石墓出土斗兽图中有一人持刀斗兽形象，也有一人斗一熊一牛的形象，在

① 王思礼：《山东肥城汉画像石墓调查》，《文物参考资料》1958年第4期。

② 阳市环城乡王府出土石刻门南阳市博物馆、方城县文化馆：《河南方城东关汉画像石墓》，《文物》1980年第3期。

③ 南阳市博物馆、方城县文化馆：《河南方城东关汉画像石墓》，《文物》1980年第3期。

④ 王建中、闪修山：《南阳两汉画像石》，文物出版社1990年6月版，图229。

⑤ 周到、李京华：《唐河针织厂汉画像石墓的发掘》，《文物》1973年第6期。

⑥ 南京博物院：《江苏连云港市海州网疃庄汉木椁墓》，《考古》1963年第6期。

⑦ 朱锡禄：《嘉祥汉画像石》，山东美术出版社1992年6月版，第4页。

⑧ 关天相、冀刚：《梁山汉墓》，《文物参考资料》1955年第5期。

一只大虎下面，还刻有栅栏式的方格，大概意在表现虎圈的形式①。

南阳汉墓还出土有表现两头犀牛相抵斗的画像石②。唐河汉墓出土双虎相争搏的画像石③。南阳七里园村汉墓石刻有双虎双犀相斗图④。河南新野还出土牛、熊、虎三兽相斗的画像砖⑤。新野出土的虎犀相斗画像砖画面非常生动形象，虎前身跃起，张口舞爪猛扑向犀牛，犀牛弓颈纵角，迎头击刺。虎身后有清晰的建筑物图形，表示出这种兽斗并非在荒山野泽，而发生在人为设置的环境中⑥。

前引《汉书》卷九七下《外戚传下·孝元冯昭仪》"上幸虎圈斗兽"，"熊佚出圈，攀槛欲上殿"故事，说熊由虎圈佚出，可见西汉晚期后宫消遣，确有观看兽与兽相斗的实例。

大规模集体斗兽的田猎活动，有军事检阅和演习的意义。处于青春期的汉武帝以"微行"形式出猎，甚至"手

① 河南省文化局文物工作队：《河南南阳杨官寺汉代画象石墓发掘报告》，《考古学报》1963 年第 1 期。
② 南阳市文物管理委员会：《河南南阳市发现汉墓》，《考古》1966 年第 2 期。
③ 周到、李京华：《唐河针织厂汉画像石墓的发掘》，《文物》1973 年第 6 期。
④ 河南省文化局文物工作队：《南阳汉代石刻墓》，《文物参考资料》1958 年第 10 期。
⑤ 王褒祥：《河南新野出土的汉代画像砖》，《考古》1964 年第 2 期。
⑥ 吕品、周到：《河南新野新出土的汉代画像砖》，《考古》1965 年第 1 期。

格熊罴"，"自击熊豦，驰逐野兽"的经历，对于他个人的意志磨砺、精神锤炼和性格养成，应当是有重要作用的①。斗兽，作为考验勇武之士的竞技项目而盛行，也是以当时社会激进尚武的风尚为背景的。这种社会风习，也正与执政集团鼓吹好战之风相切合。贾谊曾经发表"今不猎猛敌而猎田彘，不搏反寇而搏畜菟，玩细娱而不图大患，非所以为安也"的批评（《汉书》卷四八《贾谊传》），其实，"猎田彘"和"猎猛敌"，"搏畜菟"和"搏反寇"，是有着一定的关系的。

民间"戏弄"："百兽马戏斗虎"

《盐铁论·散不足》载录"贤良"比较古今消费生活差异，批评世风奢侈的言辞："古者，衣服不中制，器械不中用，不粥于市。今民间雕琢不中之物，刻画玩好无用之器。玄黄杂青，五色绣衣，戏弄蒲人杂妇，百兽马戏斗虎，唐锑追人，奇虫胡姐。"其中所谓"百兽马戏斗虎"，说明当时以驯兽技术为条件的动物表演已经与斗兽并列，

---

① 王子今：《汉武英雄时代》，中华书局 2005 年 8 月版，第 38—41 页。

逐渐成为民间"玩好"之一了。这里所说的"斗虎"，已经与李禹故事"刺虎"完全不同。

江苏徐州洪楼汉画像石墓与搏虎、曳兽图同出乐舞百戏图，其中有虎戏、象戏等。长沙砂子塘一号西汉墓外棺漆画绘有羽翼神人骑豹图[①]。咸阳马泉西汉晚期墓出土的残漆奁纹饰中，也可以看到较早的驯兽表演情形，一奔兽背上立竿，表演者持竿横向挺身，另有一奔兽，一人舞袖扬鞭，单足立于上[②]。年代相当于西汉晚期至新莽时期的江苏盱眙东阳汉墓出土的百戏杂技图中有斗兽场面，一牛一虎相抵，牛背与虎背各有一驯兽者跪立，双臂平伸[③]。安徽定远坝王庄画像石墓也出土驯兽图[④]。东汉更多见表现驯兽的文物。湖北均县土桥镇东汉墓出土两件石刻，猛兽张牙嗔目，而驯兽人从容安坐在兽背上[⑤]。河南唐河汉郁平大尹冯君孺人墓出土画像象石有驯虎图，虎颈拴索，前有一人牵索戏虎，虎昂首翘尾，后有一人一手握虎尾，一手执虎足。另有骑象图，象背有鞍具，其上一人端坐，

---

① 湖南省博物馆：《长沙砂子塘西汉墓发掘简报》，《文物》1963年第2期。

② 咸阳市博物馆：《陕西咸阳马泉西汉墓》，《考古》1979年第2期。

③ 南京博物院：《江苏盱眙东阳汉墓》，《考古》1979年第5期。

④ 安徽省文物管理委员会：《定远县坝王庄古画象石墓》，《文物》1959年第12期。

⑤ 陈恒树：《均县城南土桥镇清理了古墓一座》，《文物》1959年第11期。

一人躺卧[①]。登封汉阙中启母阙和少室阙也都有驯象图[②]。

汉代驯兽画面如此多见，可惜驯兽术却没有文字留传。《后汉书》卷八二下《方术列传下·徐登》说：赵炳"能为越方"，李贤注："越方，善禁咒也。"又引《抱朴子》："道士赵炳以气禁人，人不能起。禁虎，虎伏地，低头闭目，便可执缚。"这种"以气""禁虎"之术，可能就是一种特异的驯虎术。

史籍中仅见东汉诸帝校猎的记载，而未见幸兽圈斗兽的事迹，说明上层执政者这方面的嗜好已有所转移。从出土文物看，民间习俗亦已由斗兽向驯兽演变。从斗兽到驯兽，前者以力，后者以技，前者恃勇，后者用智，从竞勇力、尚武功到斗奇巧、好乐戏的变化，或许也可以部分反映汉代社会风尚演变的趋势。

"东海黄公"的表演

"东海黄公"是秦汉时期比较成熟的民间"百戏"表

---

① 南阳地区文物工作队、南阳博物馆：《唐河汉郁平大尹冯君孺人画象石墓》，《考古学报》1980 年第 2 期。
② 吕品编著：《中岳汉三阙》，文物出版社 1990 年 8 月版，第 119 页。

演节目，后来又进入宫廷。考察中国戏剧起源的学者，多注意到"东海黄公"的演出形式。除了与中国早期戏剧的关系而外，"东海黄公"所透露的文化信息，对于认识当时的社会历史，也有多方面的意义。

《文选》卷二张衡《西京赋》薛综注："东海有能赤刀禹步，以越人祝法厌虎者，号黄公。又于观前为之。"李善注："《西京杂记》曰：'东海人黄公，少时能幻，制蛇御虎，常佩赤金刀。及衰老，饮酒过度，有白虎见于东海，黄公以赤刀往厌之，术不行，遂为虎所食。故云不能救也。皆伪作之也。'"今本《西京杂记》卷三可以看到有关"东海黄公"的事迹，为"术"以"制蛇御虎"：

> 余所知有鞠道龙，善为幻术，向余说古时事，有东海人黄公，少时为术，能制蛇御虎，佩赤金刀，以绛缯束发，立兴云雾，坐成山河。及衰老，气力羸惫，饮酒过度，不能复行其术。秦末有白虎见于东海，黄公乃以赤刀往厌之。术既不行，遂为虎所杀。三辅人俗用以为戏，汉帝亦取以为角抵之戏焉。

"三辅人俗用以为戏，汉帝亦取以为角抵之戏焉"，说"东海黄公"实际上已经成为早期"戏"的主角。

戏剧史研究认为，"百戏"在汉代已经成为乐舞杂技的总称，"其种类虽很繁复，但并非全无头绪。其命名百戏，盖为总称。中国戏剧之单称为'戏'，似乎也是从这个总称支分出来，而成为专门名词。其中确也有不少的东西，在戏剧的形式上有相当的帮助。"正如周贻白先生所指出的，这是"汉代文化程度有了高速的进境的表见"。"百戏"的名目，"包括甚广"，"我们但知汉代对于这个'戏'字的使用，把意义扩大得极为宽泛，几乎凡系足以娱悦耳目的东西，都可以用'戏'来作代称。"① 当然，"东海黄公"这种"戏"和现今所说"戏曲"的关系，还需要认真的澄清。但是讨论中国"戏曲"之"源"时应当注意到"东海黄公"的表演，则是没有疑义的。

周贻白先生在有关中国戏剧史的研究论著中指出，"东海黄公"表演，"颇与后世戏剧有关"。"角抵之戏，本为竞技性质，固无须要有故事的穿插。东海黄公之用为角抵，或即因其最后须扮为与虎争斗之状。即此，正可说明故事的表演，随在都可以插入。各项技艺，已借故事的情节，有单纯渐趋于综合。后世戏剧，实于此完成其第一阶段。"② 所谓"东海黄公"表演"颇与后世戏剧有关"的说

① 周贻白：《中国戏剧史》，中华书局 1953 年 3 月版，第 36—37 页；《中国戏剧史长编》，人民文学出版社 1960 年 1 月版，第 23—24 页。
② 周贻白：《中国戏剧史》，中华书局 1953 年 3 月版，第 37 页。

法，周贻白先生后来又改订为"与后世戏剧具有直接渊源"。所谓"后世戏剧，实于此完成其第一阶段"的说法，则改订为"后世戏剧，实于此发端"[1]。语气更为肯定。

张庚、郭汉城先生主编《中国戏曲通史》在论述汉代"角抵戏剧化"的过程时，也说到"东海黄公"表演，并强调这一表演"已经有了一个故事了"，已经有了"故事的预定"："这《东海黄公》的角抵戏，主要的部分乃是人与虎的搏斗，它不出角抵的竞技范围，但已经有了一个故事了。其中的两个演员也都有了特定的服装和化妆：去黄公的必须用绛缯束发，手持赤金刀，他的对手却必须扮成虎形。而在这个戏中的竞技，也已经不是凭双方的实力来分胜负，而是按故事的预定，最后黄公必须被虎所杀死。因此，这戏虽然仍是以斗打为兴趣的中心，却已具有一定的故事了。"[2]唐文标先生《中国古代戏剧史》在"自汉迄唐宋的古剧"一章中，第一节即为《东海黄公》的故事"。他认为，在由汉迄唐的"戏剧发展"中，"《东海黄公》的故事是一个很好的源流例子。""张衡把这个故事夹杂在百戏表演中描写，显然是一个装扮故事取笑的小戏，

---

[1] 周贻白：《中国戏剧史长编》，人民文学出版社 1960 年 1 月版，第 24—25 页。

[2] 张庚、郭汉城主编：《中国戏曲通史》（上册），中国戏剧出版社 1980 年 4 月版，第 17—18 页。

上林繁叶

内容虽简单，但代言体之意明朗，故后人每以为是中国戏剧的原型。"①

廖奔、刘彦君先生著《中国戏曲发展史》在关于"初级戏剧雏形——秦汉六朝百戏形态"的论述中，也专有"《东海黄公》"一节，论证更为详尽。论者以为"东海黄公"可以看作"完整戏剧表演"：《东海黄公》具备了完整的故事情节：从黄公能念咒制服老虎起始，以黄公年老酗酒法术失灵而为虎所杀结束，有两个演员按照预定的情节发展进行表演，其中如果有对话一定是代言体。从而，它的演出已经满足了戏剧最基本的要求：情节、演员、观众，成为中国戏剧史上首次见于记录的一场完整的初级戏剧表演。它的形式已经不再为仪式所局限，演出动机纯粹为了观众的审美娱乐，情节具备了一定的矛盾冲突，具有对立的双方，发展脉络呈现出一定的节奏性，这些都表明，汉代优戏已经开始从百戏杂耍表演里超越出来，呈现新鲜的风貌。"② 有的学者指出，"禳鬼的'傩'仪与戏剧同样有着密切的联系。如汉代的角抵戏《东海黄公》便是从傩仪中派生出来的。"而在中国古代，"以傩为代表的

---

① 唐文标：《中国古代戏剧史》，中国戏剧出版社 1985 年 8 月版，第 47 页。

② 廖奔、刘彦君：《中国戏曲发展史》（第 1 卷），山西教育出版社 2000 年 10 月版，第 60—61 页。

宗教社火中，有不少戏剧性表演，有的可以归入戏剧。"①
也有学者指出，从"东海黄公"可知，"当时之角抵为戏，
已在演述故事。""如果根据此角抵戏中已有中心人物（黄
公）、戏剧情节（人与虎斗）、化装（绛缯束发）、表演
（行其术），且已流行于京城与畿辅，而称之为中国古代戏
剧的原始胚胎，亦并非全然没有道理。但究竟有无台词，
有无说唱，却未可遽断。"② 有的研究者指出，"东海黄公"
等几种百戏表演，"都是化装的歌舞表演"，"特别是'东
海黄公'，其中的两名演员，已有特定的服装和化妆，并
有规定的故事情节，因此戏剧因素是更强的。"③

　　黄卉先生《元代戏曲史稿》也肯定"东海黄公"已经
"有了一定故事内容"，"与后世的戏曲有直接渊源关系"，
应当看作"重要的戏剧萌芽"，"是当前发现的最早的，以
表现故事为特征的戏剧的开端。"④ 也有学者将其定位为
"悲剧"，称之为"最早的戏剧雏型"⑤。

---

① 李修生：《元杂剧史》，江苏古籍出版社 1996 年 4 月版，第 75 页。
② 徐振贵：《中国古代戏剧统论》，山东教育出版社 1997 年 9 月版，
　 第 26 页。
③ 赵山林：《中国戏剧学通论》，安徽教育出版社 1995 年 12 月版，
　 第 68 页。
④ 黄卉：《元代戏曲史稿》，天津古籍出版社 1995 年 11 月版，第
　 17—19 页。
⑤ 傅起凤、傅腾龙：《中国杂技》，天津科学技术出版社 1983 年 12
　 月版，第 9 页。

看来，"东海黄公"作为"一个故事性较强的剧目""引起了戏剧史学家的关注"①，是显著的事实。

有论者分析"东海黄公"故事的"本事来源"，指出，"这是一个古代方士以术厌兽遭致失败的故事，被陕西民间敷衍成小戏，又被汉朝宫廷吸收进来，它之所以成为角抵戏表演之一种，大概正由于其中人兽相斗的形式吧？"②此说将"三辅人俗用以为戏"理解为"被陕西民间敷衍成小戏"，也许并不十分准确。西汉"三辅"作为政治文化地域，以今陕西关中地方为主，并不能够全括"陕西"。有人将"三辅"理解为"陕西中部"③，然而当时"三辅"其实又是包容了陇东和豫西的局部地区的。

对于"东海黄公"表演，我们更为关注的，是对人与虎的关系的表现。

有学者论定"东海黄公"出现于西汉，以事见葛洪采集西汉刘歆之说所成的《西京杂记》为证④，其实《西京杂记》托名刘歆不足为据，而所谓"三辅人俗用以为戏"

---

① 卜键：《角抵考》，《戏史辨》，中国戏剧出版社1999年11月版，第169页。
② 廖奔、刘彦君：《中国戏曲发展史》（第1卷），山西教育出版社2000年10月版，第60—61页。
③ 吴国钦：《汉代角抵戏〈东海黄公〉与"粤祝"》，《中山大学学报》2003年第6期。
④ 赵山林：《中国戏剧学通论》，安徽教育出版社1995年12月版，第68页。

的说法，却以"三辅"这一标志时代特征的地名，似乎可以为"东海黄公"起初流行于西汉的说法提供助证。

廖奔、刘彦君先生指出"东海黄公"演出所以受到欢迎的原因，与取"人兽相斗的形式"有关，并引汉代画像斗兽的画面为证，应当说是有重要价值的发现。汉代游乐习俗，有从斗兽到驯兽的演变[①]。作为反映当时社会风习的文化迹象，"东海黄公"故事也有特殊的意义。以为"东海黄公"仅仅只"是一个装扮故事取笑的小戏"的看法[②]，或许低估了这一演出的文化价值。

有人曾经强调，"东海黄公"表演"反映了时人同自然灾害、毒蛇猛兽英勇斗争的社会现实"[③]，这样的分析是有说服力的。也有人说，"我更愿意把《东海黄公》看作是对人（与自然之对峙中）的命运的悲悯和感叹。"[④] 推想"东海黄公"少能"御虎"而"及衰老"又"为虎所杀"的故事，应当是与汉代"虎患"曾经盛行的历史现象有一定关系的[⑤]。汉以

---

① 王子今：《汉代的斗兽和驯兽》，《人文杂志》1982 年第 5 期。
② 唐文标：《中国古代戏剧史》，中国戏剧出版社 1985 年 8 月版，第 47 页。
③ 徐振贵：《中国古代戏剧统论》，山东教育出版社 1997 年 9 月版，第 26 页。
④ 姚珍明：《从人虎相斗开始……——汉代"百戏"与中国最早的剧目〈东海黄公〉》，《东方艺术》1996 年第 5 期。
⑤ 王子今：《东汉洛阳的"虎患"》，《河洛史志》1994 年第 3 期；《秦汉虎患考》，《华学》第 1 期，中山大学出版社 1995 年 8 月版。

后诗文中回顾"东海黄公"故事的篇什，也常突出与"虎患"的联系①，说明这种历史记忆有着长久的影响。

对于"东海黄公"故事，《搜神记》卷二也有一段文字遗存："鞠道隆善为幻术。尝云：'东海人黄公，善为幻，制蛇御虎。常佩制金刀。及衰老，饮酒过度。秦末，有白虎见于东海，诏遣黄公以赤刀往厌。术既不行，遂为虎所杀。'"是"东海黄公"事与所谓"善为幻术"及"善为幻"的人士有关。将"东海黄公"表演与方士巫术联系起来分析的思路，是有一定的合理性的。《后汉书》卷八二下《方术列传下·徐登》写道："徐登者，闽中人也。本女子，化为丈夫。善为巫术。又赵炳，字公阿，东阳人，能为越方。时遭兵乱，疾疫大起，二人遇于乌伤溪水之上，遂结言约，共以其术疗病。各相谓曰：'今既同志，且可各试所能。'登乃禁溪水。水为不流，炳复次禁枯树，树即生荑，二人相视而笑，共行其道焉。"李贤注："越方，善禁咒也。""闽中地，今泉州也。""东阳，今婺州也。"都是通行"粤祝"即"越人祝法"之"越方"的越

---

① 如〔唐〕李贺：《猛虎行》，《昌谷集》卷四；〔元〕耶律铸：《猎北平射虎》，《双溪醉隐集》卷三；〔明〕杨慎：《射虎图为箬溪都宪题》，《升庵集》卷二三；王世贞：《黑虎岩》，《弇州四部稿》卷四六；《戏为册虎文》，《弇州四部稿》卷一一三；〔清〕施闰章：《梦杀虎》，《学余堂诗集》卷一五。

地。李贤又引《抱朴子》："道士赵炳，以气禁人，人不能起。禁虎，虎伏地，低头闭目，便可执缚。以大钉钉柱，入尺许，以气吹之，钉即跃出射去，如弩箭之发。"又引《异苑》云："赵侯以盆盛水，吹气作禁，鱼龙立见。"所说"禁虎"之术，似与"东海黄公""御虎"之术、"厌虎"之术有某种关联。

有人将"东海黄公"的身份定位为"被迫卖艺而惨死的""驯虎"的"艺人"、"驯兽艺人"①。其说似未可取，但以为"东海黄公"职业可能与"驯虎"有关，或许也是有益的提示。

有学者认为，"东海黄公"表演"是从傩仪中派生出来的"。"这位表演伏虎不成，为虎所杀的黄公，便是一位巫师。"②所行法术，有早期道教的神秘主义色彩。而汉《肥致碑》说受皇帝"礼娉"，能够"应时发算，除去灾变"，因而"与道逍遥，行成名立，声布海内，群士钦仰，来集如云"的方士肥致，据说"君师魏郡张吴，斋（齐）晏子、海上黄渊、赤松子与为友"③。其中说到的"海上黄

---

① 傅起凤、傅腾龙：《中国杂技》，天津科学技术出版社1983年12月版，第8—9页。

② 李修生：《元杂剧史》，江苏古籍出版社1996年4月版，第75页。

③ 河南省偃师县文物管理委员会：《偃师县南蔡庄乡汉肥致墓发掘简报》，《文物》1992年第9期；虞万里：《东汉〈肥致碑〉考释》，《中原文物》1997年第4期。

渊"，有可能就是"东海黄公"。《肥致碑》的年代，为汉灵帝建宁二年（169）①。

明人刘基《郁离子·羹藿》曾经将"东海黄公"故事予以演绎，与神仙安期生传说相互结合："安期生得道于之罘之山，持赤刀以役虎，左右指使，进退如役小儿。东海黄公见而慕之，谓其神灵之在刀焉。窃而佩之。行遇虎于路，出刀以格之，弗胜。为虎所食。郁离子曰：今之若是者众矣。蔡人渔于淮，得符文之玉，自以为天授之命，乃往入大泽，集众以图大事，事不成而赤其族。亦此类也。"（《诚意伯文集》卷一九）所谓"东海""之罘""越""闽中""婺州"等方位提示，告诉我们相关巫术的发生地域，正在滨海地区。陈寅恪先生在著名论文《天师道与滨海地域之关系》中曾经指出，汉时所谓"齐学"，"即滨海地域之学说也"。他认为，神仙学说之起源及其道术之传授，必然与滨海地域有关，自东汉顺帝起至北魏太武帝、刘宋文帝时代，凡天师道与政治社会有关者，如黄巾起义、孙恩作乱等，都可以"用滨海地域一贯之观念以为解释"，"凡信仰天师道者，其人家世或本身十分之九与滨海地域有关"。陈寅恪先生引《世说新语·言语》"王中郎令伏玄度、习凿齿论青、楚人物"刘孝标注："寻其事，

---

① 刘昭瑞：《汉魏石刻文字系年》，新文丰出版公司 2001 年 9 月版，第 70—71 页。

则未有赤眉、黄巾之贼。此何如青州邪?"于是指出,"若更参之以《后汉书·刘盆子传》所记赤眉本末,应劭《风俗通义》玖《怪神篇》'城阳景王祠'条,及《魏志》壹《武帝纪》注引王沈《魏书》等,则知赤眉与天师道之祖先复有关系。故后汉之所以得兴,及其所以致亡,莫不由于青徐滨海妖巫之贼党。殆所谓'君以此始,必以此终'者欤?"陈寅恪先生还强调,两晋南北朝时期,"多数之世家其安身立命之秘,遗家训子之传,实为惑世诬民之鬼道","溯其信仰之流传多起于滨海地域,颇疑接受外来之影响。盖二种不同民族之接触,其关于武事之方面者,则多在交通阻塞之点,即山岭险要之地。其关于文化方面者,则多在交通便利之点,即海滨湾港之地。""海滨为不同文化接触最先之地,中外古今史中其例颇多。"[1]自战国以来燕齐方士的活跃,已经反映了滨海地区神秘主义文化的区域特色。"东海黄公"传说,更充实了我们的相关认识。

有的学者注意到"东海黄公"表演与"越巫、越祠"对中原的影响有一定关系[2],应当说是符合历史真实的见解。

---

① 陈寅恪:《天师道与滨海地域之关系》,收入《金明馆丛稿初编》,上海古籍出版社 1980 年 8 月版,第 1—3、6、12—13、39—40 页。

② 吴国钦:《汉代角抵戏〈东海黄公〉与"粤祝"》,《中山大学学报》2003 年第 6 期。

吴荣曾先生曾经指出反映汉代关于黄神的迷信的实物，有"属于黄神的印章"，如"黄神""黄神之印""黄神越章""黄神使者印章""黄神越章天帝神之印"等，以为"都是人们驱鬼辟邪所用之物"①。相关文物又有"天帝使黄神越章"等。方诗铭先生指出，作法的巫术之士"也是原始道教的道徒，巫与道教徒这时难于区分"，"吴荣曾文称为'道巫'，是很有见地的。"②当时"道巫"对于自己的信仰突出强调"黄"字，是引人注目的。这使人不能不猜想，"东海黄公"的"黄"和"黄神"信仰的"黄"之间，是不是存在着某种文化联系呢？

"戏""剧"（"戲""劇"）两字，字形皆可见"虍"，是耐人寻味的。有学者对其字义的分析，指出或许与"虎"有关③。有的学者分解"戲"字，认为其中的三个主要符号，在甲骨文中已经出现。"虍"是虎头部的侧象形，"豆"是鼓的象形和鼓声的会意的结合，"戈"是手执兵器的象形④。

---

① 吴荣曾：《镇墓文中所见到的东汉道巫关系》，《先秦两汉史研究》，中华书局 1995 年 6 月版，第 372 页。
② 方诗铭：《曹操·袁绍·黄巾》，上海社会科学院出版社 1996 年 1 月版，第 231 页。
③ 叶长海：《曲学与戏剧学》，学林出版社 1999 年 11 月版，第 158—159 页。
④ 参看康殷：《文字源流浅释》，荣宝斋 1979 年 11 月版；温少峰、袁庭栋：《古文字中所见的古代舞蹈》，《成都大学学报》1981 年第 2 期。

于是，"戏"被解释为"拟兽的仪式舞蹈"[①]。也有学者说，"戯、劇两字，均从虍，两字都是一边拟兽，一边持刀或戈"[②]。

以"虎"为主要角色的"东海黄公"表演，被研究者看作中国古代戏剧的原始形态，是有一定道理的。分析中国戏剧的早期形态，或许应当注意原始信仰的深远的文化背景和复杂的表现形式。有学者曾经关注"云南民族民间戏剧"中"虎"的突出地位。"如彝族的'跳虎节'，从当地彝民尊虎为'虎祖'来看，它是比较典型的图腾崇拜；从'虎祖'们表演交媾的情节来看，又具有祖先崇拜、生殖崇拜的特点；彝人认为'虎祖'教会了他们进行耕作，表演中遂有'虎驯牛'、'虎栽秧'、'虎打谷'等关于生产的段落，表明其间杂糅了农神崇拜的因素；同时，当地人又将虎视为保护神，在上演'跳虎节'时要到各家各户去'斩扫祸祟'，这一节目又与英雄崇拜相合……我们认为，之所以形成如此复杂的情况，其根本原因就在于'跳虎节'是真正体现原始信仰的文化产物，各种信仰的杂糅、交叉及叠加的现象，恰好可以说明它代表着原始先民的一

---

① 周华斌：《戏·戏剧·戏曲》，胡忌主编：《戏史辨》，中国戏剧出版社 1999 年 11 月版，第 82—84 页。

② 徐振贵：《中国古代戏剧统论》，山东教育出版社 1997 年 9 月版，第 10 页。

种更为宏观的思想观念。"研究者的以下分析，或许也是我们在考察"东海黄公"故事时应当注意的："人作为大自然中的一个物种，必然与所处之环境构成关系。这种关系通常表现为对立。""具体表现在戏剧方面，就是在狩猎时代所形成的人与兽的对立关系。后世的戏剧文学常常将这一现象表述为'冲突'。这种冲突或可称之为结构模式或集体情结、甚或是物种记忆。并以此作为主线不断地发展、绵延下去。从戏剧特质来看，这种对立的情结是戏剧特性得以成立的根源之一。"研究者指出，"基于人类初年的原始信念，狩猎行为或其他对立的戏剧，并不一定永远是以人的胜利而结束。""关于这一点，汉代的'东海黄公'是极有价值的例证。同时也应强调，'东海黄公'的结构形态仍是狩猎戏剧的变体。只不过，取胜的是老虎而失败的是猎手（黄公）罢了。"①

---

① 王胜华：《中国戏剧的早期形态》，胡忌主编：《戏史辨》，中国戏剧出版社 1999 年 11 月版，第 149—150、159—160 页。

秦史蝗灾记录

　　《史记》重视灾异记录，对于秦史相关信息可能因基本史料来源条件的原因记载尤为集中 ①。《史记》卷六《秦始皇本纪》和《史记》卷一五《六国年表》有关秦王政四年（前243）"蝗虫从东方来，蔽天"及"蝗蔽天下"的记载，是正史所见最早的关于蝗灾的明确的历史记录，也很可能可以看作所有传世文献资料中所见最早的有关形成一定危害规模的蝗灾的历史记忆。《史记》保留的秦蝗灾史料，对于农业史、灾荒史、生态环境史以及昆虫学史都有重要意义。史家对于生态环境、农耕经济以及社会生活的关注，对于中国古代史学史以及世界史学史研究也都有不宜忽视的学术价值。太史公在《史记》里有关秦史蝗灾的记述，很可能出自《秦记》。秦史学术特征及秦文化传统对于灾异的重视，也因此得到具体的反映。《史记》有可能因循

---

① 　王子今：《秦史的灾异记录》，《秦俑秦文化研究——秦俑学第五届学术讨论会论文集》，陕西人民出版社2000年8月版，第252—262页。

《秦记》学术基因并得以实现良好发育的关心民生的史学精神，也应当为后世史家认真领会并努力继承。秦统一战争的生态环境背景，也由此可以得到更全面认识的条件。

《秦始皇本纪》："蝗虫从东方来，蔽天"

《史记》卷六《秦始皇本纪》在关于秦统一历程的记载中，于战争史之外，又有涉及社会生产和社会生活的内容："（秦王政）三年，蒙骜攻韩，取十三城。王齮死。十月，将军蒙骜攻魏氏畼、有诡。岁大饥。"记述秦对韩、魏的军事攻势，同时言及"岁大饥"的灾情。裴骃《集解》引述徐广音读："畼音场。"司马贞《索隐》写道："音畅，魏之邑名。"《史记》卷六《秦始皇本纪》关于秦王政四年（前243）的历史记录篇幅有限，但是既涉及军事史、外交史，同时涉及灾异史，有关推行"内粟""拜爵"措施的记述，则可以看作行政史的信息："四年，拔畼、有诡。三月，军罢。秦质子归自赵，赵太子出归国。十月庚寅，蝗虫从东方来，蔽天。天下疫。百姓内粟千石，拜爵一级。"所谓"三年""十月，将军蒙骜攻魏氏畼、有诡"，"四年，拔畼、有诡"，其地未能确知，《中国历史地图集》《中国历史地名大辞典》没有相关信息。

特别值得重视的，是有关蝗灾的记录："十月庚寅，蝗虫从东方来，蔽天。"

清人梁玉绳《史记志疑》一书，史家赞誉"默而湛思""专精毕力"，"洵足为龙门之功臣，袭《集解》《索隐》《正义》而四之者矣。"[1] 在这部《史记》研究经典论著中，以为"十月"当作"七月"：

> 附案：表作"七月"是也。《史诠》曰"今本'七'作'十'，误"。

"表"即《史记》卷一五《六国年表》。《史诠》，即明代史学家程一枝研究《史记》的专门论著《史诠》。中华书局标点本"蝗虫从东方来，蔽天"，与下文"天下疫"分断，值得我们注意[2]。

泷川资言《史记会注考证》："表'十月'作'七月'。程一枝曰：今本'七'作'十'，误。黄式三曰：'十月无蝗。'"[3] 今按："十月无蝗"的说法，符合对蝗虫生存史的

---

[1] 〔清〕钱大昕：《〈史记志疑〉跋》，〔清〕梁玉绳撰：《史记志疑》，中华书局1981年4月版，第1页。

[2] 〔清〕梁玉绳撰：《史记志疑》，第168页。

[3] 〔汉〕司马迁撰，〔日本〕泷川资言考证，〔日本〕水泽利忠校补：《史记会注考证附校补》，上海古籍出版社1986年4月版，第155页。

科学认识。

　　百衲本《史记》作"十月"。张元济校勘没有说明①。

　　"七""十"汉代书写字形相近，经常出现错误，在汉代文字资料中多有发现。《史记》卷六《秦始皇本纪》此处书写的"十月"，原本很可能是"七月"。即作："七月庚寅，蝗虫从东方来，蔽天。"这样则与《史记》卷一五《六国年表》的记录一致。清佚名《史记疏证》卷一二"始皇四年七月蝗蔽天下"条写道："愚按：此疑有脱字。《本纪》云：七月庚寅，蝗虫从东方来，蔽天。天下疫。"②所据本《秦始皇本纪》即作"七月"。

　　"蝗虫从东方来"，指示了造成灾害的蝗群的迁飞方向。类似记载《汉书》中也曾出现。如《汉书》卷六《武帝纪》："（太初元年秋八月）蝗从东方飞至敦煌。"《汉书》卷二七中之下《五行志中之下》："太初元年夏，蝗从东方蜚至敦煌。"与《武帝纪》有时间差异。又《汉书》卷九九下《王莽传下》："（地皇三年）夏，蝗从东方来，蜚蔽天，至长安，入未央宫，缘殿阁。莽发吏民设购赏捕击。"《王莽传下》语例除"从东方来"与《秦始皇本纪》一致而外，

---

① 张元济著，王绍曾、杜泽逊、赵统等整理，顾廷龙审定：《百衲本二十四史校勘记·史记校勘记》，商务印书馆1997年12月版，第33页。

② 〔清〕佚名：《史记疏证》，清钞本，第127页。

"蜚蔽天"也与《秦始皇本纪》所谓"蔽天"接近。

《六国年表》"蝗蔽天下"记载

有的研究者只注意到《史记》卷六《秦始皇本纪》的蝗灾记录。如路美玲对"生物灾害"进行考察时指出："秦时蝗灾1起，秦王政'四年，十月庚寅，蝗虫从东方来，蔽天。'"原注："〔西汉〕司马迁《史记》，中华书局1959年版，第224页。"[1] 今按：引文应作：秦王政四年，"十月庚寅，蝗虫从东方来，蔽天。"或："（秦王政四年）十月庚寅，蝗虫从东方来，蔽天。"

其实，《史记》卷一五《六国年表》亦有很可能为同一灾情的记载，见于"秦"栏下"始皇帝"四年，中华书局标点本注示公元纪年为前"243"年：

> 七月，蝗蔽天下。百姓纳粟千石，拜爵一级。

有关"纳粟""拜爵"政策，这里明确记录了具体的奖励形

---

① 路美玲：《汉代自然灾异文学书写研究》，陕西理工大学硕士学位论文，2020年6月，第15页。

式，这就是所谓"纳粟千石，拜爵一级"。"拜爵一级"的对应条件也就是实际价位是以语意明朗的文字所载录的。这与《史记》卷六《秦始皇本纪》所说一致，只是"内粟"写作"纳粟"。梁玉绳《史记志疑》以为"'百姓'上缺'令'字。"又写道：

> 案：蝗蔽天下，当有脱字，《本纪》云"蝗虫从东方来蔽天，天下疫"。或解此《表》曰"蝗虫蔽天而下也"。

泷川资言《史记会注考证》也说："《本纪》云：蝗虫从东方来，蔽天，天下疫。此当有脱字。"

《史记》卷六《秦始皇本纪》记载："十〔七〕月庚寅，蝗虫从东方来，蔽天。天下疫。"而《史记》卷一五《六国年表》写道："七月，蝗蔽天下。"对照理解这两条史料，可以大致知晓这次蝗灾灾情之严重。

《史记》卷一五《六国年表》"蝗蔽天下"，梁玉绳提出了另一种解说："或解此《表》曰'蝗虫蔽天而下也'。"所谓"蝗蔽天下"或"蝗虫蔽天而下"，与《史记》卷六《秦始皇本纪》所谓"蝗虫从东方来，蔽天"究竟是怎样的关系，也是值得我们认真思考的。《资治通鉴》对于这次蝗灾的记录，似乎有意避开了"蔽天""蔽天下"文字表现的歧异。

对于《史记》卷六《秦始皇本纪》与《史记》卷一五《六国年表》记述文字的异同，《资治通鉴》卷八"始皇帝四年"采用的处理方式，只取用"蝗"灾记载，不录"从东方来，蔽天"及"蔽天下"诸语。然而却将"蝗"与"疫"联系联了起来，与中华书局《史记》点校者的理解不同："七月，蝗，疫。令百姓纳粟千石，拜爵一级。"胡三省注介绍了"蝗"与"蝗子"即"蝗"的幼虫"蝝"的昆虫学知识："蝗子始生曰蝝，翅成而飞曰蝗，以食苗为灾。疫，札瘥瘟也。"其实，关于"蝗"和"蝗子""蝝"的生物定义，《说文·虫部》已经在当时昆虫学知识的基础上进行了文字学的初步说明：

> 蝝，复陶也。刘歆说：蝝，蟺蠹子也。董仲舒说：蝝，蝗子也。从虫，象声。

许慎引董仲舒所谓"蝝，蝗子也"，已经很明确地提示"蝝"是"蝗"的幼虫。胡三省注的解说："蝗子始生曰蝝，翅成而飞曰蝗。"即采纳董仲舒的说法。董仲舒说，可以理解为表达了这位与司马迁同时代的学者的昆虫学认知。就此段玉裁《说文》注还有更认真的说明：

> 《释虫》曰：蝝，蝮蜪。俗字从虫。《国语》曰：

蠹舍蚔蠑。韦注：蠑，螷蝓也，可以食。按此说盖与下文二说画然为三。郭注《尔雅》则牵合董说耳。复陶未知于今何物。

今按：鱻蠹，今或写作"蚍蜉"。《中文大字典》："蠑，《说文》：'蠑，复陶也。刘歆说：蠑，蚍蜉子也。董仲舒说：蠑，蝗子也。从虫，象声。'"① 现在看来，段玉裁仍说"复陶未知于今何物"，则汉代学者有关"蠑，蝗子"的解说显然是并不具体，并不确定的。

对于《史记》的"蝗"史记录，司马光和胡三省的态度都是重视的。就《史记》卷六《秦始皇本纪》和《史记》卷一五《六国年表》相关表述文字的处理，体现了史家对早期"蝗"灾史的考察、理解和说明，是非常认真的。

《史记》蝗灾记录与《春秋》及
三传相关灾情的对照

《春秋》中可见关于"螽"这种昆虫比较活跃的文字

---

① 汉语大字典编辑委员会：《汉语大字典》缩印本，四川辞书出版社、湖北辞书出版社 1993 年 11 月版，第 1199 页。

记录，"螽"，或解说为"蝗"。而《左传》《公羊传》《穀梁传》有关"螽"的文字，不仅在经学史中曾经成为讨论的对象，尤其为昆虫学史研究者所重视。

《左传·宣公十五年》可见关于"螽"和"蝝"的灾害史记录。时在公元前594年："秋，螽。……初税亩。冬，蝝生，饥。"史事涉及"螽""蝝"，应当理解为关于农耕经营面临虫灾的早期史料。所谓"蝝生"，杜预解释说："螽子以冬生，遇寒而死，故不成螽。刘歆云：蚍蜉子也。董仲舒云：蝗子。"关于"饥"，杜预注："风雨不和，五稼不丰。"杜预注说似并不将"冬，蝝生"与"饥"相联系，否定其间存在因果关系，而认为农耕歉收即"五稼不丰"的直接原因在于气候，即"风雨不合"。孔颖达疏："《正义》：《释虫》云：草螽蠜蜇螽蚣蝑。李巡云：皆分别蝗子异方之语也。《释虫》又云：蝝，蝮蜪。李巡云：蝮蜪，一名蝝。蝝，蝗子也。郭璞云：蝗子未有翅者。刘歆以为蚍蜉有翅者，非也。如李、郭之说，是蝝为螽子也。上云'秋，螽'，秋而生子于地，至冬，其子复生，遇寒而死，故不成灾。《传》称凡物不为灾不书。此不为灾而书之者，《传》云幸之也。此年既饥，若使螽早生，更为民害，则其困甚矣。喜其冬生，以为国家之幸，故喜而书之。《公羊传》亦云：蝝生不书，此何以书？幸之也。"

不过，对于"饥"，孔颖达疏："注：风雨至不丰。《正义》曰：此年秋螽，知不为螽而饥者。《春秋》书螽多矣，有螽之年皆不说饥，而此独书饥，知年饥不专为螽。故云'风雨不和，五谷不丰'也。"

所谓"《公羊传》亦云：蝝生不书，此何以书？幸之也"，见于《公羊传·宣公十五年》："冬，蝝生。未有言蝝生者，此其言蝝生者何？蝝生不书，此何以书？幸之也。幸之者何？犹曰受之云尔。受之云尔者何？上变古易常，应是而有天灾。其诸则宜与此焉变矣。"何休的解释中又出现了令一种昆虫名号"螟"："蝝即螟也，始生曰蝝，大曰螟。"对于"幸之也"的"幸"，何休解诂为"侥幸"。唐人徐彦疏："蝝生不书，解云谓通例不书之。"就是说，按照常例，"蝝生"，是不记录在史书上的。对于"上变古易常"，何休说："上谓宣公，变易公田古常旧制而税亩。"对于"应是而有天灾"，何休说："应是变古易常而有天灾螟，民用饥。"对于"其诸则宜与此焉变矣"，何休解诂："言宣公于此天灾饥后，能受过变罃，明年复古行中，'冬，大有年。'其功美过于无灾。故君子深为喜。而侥倖之变，螟言蝝，以不为灾书起其事。"儒家灾异说的理解，作为当时政治文化的宣传，与灾荒史的科学认识似乎没有直接的关系。但是"天灾螟，民用饥"的理解，是涉及"蝗"灾的早期认识的。《公羊传·哀公十二年》："冬，十有二月，螟。何以书？记异也。何异尔？

不时也。"即显示反季节的特异现象。何休解诂："蝝者与阴杀俱藏。周十二月，夏之十月，不当见，故为异。比年再蝝者，天不能杀，地不能理。自是之后，天下大乱，莫能相禁。"徐彦疏："注：比年在螽。解云：即下《十三年》'冬，十二月螽'是也。"《公羊传·哀公十二年》确实记载："冬，……十有二月，螽。"何休解诂又将自然现象与政治行为相联系："黄池之会费重烦之所致。"冬季"螽"即"蝝"的异常活跃，与昆虫学研究的相关结论是一致的，即："8月中旬至9月上旬""羽化"的"秋蝗"，"在该区南部的秋旱温高年份，该代部分卵于9月中旬前后又孵化为第二代秋蝻，10月中、下旬羽化，但因冬季低温降临，成虫也不能产卵而冻死。因此增加了当年的为害，却减少了来年夏蝗的虫源基数。"[①]当然，鲁哀公十三年（前482）再一次发生"秋旱温高"气象，于是又有"第二代秋蝻"于"10月中、下旬羽化"。

《穀梁传·宣公十五年》："冬，蝝生。蝝非灾也。其曰蝝，非税亩之灾也。"与"初税亩"的制度改革相联系，但是明确说"其曰蝝，非税亩之灾也"，而"蝝非灾也"的意见也值得重视。范宁《集解》："凡《春秋》记灾，未有言'生'者。'蝝'之言'缘'也。蝝宣公'税亩'故

---

① 袁锋主编：《农业昆虫学》（第3版），中国农业出版社2001年9月版，第189—190页。

上林繁叶

生此灾，以责之非责也。"又说："螽，以全反，刘歆云'此蚍蜉子'，董仲舒云'蝗子'。"董仲舒所谓"蝗子"之说，应当理解为体现了与《史记》成书年代时段相近的生物学知识。

严格说来，《春秋》及三传有关"螽""蝝""螟"虫害形成的灾情记载，其实还不宜理解为明确的有关蝗灾的灾害史记录。作为熟悉《春秋》及三传的学者，对于其中相关文字，司马迁不可能没有看到，也不可能不予以充分重视。我们从《汉书》卷二七中之下《五行志中之下》"桓公五年'秋，螽'"，"釐公十五年'八月，螽'"，"文公三年'秋，雨螽于宋'"，"八年'十月，螽'"，"宣公六年'八月，螽'"，"十三年'秋，螽'"，"十五年'秋，螽'"，"襄公七年'八月，螽'"，"哀公十二年'十二月，螽'"，"十三年'九月，螽；十二月，螽'"以及"宣公十五年'冬，蝝生'"等记录及刘向、刘歆的灾异学评论，就可以知道这一情形。但《史记》并不简单沿承"螽""蝝""螟"旧说，而新用"蝗""蝗虫"称谓。就此，司马迁应当是有深沉的全面的思考的。这一名物史现象，或许可以看作昆虫学认识之历史性进步的体现之一。

《史记》卷六《秦始皇本纪》所谓"蝗虫从东方来，蔽天"以及《史记》卷一五《六国年表》所谓"蝗蔽天下"，是历史文献记载所见最早的关于蝗灾的明确信息。

特别是有关灾情危害严重性的具体记述，如"蔽天""蔽天下"等语，保留了非常珍贵的历史记忆。相关历史记载对于农耕史、灾荒史、生态环境变迁史以及昆虫学史，都有值得重视的学术价值。

《史记》蝗灾史料与秦史传统和秦文化传统

《史记》有关蝗灾的记录，很可能沿袭了《秦记》保留的秦史信息。

《秦记》是秦国官修的以秦国为记述主体的历史著作。《史记》卷五《秦本纪》记载："（秦文公）十三年，初有史以纪事，民多化者。"① 金德建《〈秦记〉考征》一文指出："开始写作《秦记》便在这一年。秦文公十三年是公元前753年，比较《春秋》的记事开始于鲁隐公元年（前722），还要早30多年。"② 秦始皇时代焚书，因李斯的建议。"烧"与"所不去"，自有明确的政策性区分：

---

① 王子今：《秦史学史的第一页：〈史记〉秦文公、史敦事迹》，《渭南师范学院学报》（社会科学版）2020年第7期。

② 金德建：《司马迁所见书考》，上海人民出版社1963年2月版，第419页。

"臣请史官非《秦记》皆烧之。非博士官所职，天下敢有藏《诗》《书》、百家语者，悉诣守、尉杂烧之。有敢偶语《诗》《书》者弃市。以古非今者族。吏见知不举者与同罪。令下三十日不烧，黥为城旦。所不去者，医药卜筮种树之书。若欲学法令，以吏为师。"（《史记》卷六《秦始皇本纪》）秦王朝"焚书"，其实是对所谓"不师今而学古，以非当世"，"道古以害今"，"以古非今"等言行的严酷否定，事实上也由"三代之事，何足法也"的认识基点，因"时变异"而创建新的政治文化格局的积极追求，走向极端绝对化的反历史主义的立场。所谓"史官非《秦记》皆烧之"，就是取缔各国历史记载，仅仅保留秦国史籍。这就是司马迁在《史记》卷一五《六国年表》中所指出的："秦既得意，烧天下《诗》《书》，诸侯史记尤甚，为其有所刺讥也。《诗》《书》所以复见者，多藏人家，而史记独藏周室，以故灭。惜哉！惜哉！独有《秦记》，又不载日月，其文略不具。然战国之权变亦有可颇采者，何必上古。秦取天下多暴，然世异变，成功大。传曰'法后王'，何也？以其近己而俗变相类，议卑而易行也。学者牵有所闻，见秦在帝位日浅，不察其终始，因举而笑之，不敢道，此与以耳食无异。悲夫！"司马迁痛心地惋叹"诸侯史记"被烧毁，"独有《秦记》，又不载日月，其文略不具"，存在简略等缺陷。然而，司马迁同时又肯定《秦记》

作为历史文献的真实性。他不赞同因"见秦在帝位日浅"而鄙视秦的史学文化。他在《史记》卷一五《六国年表》的序文和结语中两次说到《秦记》："太史公读《秦记》，至犬戎败幽王，周东徙洛邑，秦襄公始封为诸侯，作西畤用事上帝，僭端见矣。""余于是因《秦记》，踵《春秋》之后，起周元王，表六国时事，讫二世，凡二百七十年，著诸所闻兴坏之端。后有君子，以览观焉。"对于司马迁"读《秦记》""因《秦记》"之所谓《秦记》，司马贞《索隐》解释说："即秦国之史记也。"

孙德谦《太史公书义法·详近》确认司马迁读过《秦记》："《秦记》一书，子长必亲睹之，故所作列传，不详于他国，而独详于秦。今观商君鞅后，若张仪、樗里子、甘茂、甘罗、穰侯、白起、范雎、蔡泽、吕不韦、李斯、蒙恬诸人，惟秦为多。迁岂有私于秦哉！据《秦记》为本，此所以传秦人特详乎！"以为秦国人物"列传"记述之"详"，正因为具备这样的条件。除人物表现之外，《太史公书义法·综观》还特别注意到《史记·六国年表》中"有本纪、世家不载，而于《年表》见之者"前后四十四年中凡53起历史事件，以为"此皆秦事只录于《年表》者"。金德建于是据此发表了这样的判断：《史记》的《六国年表》纯然是以《秦记》的史料做骨干写成的。秦国的事迹，只见纪于《六国年表》里而不见于别篇，也正可以说明司马迁照录了《秦记》中原有的文字。"① 《史记》卷六《秦始皇本纪》文末附录班固评论子婴的意见："子婴度次得嗣，冠玉冠，佩华绂，车黄屋，从百司，谒七庙。""高死之后，宾婚未得尽相劳，餐未及下咽，酒未及濡唇，楚兵已屠关中。""吾读《秦纪》，至于子婴车裂赵高，未尝不健其决，怜其志。"班固自称其判断得自于《秦纪》，《秦纪》就是《秦记》。可知《秦记》对子婴事迹，很可能有比较详尽的文字记述。班固所谓"子婴车裂赵高"史事，《史记》卷六《秦始皇本纪》记载："子婴遂刺杀高于斋宫，三族高家以徇咸阳。"未见"车裂"的具体情节。由此可以推知，班固"读《秦纪》"领略的史学记述有些似乎并没有被司马迁所采用②。当然，《史记》卷六《秦始皇本纪》还有其他历史记述也应多基于《秦记》的文字，只是我们现在不能明确知晓。而杨继承指出，"《秦始皇本纪》""灾异纪事"有些"也不一定出自《秦记》，而是有着另外的史源。"论者引录赵生群说③，亦有自己可信度甚高的论证④。也许具体的灾异史迹的文献初

① 金德建：《〈秦记〉考征》，《司马迁所见书考》，上海人民出版社1963年2月版，第415—423页。
② 王子今：《〈秦记〉考识》，《史学史研究》1997年第1期。
③ 赵生群：《〈史记〉取材于诸侯史记》，《人文杂志》1984年第2期。
④ 杨继承：《秦的灾异与符应：历史记录与史家建构》，《文史》2016年第4辑。

源，可以分别考察。

我们曾经讨论过秦史的灾异记录，指出从自然史、经济史和社会史的角度发掘秦史灾异记录内在的文化涵义，对于我们深化对秦史的认识和对秦文化的理解，有积极的意义①。

前引金德建说，以为应当重视"秦国的事迹，只见纪于《六国年表》里而不见于别篇"者。我们发现，《史记》卷一五《六国年表》中有关秦灾异的记录，计22例。秦史259年历程中，重要灾异多达22例，较周王朝和其他六国的相关记录远为密集。《六国年表》中关于周王朝和其他六国灾异的记录，合计只有韩庄侯九年（前362）"大雨三月"，魏惠王十二年（前359）"星昼堕，有声"，魏襄王十三年（前322）"周女化为丈夫"，魏哀王二十一年（前298）"河、渭绝一日"4例。其中所谓"河、渭绝一日"，列入魏国栏中，其实也是秦国灾异。清代学者汪中曾经在学术史论说中指出，《左传》除了直接记述政治军事人文历史而外，所有"天道、鬼神、灾祥、卜筮、梦之备书于策者"，以为也都属于"史之职也"②。由此我们似

---

① 王子今：《秦史的灾异记录》，《秦俑秦文化研究——秦俑学第五届学术讨论会论文集》，陕西人民出版社2000年8月版，第252—262页。
② 〔清〕汪中：《春秋左氏释疑》，〔清〕王昶辑：《湖海文传》卷八《释》，清道光十七年经训堂刻本，第86页。

乎可以这样认为，尽管东方诸国曾经对秦人"夷翟遇之"（《史记》卷五《秦本纪》），予以文化歧视，有所谓"（秦）夷狄也"（《史记》卷二七《天官书》），"秦戎翟之教"（《史记》卷六八《商君列传》），"秦杂戎翟之俗"（《史记》卷一五《六国年表》），"秦与戎翟同俗"（《史记》卷四四《魏世家》）等说法，但《秦记》的作者，仍然基本继承着中原文化传统，其学术资质，至少应大致和东方史官相当，在纪史的原则上，也坚持着与东方各国史官相类同的文化倾向。

这 22 例灾异记录中，我们以为特别值得重视的，是秦献公十六年（前 369）所谓"民大疫"，秦昭襄王九年（前 298）所谓"河、渭绝一日"，秦昭襄王二十七年（前 280）所谓"地动，坏城"，以及秦王政四年（前 243）所谓"蝗蔽天下"。此 4 例，分别涉及疾疫、大旱、地震、蝗灾。蝗灾，被看作影响政治史的严重灾异。

我们还看到，《史记》卷五《秦本纪》与《史记》卷六《秦始皇本纪》，以及《史记》卷一四《十二诸侯年表》中，又有《史记》卷一五《六国年表》未予载录的灾异现象 18 例。而据《史记》卷一五《六国年表》和《史记》卷六《秦始皇本纪》记载，秦始皇时代史书记录的灾异多至 14 起。

这些迹象，都说明秦史的传统和秦文化的传统，均对自然条件，对自然与人的关系，表现出特别的关注。司马迁《史记》有可能在一定程度上因循《秦记》学术基因，并受到包括《吕氏春秋》等论著的民本思想影响，关心民生的史学精神得以实现良好发育的条件。《史记》坚持的这种人文理念，也应当为后世史家认真领会并努力继承①。

《吕氏春秋》："虫蝗为败"

秦国一时权倾朝野，"号称仲父"的相国吕不韦组织门客编写《吕氏春秋》，"使其客人人著所闻，集论以为八览、六论、十二纪，二十余万言。"(《史记》卷八五《吕不韦列传》）其中所谓"集论"，是说这部著作能够综合诸子，博采百家，"集"众说之"论"，于是曾经被归为"杂家"。其学术优长，正表现为"兼""合""贯综"。《汉书》卷三〇《艺文志》："《吕氏春秋》二十六篇。秦相吕不韦辑智略士作。""杂家者流，盖出于议官。兼儒、墨，合名、法，知国体之有此，见王治之无不贯，此其所长也。及荡

———————

① 王子今：《〈史记〉最早记录了蝗灾》，《月读》2020 年第 6 期。

　　　　　　　　　　　　上林繁叶

者为之，则漫羡而无所归心。""贯"，颜师古注："王者之治，于百家之道无不贯综。"《吕氏春秋》的这一文化特点，很可能与吕不韦曾经往来各地，千里行商的个人游历实践有关。行历四方的人生体验，或许可以有益于开阔视野，广博见闻。宋代理学家曾经称美《吕氏春秋》"云其中甚有好处"，"道里面煞有道理"[①]，指出其中多有精彩内容。《吕氏春秋》对于农学遗产的总结和继承，是众所周知的。有农学史论著指出，《吕氏春秋》反映了"我国农业生产知识开始系统化和理论化"的进步[②]。其中有关"蝗"的文字，研究者尤其应当予以关注。

《吕氏春秋·孟夏》可见说到"虫蝗"危害农作物生长的内容："孟夏之月，……行春令，则虫蝗为败，暴风来格，秀草不实。"高诱解释说："是月当继长增高，助阳长养，而行春启蛰之令，故有虫蝗之败。"《吕氏春秋·不屈》所记载的政论中，以"蝗螟""害稼"比喻"无耕而食者"众多导致的社会危害："匡章谓惠子于魏王之前曰：'蝗螟，农夫得而杀之，奚故？为其害稼也。今公行，多者数百乘，步者数百人；少者数十乘，步者数十人。此无

---

① 《朱子语类》卷一三八《杂类》，卷一一九《训门人七》，〔宋〕黎靖德编，王星贤点校：《朱子语类》，中华书局 1986 年 3 月版，第 3277、2867 页。

② 中国农业科学院、南京农学院中国农业遗产研究室编著：《中国农学史》（初稿）上册，科学出版社 1959 年 12 月版，第 77 页。

耕而食者，其害稼亦甚矣。'"高诱解释："蝗，螽也。食心曰螟，食叶曰螣。今兖州谓蝗为螣。"《吕氏春秋·审时》中强调及时把握农时的重要："得时之麻，必芒以长，疏节而色阳，小本而茎坚，厚枲以均，后熟多荣，日夜分复生；如此者不蝗。"高诱注发表了这样的解说："蝗虫不食麻节也。"陈奇猷则对高诱注有所驳议。他指出："'不蝗'谓不生蝗虫。高说未允。"[①] 其实，"麻"作为经济作物的主要价值，主要在于其"节""茎"纤维的提取利用。所谓"蝗虫不食麻节"，也就大致保障了"麻"的收成。就以迁飞习性为主要特征的蝗虫来说，高诱注的理解或许较陈奇猷"'不蝗'谓不生蝗虫"说更为合理。我们关注《吕氏春秋》中有关"蝗"的内容，首先注意到"蝗螟""害稼"，可以导致"虫蝗为败"，是农人高度警惕的灾难威胁。而所谓"不蝗"，是从事耕作经营的农家的理想。

予耕作经验和农学知识的总结较为重视的《吕氏春秋》一书，较早明确了"蝗"的名义，并借相关农业实践获得的经验用以说明其他社会问题，或许可以看作战国时期在农业生产发展基础上农学取得进步的一种标志性表现。《吕氏春秋》于秦地著成面世，这一文献学现象，是可以与《史记》采用《秦记》蝗灾史料联系起来有所思

---

① 陈奇猷校释：《吕氏春秋校释》，学林出版社 1984 年 4 月版，第 1781、1800 页。

考的。

《礼记·月令》也可见"蝗虫"字样。如:"孟夏……行春令,则蝗虫为灾。""仲冬……行春令,则蝗虫为败。"《月令》一书,虽然"蔡伯喈、王肃云周公所作"[1],郑玄则明确指出"《吕氏春秋》十二月纪之首章"在前,而"《礼》家好事者抄合之"在后的学术源流与次第关系:"本《吕氏春秋》十二月纪之首章,《礼》家好事者抄合之,其中官名、时、事,多不合周法。"陆德明《经典释文》也指出:"此是《吕氏春秋》十二纪之首,后人删合为此。"清人朱彬《礼记训纂》赞同郑玄的基本判断,又"申郑旨释之",列举"四证"[2]。孙希旦《礼记集解》引孔氏曰:"(《月令》)官名不合周法"、"时不合周法"、"事不合周法"。又指出:"愚按是篇虽祖述先王之遗,其中多杂秦制,又博采战国杂家之说,不可尽以三代之制通之。"《说文·虫部》段玉裁注更明确写道:"……是以《春秋》书'螽',《月令》再言'蝗虫'。《月令》吕不韦所作。"在有关"蝗"的文字学论说中特别强调"《月令》吕不韦所作",其学术判定是非常明朗的。

---

[1] 〔唐〕陆德明撰,黄焯汇校:《经典释文汇校》,中华书局2006年7月版,第377页。

[2] 〔清〕朱彬撰,饶钦农点校:《礼记训纂》,中华书局1996年9月版,第213页。

毕竟在我们今天能够看到的史学文献中，很可能基于《秦记》记录的《史记》从历史考察的角度最早明确提示了"蝗"危害农作的生物现象。这一对于昆虫学知识、农学经验、灾异记载和史学史回顾都非常重要的历史文献遗存，值得多学科研究者共同注意。此后，"蝗"作为这一时期出现的文字符号，指向涵义愈益明确。《说文·虫部》写道："蝗，螽也。"段玉裁注进行了比较全面的考论："《蚰部》曰：'螽，蝗也。'是为转注。《汉书·五行传》曰：介虫之孽者，谓小虫有甲发扬之类。阳气所生也。于《春秋》为'螽'，今谓之'蝗'。"段玉裁说："按螽、蝗古今语也。"又《说文·蚰部》写道："蚰，虫之总名也。从二虫。凡蚰之属皆从蚰。读若昆。""螽"字条下又说："螽，蝗也。"段玉裁注："'蝗'下曰：'螽也。'是为转注。按《尔雅》有皇螽、草螽、蜇螽、蟿螽、土螽，皆所谓螽丑也。蜇螽，《诗》作斯螽，亦云螽斯，毛、许皆训以蚣蝑。皆螽类，而非螽也。惟《春秋》所书者为'螽'。"所谓各种"螽丑"，"皆螽类，而非螽也"，一种可能是指称不同生长阶段的"螽"。另一种可能，是体现了大一统实现之前"言语异声，文字异形"情形[1]。李约瑟

---

① 《说文解字叙》，〔汉〕许慎撰，〔清〕段玉裁注：《说文解字注》，上海古籍出版社据经韵楼藏版 1981 年 10 月影印版，第 758 页。

曾经以《说文解字》为基点，从"蟲、蚰、虫部首"中的字考察"动物学名称"。在"与昆虫类有关的字"中，下列内容和我们讨论的主题有关：

蚖　yuan　young grasshopper　蝗虫的幼虫。

蝜蝄　fu tuo　hopper　蝗蝄的古称。

蝗　huang　migratory locust　飞蝗（*Locusta*）。

螽　chung　qrasshopper　蝗的古称，现螽斯科（Tettigonuridae）的通名。

蠜　chung　migratory locusts　可能由螽转音，成群飞蝗。

蟿　chhi　grasshopper　蟿螽（负蝗）（*Acrida sinensis*）。[1]

我们看到，对于各种"螽丑"的观察和说明，或体现幼虫和成虫的区别，或体现个体与群生的区别，或体现"飞"与不"飞"的区别。大致到了吕不韦时代，开始采用了"蝗"字。而《史记》关于"蝗""蝗虫"的记载，使得这一名号正式进入史学典籍，并使得此后世代通行。

---

[1]　郭郛、〔英〕李约瑟、成庆泰著：《中国古代动物学史》，科学出版社 1999 年 2 月版，第 127—128、130 页。

"蝗"作为灾异的发生：生态史的重要一页

　　蝗灾研究，已经多有学者通过认真的历史回顾，进行了有成效的学术说明。但是现在看来，仍有继续探索的空间。有的论著将有关"蝗"的知识的早期发生确定在较古远的历史时期，然而若干论点或许有待补充确证。例如有的论著写道，"在中国古代甲骨文中，已有蝗虫成群"，"中国最古老的典籍《山海经》中"，"山东、江苏地区有蝗螽"，"中国古老诗歌总集《诗经》"中《豳风·七月》记录"五月""蝗虫跳跃"，"鲁国史籍《春秋》记录山东等地发生蝗虫 12 次，迁飞 1 次"等[①]。周尧考察上古时代有关蝗虫的历史文化信息，曾经发表了这样的意见，"蝗灾最早记录，是公元前 707 年，见《春秋》：'桓公五年、螽'。"[②] 倪根金指出，"我国古代文献有确切时间记载的蝗灾是在西周时期，《春秋》记载，桓公五年（前 707），

---

① 郭郛：《昆虫学进展史》，郭郛、钱燕文、马建章主编：《中国动物学发展史》，东北林业大学出版社 2004 年 7 月版，第 118 页。

② 周尧：《中国昆虫学史》，昆虫分类学报社 1980 年 6 月版，第 56 页。

'秋，……螽'。"然而又注意到安阳殷墟妇好墓出土的玉雕蝗虫模型，也发现甲骨文中也有关于蝗虫是否出现的卜问告祭记录，提示学界注意 [1]。据昆虫学家陈家祥统计，自公元前 707 年至 1935 年，中国保留确切记载的蝗灾约为 796 次 [2]。有学者在以"世界生物学史"为学术主题的论著中发表了这样的论点："昆虫是整个生物界中最大的类群，它们形体虽小，却极大地关联着人类的生产和生活活动。中国历代人民在益虫研究利用和害虫防治方面都取得了显著的成绩。"就"害虫防治"特别是"与蝗虫的斗争"的相关历史表现，研究者指出，"据中国历史记载统计，从公元前 707 年到公元 1911 年的两千多年中，大蝗灾发生约 538 次，平均每三四年就要发生一次，给人们造成很大损失。"论者又写道："据史料记载，我国自公元前707—1949 年的 2656 年间，发生东亚飞蝗灾害的年份达804 年，平均每三年就大发生 1 次。" [3] 公元前 707 年应即鲁桓公五年。

有学者指出，对"灾""异"的关注和记载突出表现于"春秋时期"。在《春秋》一书中有集中表现。所谓"生物

---

[1] 倪根金：《中国历史上的蝗灾及治蝗》，《历史教学》1998 年第 6 期。

[2] 陈家祥：《中国历代蝗之记录》，浙江省昆虫局刊，1935 年。

[3] 汪子春、田洺、易华编著：《世界生物学史》，吉林教育出版社2009 年 5 月版，第 51、55—56、187 页。

灾害"，即"蝗螟螽蝱生物引发的农业灾害，春秋以后记录较多。"①《春秋·文公三年》记载："秋，楚人围江。雨螽于宋。"杜预注："宋人以其死为得天祐，喜而来告，故书。"《左传·文公三年》："秋，雨螽于宋。队而死也。楚师围江。"杜预注："螽飞至宋队地而死若雨。"孔颖达疏讨论了"楚人围江""楚师围江"与"雨螽于宋"的时序。其实，是否"其事但实在雨螽之后"或许并不重要，史书记述的次序，或许反映了对于两起事件重要性的认识。周尧据《春秋·文公三年》"秋，雨螽于宋"的记载，指出："螽是蝗虫，而雨螽于宋则是飞蝗坠地而死的最早记载。"鲁文公三年，即公元前 624 年。"秋，雨螽于宋。队而死也"，记述了蝗虫迁飞为害至于尾声的情形。虽然如论者所说，《春秋》可见"确定年份的虫害记录"，确实"足可以称为世界昆虫学史上独有的事"②，但是对于其中学者以为与"蝗"有关的记录，可能还有必要认真分析，有所甄别。

涉及蝗灾史的研究者往往把《春秋·桓公五年》有关"螽"的文字看作最早的蝗灾记载。但是也有严肃的农

① 路美玲：《汉代自然灾异文学书写研究》，陕西理工大学硕士学位论文，2020 年 6 月，第 5—6、14—15 页。
② 邹树文：《中国昆虫学史》，科学出版社 1981 年 1 月版，第 19、21、16—17 页。

　　　　　　　　　　　上林繁叶

史论著表现出谨慎的学术态度。对于"可信"的蝗灾史料发表了这样的判断："因秦以前古籍都称蝗为螽或蝝，到《史记》的《秦始皇本纪》'蝗从东方来'，《孝文帝本纪》'天下旱，蝗'，《孝武帝本纪》'西戎大宛，蝗大起'等，才是历史上最早可信的蝗虫记载。"对于许多学者视为重要蝗灾史信息的《诗·小雅·大田》"去其螟螣，及其蟊贼，无害我田稚"，有研究者认为："螣可以包括蝗虫在内，当然不能等同于蝗虫，所以螣不是严格意义上的蝗虫专称。"① 认定《史记》卷六《秦始皇本纪》"蝗从东方来"，"才是历史上最早可信的蝗虫记载"的意见，是值得赞赏的。然而论者对于下文"蔽天"字样似乎未予注意，对于《史记》卷一五《六国年表》"蝗蔽天下"的记录也没有予以应有的重视。有的昆虫学史论著甚至写道："蝗虫发生数量的惊人与为害的严重，古书中也有详细的记载。如《汉书》记载公元前218年10月'蝗虫从东方来，蔽天'；……"② 这样的说法，无视《史记》的基本记录，表露出对《史记》卷六《秦始皇本纪》记载的文献与年代的双重错误理解。

---

① 游修龄：《中国蝗灾历史和治蝗观》，《华南农业大学学报》(社会科学版) 2003 年第 2 期。

② 周尧：《中国昆虫学史》，昆虫分类学报社 1980 年 6 月版，第 57 页。

有学者专门研究秦汉时期"农业生产中的虫灾害"的论著，其中写道："秦汉是我国农业生产中虫灾害的第一个高发期。"然而，论者在对"秦汉虫灾情况"进行总结，做出"秦汉时期蝗灾、螟灾统计"时，却没有注意到《史记》这两则非常明确的蝗灾记录[①]。这不免令人感到非常遗憾。《说苑·辨物》写道："逮秦皇帝即位，彗星四见，蝗虫蔽天，冬雷夏冻，石陨东郡，大人出临洮，妖孽并见，荧惑守心，星茀大角，大角以亡，终不能改。"据西汉政论家的观察和理解，"蝗虫蔽天"，在秦始皇时代诸多灾变现象中是排列在先的。就社会危害之严重性而言，显然居于首位。

蝗灾严重危害"农业生产"和社会生活。由于蝗虫"有些种类有大量个体高密度聚集在一起的习性，即群聚性（Aggregation）"，或写作"群集性"，又形成"成群移居活动"的特征，往往损害农田面积广大。昆虫学研究成果告知我们，"东亚飞蝗""在成群羽化到翅变硬的时期，有成群从一个发生地长距离地迁飞到另一个发生地的特征。""这种迁飞，是昆虫的一种适应性，有助于种的延续生存。此外，某些昆虫，还有在小范围内扩散、转移为害的习性。""东亚飞蝗〔*Locusta migratoria manilensis*

---

① 王飞：《秦汉时期农业生产中的虫灾及治理研究》，《陇东学院学报》2019年第1期。

（Meyen）〕是蝗虫灾害中发生最严重的种类。其大发生时，遮天蔽日，所到之处，禾草一空。"

东亚飞蝗"年发生代数与时间因各地气温而异"，"黄淮海地区2代"。"在2代区，越冬代称夏蝗，第一代称秋蝗。"夏蝗"4月底至5月中旬越冬卵孵化，5月上、中旬为盛期"，"6月中旬至7月上旬羽化"。"（秋蝻）于8月中旬至9月上旬羽化为秋蝗，盛期为8月中、下旬"[①]。《史记》卷六《秦始皇本纪》"十〔七〕月庚寅，蝗虫从东方来，蔽天"与《史记》卷一五《六国年表》"七月，蝗蔽天下"的记载，是符合现今农业昆虫学知识中东亚飞蝗年生活史的规律的。

我们讨论《史记》卷六《秦始皇本纪》与《史记》卷一五《六国年表》关于蝗灾的记录，注意到时间标示问题。《秦始皇本纪》写述这位"名为政，姓赵氏"的权力者即位后事迹："王年少，初即位，委国事大臣。"随后即"元年……"，"二年……"，"三年……"，"四年……"，逐年纪事。在"二十六年""秦初并天下""号曰'皇帝'"之前，纪年其实应称秦王政某年。即"蝗虫从东方来，蔽天"事，在秦王政四年。这是符合年代学常识的。然而《六国年表》则称"秦始皇帝四年""七月，蝗蔽天下。"唐《开元占经》

---

① 袁锋主编：《农业昆虫学》第三版，中国农业出版社2001年9月版，第58—59、187—188、190页。

卷一二〇《龙鱼虫蛇占》"蝗生"条引录一则《史记》佚文："《史记》：秦始皇四年十月，螟虫从东方来，蔽天如严雪，是岁天下失芒瓠。"[1] 从"四年十月，……从东方来，蔽天"等文字看，应当出自《秦始皇本纪》，或原本为《秦始皇帝本纪》。[2] 其文字也使用"秦始皇四年"的说法，是值得注意的。《资治通鉴》在秦王政即位之后，二十六年（前221）实现统一、称"始皇帝"之前，即以"秦始皇帝"纪年。蝗灾发生，即于《资治通鉴》卷八"始皇帝四年"中记述。《七国考》卷二《秦食货》有"长太平仓"条："《太平御览》云：'秦始皇四年七月，立长太平仓，丰则籴，歉则粜，以利民也。'"[3] 今按：此说似仅见于《七国考》。今本《太平御览》未见此文。而事在"秦始皇四年七月"，与"蝗虫从东方来，蔽天"发生在同时，也是很有意思的事。缪文远说："徐中舒师曰：'古代地旷人稀，粮食缺乏，可以采集、田猎作为补充，不需太平仓。太平仓之法后起，董氏引文不可据。'"[4] 又《文献通考》卷三一四

---

① 〔唐〕瞿昙悉达编，李克和校点：《开元占经》，岳麓书社1994年12月版，第1210页。

② 王子今：《说〈史记〉篇名〈秦始皇帝本纪〉》，《唐都学刊》2019年第4期。

③ 〔明〕董说原著、缪文远订补：《七国考订补》，上海古籍出版社1987年4月版，第195页。

④ 同上书，第195—196页。

《物异二〇》"蝗虫"条:"秦始皇四年十月,蝗虫自东方来,蔽天。"由此亦可推知《史记》有的版本《秦始皇本纪》纪此事可能明确写作"秦始皇四年"。"秦王政四年"的写述方式也是存在的。如朱熹《通鉴纲目》卷一二上、卷一二下、卷一三均可见"秦王政四年"纪事[1]。明严衍《资治通鉴补》卷六《列国纪》亦见"秦王政四年"[2]。又有清人郭梦星《午窗随笔》卷二"纳粟"条:"纳粟之例,向以为起于汉之赀郎,其实不然。史言秦王政四年,岁屡饥,蝗、疫。令民纳粟千石,拜爵一级。"[3]虽然"秦王政四年"更符合年代学的原则,但是"秦始皇四年"将秦王政即位之后而统一尚未实现的历史段落置于秦始皇时代的范畴中,也是有学术合理性的。如清人褚人获《坚瓠集》余集卷四"鸴爵"条说,"秦始皇时,飞蝗蔽天。"[4]就是采用这样的历史阶段划分方式。

讨论这个问题,我们自然注意到发生在秦王政四年或说秦始皇四年(前243)的"蝗虫从东方来,蔽天""蝗蔽

---

[1] 〔宋〕朱熹:《通鉴纲目》,文渊阁《四库全书》本,第994、1046、1083页。

[2] 〔明〕严衍:《资治通鉴补》,清光绪二年盛氏思补楼活字刻本,第153页。

[3] 〔清〕郭梦星:《午窗随笔》,清光绪二十一年《宝树堂遗书》本,第30页。

[4] 〔清〕褚人获:《坚瓠集》,《笔记小说大观》,江苏广陵古籍刻印社1995年5月版,第7册,第968页。

天下"以及"天下疫"的严重灾情，是秦统一战争的生态环境背景。考察秦实现统一的军事史，由蝗灾的严酷，可以更全面、更真切地认识在秦人自称"兴兵诛暴乱"，"遂发讨师，奋扬武德，义诛信行，威燀旁达"(《史记》卷六《秦始皇本纪》)的战争进程中，社会生产和社会生活遭受的惨重伤害。

"泽"与汉王朝的建国史

考察刘邦建立西汉帝国的历史，应当注意到他在"丰西泽中"起事以及于"芒砀山泽"潜伏与活动的经历。黄淮平原在秦汉之际的生态形势，与刘邦政治生涯的早期经历有密切的关系。

从陈胜的"大泽乡"到刘邦的"丰西泽"

陈胜、吴广起兵"大泽乡"。刘邦脱离秦的体制，进入到反秦队伍中，这一实践也与以"泽"为重要地理标志的环境条件相关。

《史记》卷八《高祖本纪》记载："高祖以亭长为县送徒郦山，徒多道亡。自度比至皆亡之，到丰西泽中，止饮，夜乃解纵所送徒。曰：'公等皆去，吾亦从此逝矣！'

徒中壮士愿从者十余人。"司马迁还写道："高祖被酒，夜径泽中，令一人行前。行前者还报曰：'前有大蛇当径，愿还。'高祖醉，曰：'壮士行，何畏！'乃前，拔剑击斩蛇。蛇遂分为两，径开。行数里，醉，因卧。后人来至蛇所，有一老妪夜哭。人问何哭，妪曰：'人杀吾子，故哭之。'人曰：'妪子何为见杀？'妪曰：'吾子，白帝子也，化为蛇，当道，今为赤帝子斩之，故哭。'人乃以妪为不诚，欲告之，妪因忽不见。后人至，高祖觉。后人告高祖，高祖乃心独喜，自负。诸从者日益畏之。"斩蛇神话一如陈胜、吴广发起鼓动群众的篝火狐鸣方式，开始树立起刘邦的权威。

刘邦军事集团中的第一部分构成，就是"徒中壮士愿从者十余人"。

这部分力量凝聚力的形成，与"夜径泽中"斩白蛇行为以及所斩"白帝子"的传说相关。

"芒砀山泽"潜伏

与战国以来楚文化重心的移动方向一致，秦人有意无意地夸大相关地区反秦的敌情。《史记》卷八《高祖本纪》说，"秦始皇帝常曰'东南有天子气'，于是因东游以厌之。高祖即自疑，亡匿，隐于芒砀山泽岩石之间。"随即于丰西泽中斩蛇神话之后，又生成了芒砀山泽云气神话："吕后与人俱求，常得之。高祖怪问之。吕后曰：'季所居上常有云气，故从往常得季。'高祖心喜。沛中子弟或闻之，多欲附者矣。"裴骃《集解》："徐广曰：'芒，今临淮县也。砀县在梁。'骃案：应劭曰'二县之界有山泽之固，故隐于其间也'。"张守节《正义》："《括地志》云：'宋州砀山县在州东一百五十里，本汉砀县也。砀山在县东。'"

陈胜大泽乡举事，反秦烽火燃起四方，楚地声势最大。刘邦在这时已经具有影响地方政治形势的力量。《史记》卷八《高祖本纪》记载："秦二世元年秋，陈胜等起蕲，至陈而王，号为'张楚'。诸郡县皆多杀其长吏以应陈涉。沛令恐，欲以沛应涉。掾、主吏萧何、曹参乃曰：'君为秦吏，今欲背之，率沛子弟，恐不听。愿君召诸亡在外者，可得数百人，因劫众，众不敢不听。'乃令樊哙召刘季。刘季之众已数十百人矣。于是樊哙从刘季来。沛令后悔，恐其有变，乃闭城城守，欲诛萧、曹。萧、曹恐，逾城保刘季。刘季乃书帛射城上，谓沛父老曰：'天下苦秦久矣。今父老虽为沛令守，诸侯并起，今屠沛。沛今共诛令，择子弟可立者立之，以应诸侯，则家室完。不然，父子俱屠，无为也。'父老乃率子弟共杀沛令，开城门迎刘季，欲以为沛令。刘季曰：'天下方扰，诸侯并起，今置将不善，一败涂地。吾非敢自爱，恐能薄，不能完父兄子弟。此大事，愿更相推择可者。'萧、曹等皆文吏，自爱，恐事不就，后秦种族其家，尽让刘季。诸父老皆曰：'平生所闻刘季诸珍怪，当贵，且卜筮之，莫如刘季最吉。'于是刘季数让。众莫敢为，乃立季为沛公。"

刘邦正式起义。"祠黄帝，祭蚩尤于沛庭，而衅鼓旗，帜皆赤。由所杀蛇白帝子，杀者赤帝子，故上赤。于是少年豪吏如萧、曹、樊哙等皆为收沛子弟二三千人，攻胡陵、方与，还守丰。"司马贞《索隐述赞》："高祖初起，始自徒中。言从泗上，即号沛公。啸命豪杰，奋发材雄。彤云郁砀，素灵告丰。龙变星聚，蛇分径空。……"其中"彤云郁砀，素灵告丰"句，说明"砀"与"丰"，在刘邦早期反秦活动中具有同样重要的意义。"彤云"指吕后制造的云气神话。"彤"，点明了"上赤"的政治文化基色。

刘邦军事集团中的第二部分构成，就是"隐于芒砀山泽岩石之间"时期的追随者。

这部分力量凝聚力的形成，与"所居上常有云气"神话相关，因此"沛中子弟或闻之，多欲附者矣"。

秦汉之际黄淮地区自然历史地图

前引《史记》卷八《高祖本纪》有关刘邦早期事迹，

有三处说到"泽"：1."到丰西泽中，止饮，夜乃解纵所送徒。"2."高祖被酒，夜径泽中，……"3."隐于芒砀山泽岩石之间。"这些关于"泽"的记录，是与我们今天对于芒砀地区地理形势的知识并不符合的。

《史记》卷四八《陈涉世家》记载："二世元年七月，发闾左適戍渔阳，九百人屯大泽乡。""大泽乡"，据裴骃《集解》引徐广曰："在沛郡蕲县。"此乡得名"大泽"，不会和"泽"没有一点关系。

又如《史记》卷九〇《魏豹彭越列传》写道："彭越者，昌邑人也，字仲。常渔巨野泽中，为群盗。"也说反秦武装以"泽"作为依托的情形。

《汉书》卷二八下《地理志下》信都国"扶柳"条颜师古注："阚骃云：其地有扶泽，泽中多柳，故曰扶柳。"可知秦汉时期黄河下游及江淮平原，多有"泽"的分布。

湖泽的密集，导致交通条件受到限制。

《汉书》卷一上《高帝纪上》关于刘邦斩蛇故事的记述，有颜师古注："径，小道也。言从小道而行，于泽中过，故其下曰有大蛇当径。"这里所谓"泽"，很可能是指沼泽湿地。

山林水泽的掩护，为刘邦最初力量的聚集和潜伏提供了条件，也形成了反秦武装共同予以利用的生态环境。

邹逸麟先生曾经讨论"先秦西汉时代湖沼的地域分布

及其特点"，指出"根据目前掌握的文献资料，得知周秦以来至西汉时代，黄淮海平原上见于记载的湖沼有四十余处"。所依据的史料为《左传》《禹贡》《山海经》《尔雅·释地》《周礼·职方》《史记》《汉书》等。列表所见湖沼46处，其中黄淮平原33处，有：修泽（今河南原阳西），黄池（今河南封丘南），冯池（今河南荥阳西南），荥泽（今河南荥阳北），圃田泽（原圃）（今河南郑州、中牟间），萑苻泽（今河南中牟东），逢泽（池）（今河南开封东南），孟诸泽（今河南商丘东北），逢泽（今河南商丘南），蒙泽（今河南商丘东北），空泽（今河南虞城东北），菏泽（今山东定陶东北），雷夏泽（今山东鄄城南），泽（今山东鄄城西南），阿泽（今山东阳谷东），大野泽（今山东巨野北），沛泽（今江苏沛县），丰西泽（今江苏丰县西），湖泽（今安徽宿县东北），沙泽（约在今鲁南、苏北一带），余泽（约在今鲁南、苏北一带），浊泽（今河南长葛），狼渊（今河南许昌西），棘泽（今河南新郑附近），鸿隙陂（今河南息县北），洧渊（今河南新郑附近），柯泽（杜预注：郑地），汋陂（杜预注：宋地），围泽（杜预注：周地），鄩泽（杜预注：卫地），琐泽（杜预注：地阙），泽（约在今山东历城东或章丘北），泽（约在今山东淄博迤北一带）。

　　邹逸麟先生说，"以上仅限于文献所载，事实上古代黄淮海平原上的湖沼，远不止此。""先秦西汉时代，华北大平原的湖沼十分发育，分布很广，可以说是星罗棋布，与今天的景观有很大的差异。"[①]

在刘邦"隐于芒砀山泽岩石之间"的时代，自然生态与现今有明显的不同。因为气候的变迁以及人为因素的影响，自然植被及水资源形势都发生了变化。这样的变化，在汉魏时代已经有所显现。《史记》卷二九《河渠书》所谓"东郡烧草，以故薪柴少"，以及汉武帝"薪不属兮卫人罪，烧萧条兮噫乎何以御水"的感叹，反映了当时黄河下游植被因人为因素导致破坏的历史事实。汉武帝当时曾经"下淇园之竹以为楗"，即所谓"穨林竹兮楗石菑，宣房塞兮万福来"，后来寇恂也有取淇园之竹治矢百余万以充实军备的事迹。然而到了郦道元生活的时代，著名的淇川竹园已经发生了明显变化。《水经注》卷九《淇水》写道："《诗》云：'瞻彼淇澳，菉竹猗猗。'毛云：'菉，王刍也；竹，编竹也。'汉武帝塞决河，斩淇园之竹木以为用。寇恂为河内，伐竹淇川，治矢百余万，以输军资。今通望淇川，无复此物。"陈桥驿先生《〈水经注〉记载的植物地理》分析了郦道元的记录："《水经注》记载植被，不

① 邹逸麟：《历史时期华北大平原湖沼变迁述略》，《历史地理》第5辑，上海人民出版社1987年5月版，收入《椿庐史地论稿》，天津古籍出版社2005年5月版。

仅描述了北魏当代的植被分布，同时还描述了北魏以前的植被分布，因而其内容在研究历史时期的植被变迁方面有重要价值。"他对郦道元有关"淇川"之竹的文字予以重视，指出："从上述记载可见，古代淇河流域竹类生长甚盛，直到后汉初期，这里的竹产量仍足以'治矢百万'。但到了北魏，这一带已经不见竹类。说明从后汉初期到北魏的这五百多年中，这个地区的植被变迁是很大的。"陈桥驿先生还指出了另一可以说明植被变迁的实例："又卷二十二《渠》经'渠出荥阳北河，东南过中牟县之北'注云：'泽多麻黄草，故《述征记》曰：践县境便睹斯卉，穷则知逾界，今虽不能，然谅亦非谬，《诗》所谓东有圃草也。'从上述记载可见，直到《述征记》撰写的晋代，圃田泽地区还盛长麻黄草，但以后随着圃田泽的缩小和湮废，北魏时代，这一带已经没有这种植物了。这些都是历史时期植被变迁的可贵资料。"[①]

我们在讨论刘邦"隐于芒砀山泽岩石之间"的事迹时，不应当忽略自然生态条件的变化。

《史记》卷一二九《货殖列传》写道："夫自鸿沟以东，芒砀以北，属巨野，此梁、宋也。陶、睢阳亦一都会也。昔尧作于成阳，舜渔于雷泽，汤止于亳。其俗犹有

---

① 陈桥驿：《水经注研究》，天津古籍出版社1985年5月版，第122—123页。

先王遗风，重厚多君子，好稼穑，虽无山川之饶，能恶衣食，致其蓄藏。"这里不仅说到了邹逸麟先生未曾说到的另一处"泽"——雷泽，而且提示我们，"芒砀"在西汉时期，曾经是重要的地理坐标。

汉初执政集团中的芒砀功臣与刘邦军主力"砀兵""砀郡兵"

前引《史记》卷八《高祖本纪》关于刘邦集团基本力量的最初聚集，有这样的文字：

1."到丰西泽中，止饮，夜乃解纵所送徒。曰：'公等皆去，吾亦从此逝矣！'徒中壮士愿从者十余人。"

2."吕后曰：'季所居上常有云气，故从往常得季。'高祖心喜。沛中子弟或闻之，多欲附者矣。"

3."（萧何、曹参）乃令樊哙召刘季。刘季之众已数十百人矣。"

"刘季之众"中这最初的"数十百人"的情形，我们已经不能十分明了。

《史记》卷一八《高祖功臣侯者年表》中，可以发现追随刘邦的早期武装力量骨干中，有不少是"从起砀""初起砀""初从起砀""从起砀中""起砀从"，也就是在"砀"地即加入刘邦集团的功臣。如：

　　博阳侯陈濞。以舍人从起砀，以刺客将，入汉，以都尉击项羽荥阳，绝甬道，击杀追卒功，侯。

　　颍阴侯灌婴。以中涓从起砀，至霸上，为昌文君。入汉，定三秦，食邑。以车骑将军属淮阴，定齐、淮南及下邑，杀项籍，侯，五千户。

　　蓼侯孔藂。以执盾前元年从起砀，以左司马入汉，为将军，三以都尉击项羽，属韩信，功侯。

　　费侯陈贺。以舍人前元年从起砀，以左司马入汉，用都尉属韩信，击项羽有功，为将军，定会稽、浙江、湖阳，侯。

　　隆虑侯周灶。以卒从起砀，以连敖索隐徐广以连敖为典客官也。入汉，以长铍都击项羽，有功，侯。

　　曲成侯蛊逢。以曲城户将卒三十七人初从起砀，至霸上，为执珪，为二队将，属悼武王，入汉，定三秦，以都尉破项羽军陈下，功侯，四千户。为将军，击燕、代，拔之。

　　河阳侯陈涓。以卒前元年起砀从，以二队将入汉，击项羽，身得郎将处，功侯。以丞相定齐地。

芒侯昭。以门尉前元年初起砀，至霸上，为武定君，入汉，还定三秦，以都尉击项羽，侯。

棘丘侯襄。以执盾队史前元年从起砀，破秦，以治粟内史入汉，以上郡守击定西魏地，功侯。

东茅侯刘钊。以舍人从起砀，至霸上，以二队入汉，定三秦，以都尉击项羽，破臧荼，侯。捕韩信，为将军，益邑千户。

台侯戴野。以舍人从起砀，用队率入汉，以都尉击籍，籍死，转击临江，属将军贾，功侯。以将军击燕。

乐成侯丁礼。以中涓骑从起砀中，为骑将，入汉，定三秦，侯。以都尉击籍，属灌婴，杀龙且，更为乐成侯，千户。

宁侯魏选。以舍人从起砀，入汉，以都尉击臧荼功，侯，千户。

"从起砀"者13人，仅次于"从起沛"的14人。如果考虑秦时属砀郡地方，包括"从起横阳"1人和"从起单父"2人，则"从起砀"者居于第一。横阳，在今河南商丘西南。单父，在今山东单县。"从起砀"功臣的密集，反映了刘邦在"砀"的初期经营对于其帝业的重要意义。

关于灌婴事迹,《史记》卷九五《樊郦滕灌列传》记载:"颍阴侯灌婴者,睢阳贩缯者也。高祖之为沛公,略地至雍丘下,章邯败杀项梁,而沛公还军于砀,婴初以中涓从击破东郡尉于成武及秦军于扛里,疾斗,赐爵七大夫。从攻秦军亳南、开封、曲遇,战疾力,赐爵执帛,号宣陵君。从攻阳武以西至雒阳,破秦军尸北,北绝河津,南破南阳守龁阳城东,遂定南阳郡。西入武关,战于蓝田,疾力,至霸上,赐爵执珪,号昌文君。"可知他"以中涓从起砀",并不是刘邦"隐于芒砀山泽岩石之间"时的追随者,不在沛地起义最初的"数十百人""刘季之众"之中。

　　《史记》卷一八《高祖功臣侯者年表》中,又有:"平皋侯项它。汉六年以砀郡长初从,赐姓为刘氏;功比戴侯彭祖,五百八十户。"这时涉及"砀"地的特殊的一例。又如:"周吕侯吕泽。以吕后兄初起以客从,入汉为侯。还定三秦,将兵先入砀。汉王之解彭城,往从之,复发兵佐高祖定天下,功侯。"也并非"从起砀"功臣,然而有"还定三秦"之后"将兵先入砀"的战功。这一功绩被专门记录,也体现出汉王朝创立者对"砀"的特殊重视。

　　河南永城有陈胜墓遗存。《史记》卷四八《陈涉世家》记载:"陈王之汝阴,还至下城父,其御庄贾杀以降秦。陈胜葬砀,谥曰隐王。"又写道:"陈胜虽已死,其所置遣侯王将相竟亡秦,由涉首事也。高祖时为陈涉置守冢三十家砀，至今血食。"陈胜为什么"葬砀"？我们不能作确定的说明。而刘邦"为陈涉置守冢三十家砀"，却是与对"砀"的一贯重视相一致的。或许这种纪念，也在一定意义上寄托了刘邦对起自于"砀"的军事胜利的某种感怀。

《史记》卷七《项羽本纪》司马贞《索隐述赞》："亡秦鹿走，伪楚狐鸣。云郁沛谷，剑挺吴城。勋开鲁甸，势合砀兵。"所谓"云郁沛谷"，仍是说"芒砀山泽"云气神话，所谓"势合砀兵"，是说项羽和刘邦的最初的联合行动。在这里，"砀兵"指的是刘邦军的基本队伍。

关于刘邦军与项梁、项羽军的联合，《史记》卷八《高祖本纪》写道："(秦军)北定楚地，屠相，至砀。东阳宁君、沛公引兵西，与战萧西，不利。还收兵聚留，引兵攻砀，三日乃取砀。因收砀兵，得五六千人。攻下邑，拔之。还军丰。闻项梁在薛，从骑百余往见之。"刘邦"引兵攻砀，三日乃取砀"的战役成功，奠定了后来成为楚军一个方面军的基础。"因收砀兵，得五六千人"，成就了基本队伍的集结。据《史记》卷一六《秦楚之际月表》："与击秦军砀西。攻下砀，收得兵六千，与故凡九千人。"则占领"砀"之前，兵力只有三千左右，"收得兵六千，与故凡九千人"，使得他的军队被称为"砀兵"。

项梁战死之后，刘邦和项羽成为楚军的两支主要力量。刘邦军的屯驻地点，依然是"砀"。《史记》卷八《高祖本纪》："沛公与项羽方攻陈留，闻项梁死，引兵与吕将军俱东。吕臣军彭城东，项羽军彭城西，沛公军砀。"《史记》卷七《项羽本纪》记载："沛公、项羽相与谋曰：'今项梁军破，士卒恐。'乃与吕臣军俱引兵而东。吕臣军彭城东，项羽军彭城西，沛公军砀。"依照楚怀王的部署，刘邦"为砀郡长"，"将砀郡兵"。《史记》卷八《高祖本纪》："秦二世三年，楚怀王见项梁军破，恐，徙盱台都彭城，并吕臣、项羽军自将之。以沛公为砀郡长，封为武安侯，将砀郡兵。封项羽为长安侯，号为鲁公。"《史记》卷七《项羽本纪》也记载："楚兵已破于定陶，怀王恐，从盱台之彭城，并项羽、吕臣军自将之。以吕臣为司徒，以其父吕青为令尹。以沛公为砀郡长，封为武安侯，将砀郡兵。"又《史记》卷五四《曹相国世家》："楚怀王以沛公为砀郡长，将砀郡兵。"《史记》卷五七《绛侯周勃世家》也说："后章邯破杀项梁，沛公与项羽引兵东如砀。自初起沛还至砀，一岁二月。楚怀王封沛公号安武侯，为砀郡长。"

后来刘邦遵照楚怀王的命令西进关中，也是从"砀"出发的。《史记》卷八《高祖本纪》："（楚怀王）遣沛公西略地，收陈王、项梁散卒。乃道砀至成阳，与杠里秦军夹壁，破秦二军。"《史记》卷一六《秦楚之际月表》也记载："沛公闻项梁死，还军，从怀王，军于砀。怀王封沛公为武安侯，将砀郡兵西，约先至咸阳王之。"

上林繁叶

楚汉战争中，"砀"依然受到刘邦的特殊重视。《史记》卷八《高祖本纪》："吕后兄周吕侯为汉将兵，居下邑。汉王从之，稍收士卒，军砀。汉王乃西过梁地，至虞。使谒者随何之九江王布所，曰：'公能令布举兵叛楚，项羽必留击之。得留数月，吾取天下必矣。'随何往说九江王布，布果背楚。"于是，《史记》卷一八《高祖功臣侯者年表》对于周吕侯吕泽"将兵先入砀"功绩有专门的记录。

可以说，"砀"，是刘邦的主要根据地。"砀兵""砀郡兵"，是刘邦军的主力。

"砀"是刘邦早期活动的地区。也是刘邦非常熟悉的地区。"芒、砀山泽"的生态环境形势，是刘邦事业成功的基本条件。《汉书》卷一上《高帝纪上》："高祖隐于芒、砀山泽间。"颜师古注："应劭曰：'芒属沛国，砀属梁国，二县之界有山泽之固，故隐其间。'"《汉书》卷四一《樊哙传》说："樊哙，沛人也，以屠狗为事。后与高祖俱隐于芒砀山泽间。""芒、砀山泽间"和"芒砀山泽间"的标点方式，都是可以的。

项羽"陷大泽中"悲剧

另外一则著名的历史事件，即项羽人生悲剧的落幕，也与"泽"造成的交通阻滞有关。

《史记》卷七《项羽本纪》记载了项羽在垓下认识到败局，乘夜突围的情形："于是羽遂上马，戏下骑从者八百余人，夜直溃围南出驰。"汉军发觉较晚，灌婴率骑兵追击。"平明，汉军乃觉之，令骑将灌婴以五千骑追羽。羽渡淮，骑能属者百余人。"项羽迷路，一田父指引至错误方向。"羽至阴陵，迷失道，问一田父，田父绐曰'左'。左，乃陷大泽中，以故汉追及之。"

"陷大泽中"，使得项羽英雄事业走向绝路。

梁苑的"雁池""凫渚"

汉初数十年间，芒砀地区曾经是西汉王朝抗击东方诸侯国割据势力的前沿，吴楚七国之乱时"梁城守坚"，是平叛取得胜利的关键。这里又由刘邦建国时武装斗争的根据地，变成了文化建设的重心。

西汉先后有彭越、刘恢、刘揖和刘武就封梁国。周振鹤先生论西汉梁国沿革，指出："高帝五年彭越梁国有砀郡地，十一年更封子恢为梁王，益东郡。文帝二年以后梁国仅仅有砀郡而已。景中六年梁分为五，至成帝元延末年演化成陈留、山阳两郡和梁、东平、定陶三国。"① 自司马迁所谓"席卷千里，南面称孤"，"云蒸龙变"（《史记》卷九〇《魏豹彭越列传》）的彭越时代，到虽封地"仅仅有砀郡"然而与汉景帝有特殊关系的梁孝王刘武时代，由于商文化的悠久传统，由于梁地特殊的交通地位，梁国曾经具有十分突出的地域文化优势。

据《史记》卷一〇六《吴王濞列传》，吴楚七国之乱爆发，叛军首先攻击梁国。棘壁一役，杀梁人数万。后来，吴王刘濞率领的诸侯军主力在梁国遭遇顽强的抵抗。吴军"尽锐攻之"，而"吴兵欲西，梁城守坚，不敢西"。梁国作为与汉王朝中央同心的诸侯势力中最坚强的据点，对于稳定战局作用甚大。梁军和吴军在这里相持三个月。最终平定叛乱，据说梁军和汉王朝军队取得的战功彼此相当。

梁孝王刘武和汉景帝刘启是同母兄弟。母亲窦太后最疼爱刘武。《史记》卷五八《梁孝王世家》记载，一次刘武入朝，"是时上未置太子也。上与梁王燕饮，尝从容言曰：'千秋万岁后传于王。'"虽然是酒后之言，窦太后和刘武听了都十分高兴。"其后梁最亲，有功，又为大国，居天下膏腴地。地北界泰山，西至高阳，四十余城，皆多

---

① 周振鹤：《西汉政区地理》，人民出版社1987年8月版，第54页。

大县。"而窦太后由于偏爱这个小儿子，"赏赐不可胜道"，据说梁国"府库金钱且百巨万，珠玉宝器多于京师"。经济实力之富足甚至与中央政府国库的积储相当。"于是孝王筑东苑，方三百余里。广睢阳城七十里。大治宫室，为复道，自宫连属于平台三十余里。得赐天子旌旗，出从千乘万骑。东西驰猎，拟于天子。"

梁王在当时有"拟于天子"的威权，并不仅仅是由于皇亲的地位和富有的财力，还在于西汉初期的梁国是中央执政集团控制东方的政治枢纽。人们都会注意到，这一地区又曾经成为举世瞩目的文化中心。

司马迁《史记》卷五八《梁孝王世家》说，梁孝王刘武曾经吸引天下名士集聚于梁。"招延四方豪杰，自山以东游说之士。莫不毕至，齐人羊胜、公孙诡、邹阳之属。公孙诡多奇邪计，初见王，赐千金，官至中尉，梁号之曰公孙将军。"集中于梁国的，更多的是文学之士。真实记录了部分西汉故事的《西京杂记》一书写道，"梁孝王好营宫室苑囿之乐"，所营造的规模宏大的宫殿园林中，有"百灵山""栖龙岫"，又有"雁池"及"鹤洲凫渚"等。"其诸宫观相连，延亘数十里，奇果异树，瑰禽怪兽毕备。主日与宫人宾客弋钓其中。"

梁王招致的这些"宾客"中，多有天下奇士。梁苑一时成为吸引海内名士的文化胜地。《史记》卷一一七《司马相如列传》记载："（司马相如）以訾为郎，事孝景帝，为武骑常侍，非其好也。会景帝不好辞赋，是时梁孝王来朝，从游说之士齐人邹阳、淮阴枚乘、吴庄忌夫子之徒，相如见而说之，因病免，客游梁。梁孝王令与诸生同舍，相如得与诸生游士居数岁，乃著《子虚》之赋。"汉赋名家司马相如的创作条件，竟然是由梁孝王提供的。而《子虚赋》对于自然情状的细致描写，历代受到赞誉。

《西京杂记》又写道："梁孝王游于忘忧之馆，集诸游士，各使为赋。"所附诸游士赋作，有枚乘《柳赋》、路乔如《鹤赋》、公孙诡《文鹿赋》、邹阳《酒赋》、公孙乘《月赋》、羊胜《屏风赋》、邹阳《几赋》等。以汉赋作者为代表的文士群体曾经集中在这里，使得梁国成为汉代文化地图上的亮点。而《柳赋》《鹤赋》《文鹿赋》等作品，都是重要的生态史料。

鲁迅《汉文学史纲要》十篇中，最后一篇为"司马相如与司马迁"，说到司马相如"游梁，与诸侯游士居，数岁，作《子虚赋》"故事。第八篇为"藩国之文术"。鲁迅写道，"（梁孝王）招延四方豪杰，自山东游士莫不至。传《易》者有丁宽，以授田王孙，田授施仇，孟喜，梁丘贺，由是《易》有施孟梁丘三家之学。又有羊胜，公孙诡，韩安国，各以辩智著称。吴败，吴客又皆游梁；司马相如亦尝游梁，皆词赋高手，天下文学之盛，当时盖未有如梁者也。"[1] 以《汉书》记载为限，见于《儒林传》的出身于"梁"的学者，就有梁国人丁宽、项生、焦延寿、陈翁生、戴德、戴圣、桥仁、杨荣、周庆、丁姓，梁国砀人田王孙、鲁赐等。可见这一地区文化积累之丰足，学术滋养之醇厚。

梁孝王精心经营的苑囿，其中宫室连属，园池美好，可以供游赏驰猎。后人于是多以"梁苑"作为历史文化胜迹的典型。而梁国美好的园林建筑和优秀的文人群体，是共同保留在历史记忆中的。王昌龄《梁苑》诗写道："梁园秋竹古时烟，城外风悲欲暮天。万乘旌旗何处在，平台宾客有谁怜。"（《万首唐人绝句》卷一七）又如李白诗"荆门倒屈宋，梁苑倾邹枚"（《赠王判官时余归隐居庐山屏风叠》，《李太白文集》卷八），"文招梁苑客，歌动郢中儿"（《秋夜与刘砀山泛宴喜亭池》，《李太白文集》卷一六），以及孟浩然诗"冠盖趋梁苑，江湘失楚材"（《同卢明府钱张郎中除义王府司马海园作》，《孟浩然集》卷三）等，都以深情思慕的笔调回顾了梁国集聚天下才俊的往事。而知识人对于得到政治权贵欣赏和尊重的向往，对于王者之"招"热心之"趋"的心理倾向，也透露于字迹之间。"梁园""梁苑"，于是成为中国园林史上有光辉影响的文化纪

---

[1] 《鲁迅全集》（第9卷），人民文学出版社1981年版，第395—396页。

念。从生态史的视角观察，也可以发现其历史文化意义。明代文人卢柟《梁苑仙人赋》这样写道："……于是梁苑仙人感焉。被炎洲之翠羽兮缀丹浦之明珰，翳青霞之荴蘥兮乍有无而离光。褰裳凫汀，濯足雁浦。烨若升霄，翩如振羽。……"（《蠛蠓集》卷三）"梁苑"的水泽汀浦，成为带有神仙气息的悠久记忆。

汉代"天马"追求与草原战争的交通动力

对"马"的空前重视，是汉代社会历史的重要现象。"苑马"经营与民间养马活动的兴起，都是值得重视的文化表现。"马政"因执政集团所主持，主要服务于战争，同时又涉及政治史、经济史、交通史和民族关系史。当然，马的繁育和利用，也是体现人与自然生态之关系的重要的社会现象。《史记》卷三〇《平准书》说，汉景帝"益造苑马以广用"，司马贞《索隐》："谓增益苑囿，造厩而养马以广用，则马是军国之用也。"《汉书》卷二四上《食货志上》写作"始造苑马以广用"，颜师古注引如淳曰据《汉仪注》，说到"苑马"经营的规模："太仆牧师诸苑三十六所，分布北边、西边。以郎为苑监，官奴婢三万人，养马三十万疋。"谢成侠《中国养马史》写道，"像这样国家大规模经营养马，至少在公元前的世界史上是罕闻的先例。虽然在公元前 500 年波斯王大流士时代，曾在小亚细亚的美儿亚及亚美尼亚设立牧场养马达五万匹，但后者已成为世界文化史上常被引用的重要资料，而未闻汉帝国大举养马的史迹。"从这样的认识出发，可以体会到秦汉养马史研究在一定意义上是具有世界史意义的课题。汉代养马业为满足"军国之用"取得的进步与"天马"追求有直接的关系。

天马徕，从西极，涉流沙，经万里

《史记》卷二四《乐书》记载，汉武帝得到西域宝马，曾经兴致勃勃地为"天马来"自作歌诗，欢呼这一盛事。当时受到汲黯的批评："凡王者作乐，上以承祖宗，下以化兆民。今陛下得马，诗以为歌，协于宗庙，先帝百姓岂能知其音邪？"汉武帝歌唱"天马"的歌诗，《汉书》卷六《武帝纪》称《天马之歌》《西极天马之歌》。《史记》卷二四《乐书》说，"（汉武帝）尝得神马渥洼水中，复次以为《太一之歌》。歌曲曰：'太一贡兮天马下，沾赤汗兮沫流赭。骋容与兮蹠万里，今安匹兮龙为友。'后伐大宛得千里马，马名蒲梢，次作以为歌。歌诗曰：'天马来兮从西极，经万里兮归有德。承灵威兮降外国，涉流沙兮四夷服。'"据《汉书》卷二二《礼乐志》记载，后者辞句为："天马徕，从西极，涉流沙，九夷服。天马徕，出泉水，虎脊两，化若鬼。天马徕，历无草，径千里，循东道。天马徕，执徐时，将摇举，谁与期？天马徕，开远门，竦予身，逝昆仑。天马徕，龙之媒，游阊阖，观玉台。太初四年诛宛王获宛马作。"其中"天马徕，从西极，涉流沙""历无草，径千里，循东道"等文句，显示"天马"可以作为远域文化交往之象征的意义。

鲁迅曾经面对铜镜这样的文物盛赞汉代社会的文化风格："遥想汉人多少闳放，新来的动植物，即毫不拘忌，来充装饰的花纹。"他就汉唐历史进行总体评价："汉唐虽然也有边患，但魄力究竟雄大，人民具有不至于为异族奴隶的自信心，或者竟毫未想到，绝不介怀。"我们通过《天马之歌》等作品，可以对鲁迅热情肯定的当时民族精神的所谓"豁达闳大之风"(《坟·看镜有感》)，有更深刻的认识。对于汉代艺术风格，鲁迅也曾经有"惟汉人石刻，气魄深沉雄大"(《书信·1935年9月9日致李桦》)的评价。很可能正是在这样的背景下，武威雷台汉墓所见青铜"天马"模型得以设计、制作并收藏。汉代画像资料中，也多见有翼骏马的形象。这些画面，生动真切地体现了民间社会对于"天马"的热切关心。

"天马"由来的三个空间等级

《史记》卷二四《乐书》说，"（汉武帝）尝得神马渥洼水中，复次以为《太一之歌》。……后伐大宛得千里马，马名蒲梢，次作以为歌。"《史记》卷一二三《大宛列传》写道："初，天子发书《易》，云'神马当从西北来'。得乌孙马好，名曰'天马'。及得大宛汗血马，益壮，更名乌孙马曰'西极'，名大宛马曰'天马'云。"汉武帝时代在"西北"方向寻求"神马"，曾经有三种出自不同方位的良马先后被称作"天马"。起初"得神马渥洼水中"，裴骃《集解》引录李斐的解释："南阳新野有暴利长，当武帝时遭刑，屯田燉煌界。人数于此水旁见群野马中有奇异者，与凡马异，来饮此水旁。利长先为土人持勒靽于水旁，后马玩习久之，代土人持勒靽，收得其马，献之。欲神异此马，云从水中出。"说屯田敦煌的中原戍人发现当地野马形态资质有与内地马种不同的"奇异者"，捕收献上，被称作"神马""天马"。随后汉武帝接受张骞出使乌孙之后乌孙王所献良马，命名为"天马"。后来又得到更为骠壮健美的大宛国"汗血马"，于是把乌孙马改称为

"西极"，将大宛马称为"天马"。

据谭其骧主编《中国历史地图集》第2册标示，渥洼水在今甘肃敦煌西南。乌孙国中心赤谷城在今吉尔吉斯斯坦伊什提克，大宛国中心贵山城在今乌兹别克斯坦卡散赛。"天马"所来的三处空间方位，逐次而西。看来，当时人"天马"追求来自神秘文化信仰的理念基础，即所谓"神马当从西北来"之"西北"，是有越来越遥远的变化的。湖北鄂城出土铜镜铭文有"宜西北万里"字样，所体现的文化倾向正与"天马"追求的方向与行程相符。

元封三年（前108），汉王朝出军击破受匈奴控制的楼兰和车师。此后，又以和亲方式巩固了和乌孙的联系。太初元年（前104）和太初三年（前102），为了打破匈奴对大宛的控制并取得优良马种"汗血马"，汉武帝又派遣贰师将军李广利率军两次西征，扩大了汉王朝在西域地区的影响。"天子好宛马，使者相望于道。诸使外国一辈大者数百，少者百余人，人所赍操大放博望侯时。其后益习而衰少焉。汉率一岁中使多者十余，少者五六辈，远者八九岁，近者数岁而反。"（《史记》卷一二三《大宛列传》）可见对"宛马"这种定名"天马"的优良马种的需求，数量相当可观。频繁派出的使团均以满足"天子好宛马"意向为外交主题。"及天马多，外国使来众，则离宫别观旁尽种蒲萄、苜蓿极望。"《索隐述赞》："大宛之迹，元因博

上林繁叶

望。始究河源，旋窥海上。条枝西入，天马内向。葱岭无尘，盐池息浪。旷哉绝域，往往亭障。"所谓"天马内向"，曾经成为体现丝绸之路交通繁荣的文化风景。

"天马""龙为友"神话

名将马援曾说："夫行天莫如龙，行地莫如马。马者甲兵之本，国之大用。安宁则以别尊卑之序，有变则以济远近之难。"(《后汉书》卷二四《马援传》)"马"与"龙"作为"行地"与"行天"体现最优异交通能力的物种相并列。这样的意识应当产生于草原民族特别尊崇马的理念基础之上。秦人注重养马。据《史记》卷五《秦本纪》，"非子居犬丘，好马及畜，善养息之。犬丘人言之周孝王，孝王召使主马于汧渭之间，马大蕃息。""于是孝王曰：'昔伯翳为舜主畜，畜多息，故有土，赐姓嬴。今其后世亦为朕息马，朕其分土为附庸。'邑之秦，使复续嬴氏祀，号曰秦嬴。"秦人立国，由于"好马及畜，善养息之"的基础。秦对上帝的祭祀，"春夏用骍，秋冬用骝。畤驹四匹，木禺龙栾车一驷，木禺车马一驷，各如其帝色。"(《史记》卷二八《封禅书》) 在他们的信仰世界中，马是最好的祭品。

而所谓"木禺龙栾车一驷，木禺车马一驷"，体现"马"与"龙"的神秘关系。

汉武帝对于"天马"的歌颂，也涉及"龙"。《史记》卷二四《乐书》载录《太一之歌》有"太一贡兮天马下""今安匹兮龙为友"句。《汉书》卷二二《礼乐志》作"今安匹，龙为友"，而"太初四年诛宛王获宛马作"者则有"天马徕，龙之媒"句。颜师古注引应劭曰："言天马者乃神龙之类，今天马已来，此龙必至之效也。"

汉武帝的歌诗中"天马""龙为友"的神异形象受到赞美，使我们联想到其他民族古代神话中"马"与"龙"的神异联系。有学者指出，在荷马史诗中，"海神与海马、骏马的形象常常是连在一起的，当希腊人与特洛亚人激战正酣时，海神来到了他的海底宫殿：把他那两匹奔驰迅捷、／长着金色鬃毛的铜蹄马驾上战车，／他自己披上黄金铠甲，抓起精制的／黄金长鞭，登上战车催马破浪；／海中怪物看见自己的领袖到来，／全都蹦跳着从自己的洞穴里出来欢迎他。／大海欢乐地分开，战马飞速地奔驰，／甚至连青铜车轴都没有被海水沾湿／载着他径直驶向阿开奥斯人的船只。"海神与骏马的形象联系在一起，论者归结为"海神、马神"。他们都是希腊人和特洛亚人的保护神。正是在这样的意识背景下，发生了特洛伊"木马"的故事^①。

_____

① 曾艳兵：《为什么是"木马计"》，《文汇报》2018 年 2 月 11 日。

而古代中国的海神，通常是"龙"。关注东西方在交通事业进步的时代海洋与草原条件受到重视的时代背景，思考"天马""龙为友"的神秘形象受到尊崇的深层次的原因，也许是有益的。

"天马"引入与骑兵军团建设

马政开发对于汉王朝军力的增强有非常重要的意义。汉与匈奴军事对比的弱势，首先表现在骑兵的战斗力方面。平城之战，在汉军主力步兵三十二万人尚未抵达的情况下，"冒顿纵精兵四十万骑围高帝于白登，七日，汉兵中外不得相救饷。匈奴骑，其西方尽白马，东方尽青骢马，北方尽乌骊马，南方尽骍马。"(《史记》卷一一〇《匈奴列传》)骑兵军团以战马毛色分列四方，体现出其军事动力资源的优越。而当时中原地方之贫弱，体现于可使用畜力之有限，有"自天子不能具钧驷，而将相或乘牛车"的说法(《史记》卷三〇《平准书》)。汉武帝即位初，在被迫于政治取向方面持消极态势时，曾经以"微行""驰猎"方式释放青春期的狂热激情。《汉书》卷六五《东方朔传》记载，"建元三年，微行始出，北至池阳，西至黄山，南猎长杨，东游宜春。""入山下驰射鹿豕狐兔，手格熊罴，驰骛禾稼稻秔之地。""驰射""驰骛"是一种富有刺激性诱惑的运动。《东方朔传》说汉武帝"微行"的主要随从为"陇西北地良家子能骑射者"。《汉书》卷二八下《地理志下》说"陇西、北地"等地方"皆迫近戎狄，修习战备，高上气力，以射猎为先"，又特别说："汉兴，六郡良家子选给羽林、期门，以材力为官，名将多出焉。"人才地理分布的这一情形，《汉书》卷六九《赵充国传》称作"山西出将"，以为"山西天水、陇西、安定、北地处势迫近羌胡，民俗修习战备，高上勇力鞍马骑射"。少年汉武帝通过"微行""驰猎"亲身体验了骑战方式，又通过这种实践识拔基本资质可以与"戎狄""羌胡"竞争的军事人才。而战马于"骑射""驰骛"的重要意义，自然也可以因此获得切身的体会。

　　匈奴的军事优势突出表现为骑兵的机动性和战斗力。晁错曾经指出匈奴骑士的素质优胜于汉军骑士，"风雨疲劳，饥渴不困，中国之人弗及也。"而战马的选用驯养也领先于汉军："上下山坂，出入溪涧，中原之马弗如也；险道倾仄，且驰且射，中国之骑弗如也。"(《汉书》卷四九《晁错传》）汉武帝建元六年（前135）商议对匈奴的战略，御史大夫韩安国取保守态度，主张维持和亲关系。其理由就是汉军在骑战方面的明显劣势："千里而战，兵不获利。

今匈奴负戎马之足，怀禽兽之心，迁徙鸟举，难得而制也。……汉数千里争利，则人马罢，虏以全制其敝。"(《史记》卷一〇八《韩长孺列传》)怎样理解"匈奴负戎马之足"呢?《盐铁论·备胡》记载"贤良"说:"戎马之足轻利"。随后的说法，可以看作对匈奴骑兵机动灵活的战术的解释:"其势易骚动也。利则虎曳，病则鸟折，辟锋锐而取罢极。"这种军事能力的基本依托，是战马的速度及耐力。据《史记》卷一一〇《匈奴列传》记载，匈奴强势领袖冒顿有盗月氏"善马"及"自射其善马"的事迹。"(头曼)使冒顿质于月氏。冒顿既质于月氏，而头曼急击月氏。月氏欲杀冒顿，冒顿盗其善马，骑之亡归。头曼以为壮，令将万骑。冒顿乃作为鸣镝，习勒其骑射，令曰:'鸣镝所射而不悉射者，斩之。'行猎鸟兽，有不射鸣镝所射者，辄斩之。已而冒顿以鸣镝自射其善马，左右或不敢射者，冒顿立斩不射善马者。"冒顿盗月氏"善马"，"骑之亡归"，在著名的自立部族权威的故事中，又有"以鸣镝自射其善马"的情节，也透露出草原民族对"善马"的特殊爱重。"冒顿既立，是时东胡强盛，闻冒顿杀父自立，乃使使谓冒顿，欲得头曼时有千里马。冒顿问群臣，群臣皆曰:'千里马，匈奴宝马也，勿与。'冒顿曰:'奈何与人邻国而爱一马乎?'遂与之千里马。"这一态度反衬"地者，国之本也"理念的坚定。但是东胡欲得"千里马"及群臣"千里马，匈奴宝马也"语，应当表现了草原民族珍爱优良马种的普遍认识。

《史记》卷三〇《平准书》记载："天子为伐胡，盛养马，马之来食长安者数万匹，卒牵掌者关中不足，乃调旁近郡。"养马业的兴起，直接目的在于"伐胡"。有学者指出，"在发展养马业的同时，汉朝政府还大力引进外来马种，对中原原有马匹进行改良。"经过长期的"选育培养"，"使得内地马种得到根本性的改良，从考古资料看汉代马种较前代大大进步。"① 中原人从草原地方得到好马，是渊源悠久的民族交往形式。如《荀子·王制》所说，"北海则有走马吠犬焉，然而中国得而畜使之。"汉武帝《西极天马歌》"承灵威兮降外国，涉流沙兮四夷服"句，指出汉王朝为"降外国"、"服""四夷"即解决边疆与民族问题，对于"天马"的特殊期待。汉武帝茂陵从葬坑出土鎏金铜马，有学者认为是"马式"②。《后汉书》卷二四《马援传》记载"好骑，善别名马"的名将马援南征，以所缴获骆越铜鼓制作"马式"，上书回顾汉武帝时代故事："孝武皇帝时，善相马者东门京铸作铜马法献之，有诏立马于鲁班门外，则更名鲁班门曰金马门。"被看作

---

① 安启义：《汉代马种的引进与改良》，《中国农史》2005 年第 2 期。

② 张廷皓：《论西汉鎏金铜马的科学价值》，《西北大学学报》1983 年第 3 期；《关于汉代马式》，《农业考古》1986 年第 1 期。

仿拟"天马"制作的"马式"，有益于骑兵部队军马的选用与训练。

汉武帝时名将霍去病号骠骑将军，"秩禄与大将军等"，而"所斩捕功已多大将军"。据说"骠骑所将常选"，裴骃《集解》引张晏曰："谓骠骑常选择取精兵。"（《史记》卷一一一《卫将军骠骑列传》）这样的理解也许并不完整，除"精兵"外，骏骑也应当"常选"。"骠，马行疾皃。"（《集韵·笑韵》）"骠，骁勇也。"（《玉篇·马部》）有人解释说："骠骑，犹云飞骑。"（杜甫《天育骠图歌》仇兆鳌注）霍去病所部战马品质的优异，应当也是常胜的重要条件。

"天马"的军事史地位与文化史地位

晁错说："车骑者，天下武备也。"（《汉书》卷二四上《食货志上》）"天马"的引入，强化了汉王朝骑兵的战斗力。汉武帝发军击大宛取良马，"发天下七科適，及载糒给贰师。转车人徒相连属至敦煌。而拜习马者二人为执驱校尉，备破宛择取其善马云。"（《史记》卷一二三《大宛列传》）对于《汉书》卷六一《李广利传》同样记述，颜师古注："习犹便也。一人为执马校尉，一人为驱马校尉。""执驱"即"择取其善马"的方式，体现汉武帝远征战略的目的是"破宛择取其善马"，其具体措施，也有严密的策划。

当然我们也不能忘记，"天马"西来，所谓"径千里，循东道"，所经行的正是张骞使团的路径。"天马"远来的汉武帝时代，正是当政者积极开拓汉朝的对外交通，取得空前成功的历史时期。当时，据说"殊方异物，四面而至"，"赂遗赠送，万里相奉"（《汉书》卷九六下《西域传下》）。新疆罗布泊地区出土汉代锦绣图案中"登高明望四海"的文字，正体现了当时汉文化面对世界的雄阔的胸襟。"天马"，实际上已经成为体现这一时代中西交通取得历史性进步的一种标志性符号。三国魏人阮籍《咏怀》诗："天马出西北，由来从东道。"唐人王维《送刘司直赴安西》诗："苜蓿随天马，蒲桃逐汉臣。"清人黄遵宪《香港感怀》诗："指北黄龙饮，从西天马来。"都反映"天马"悠远的蹄声，为汉代对外文化交流的成就，保留了长久的历史记忆。"天马"作为一种文化象征，体现着以英雄主义为主题的，志向高远、视界雄阔的时代精神。

"天马徕，从西极"，对于中原社会的文化生活也有积极的作用。杨泓《美术考古半世纪——中国美术考古发展史》指出：汉代"具有艺术效果的雕塑品"，"许多被安置

上林繁叶

在都城长安的宫殿池苑之中"。"至于大型青铜动物雕塑，有武帝得大宛良马后铸造的铜马，立于鲁班门外，并更名为'金马门'。"来自西域的"西极马"和"天马"，对汉代造型艺术产生了明显的影响。"在造型艺术方面，雕塑骏马随之转以'天马'为原型。"从汉武帝时代到东汉时期，"骏马雕塑都一直以'天马'为模写对象，不论是陶塑、木雕还是青铜铸制，也不论是出土于都城所在的西安、洛阳地区，还是河北、甘肃，乃至四川、广西，骏马造型都显示出'天马'的特征，匹匹都塑造得体态矫健，生动传神。"① "天马"以其俊逸雄奇，成为汉代文化风格的典型代表。

---

① 参见杨泓：《美术考古半世纪——中国美术考古发展史》，文物出版社 1997 年 7 月版，第 119、123—124 页。

武威雷台铜马"紫燕骝"说商榷

　　因造型风格优美、铸作工艺精湛而体现出极高艺术价值的武威雷台汉墓出土铜马，已经被确定为中国旅游图形标志。这件特殊的文物虽然海外享誉，却未能天下知名。这是因为对于其定名，一直存在不同的意见，始终未能得到普遍确认的缘故。曾经有"马踏飞燕"说，"马超龙雀"说，"飞廉铜马"说，"马神房星"说，"天马"说等，有的则直称"铜奔马"。后来又有学者注意到南朝沈约诗"紫燕广陆离"，梁简文帝诗"紫燕跃武，赤兔越空"以及李善注谢灵运诗所谓"文帝自代还，有良马九匹，一名飞燕骝"等资料，认为："武威铜马足下的飞燕无疑是用来比喻良马之神速，这种造型让人一看便知其意，所以铜马应直截了当取名为'紫燕骝'或'飞燕骝'，此名恰合古意，最为雅致贴切。"

　　所说李善注文帝良马"飞燕骝"，原文出自《西京杂记》。《太平御览》卷八九六引文写作："文帝自代还，有良马九匹，皆天下骏足也。名曰：浮云、赤电、绝群、逸骠、紫燕骝、绿螭骢、龙子、麟驹、绝尘。号为'九逸'。"我们现在看到的《西京杂记》，卷二有"文帝良马九乘"条："文帝自代还，有良马九匹。皆天下之骏马也。一名浮云、一名赤电、一名绝群、一名逸骠、一名紫燕骝、一名绿螭骢、一名龙子、一名麟驹、一名绝尘，号为'九逸'。"骏马以"紫燕"名，魏晋南北朝时代多见其例。魏刘劭《赵都赋》说到讲武狩猎形势，其良马有"飞兔、奚斯、常骊、紫燕"。南朝宋颜延之作《赭白马赋》，其中写道："将使紫燕骈衡，绿虵卫毂。"李善注引《尸子》："我得而民治，则马有紫燕、兰池。"颜延之《天马状》又说："降灵骥子，九方是选。""水轶惊凫，陆越飞箭。遇山为风，值云成电。"其中也列有"紫燕"。北周庾信的《谢滕王赉马启》也有"翻逢紫燕"的文句，并以"流电争光，浮云连影"赞美其神速。庾信的《三月三日华林园马射赋》又说到"选朱汗之马"事，包括"红阳飞鹊、紫燕、晨风，唐成公之骕骦，海西侯之千里"等。晋张协《七命》也有"驾红阳之飞燕，骖唐公之骕骦"句。李善注认为"红阳飞燕"的意义未能明确，但是他又引录了另一种说法：《骏马图》有"含阳侯骠"，"含阳侯"可能就是"红阳侯"。张铣的解释则明确说"红阳"是"有良马名'飞燕'"的主人。这里所说的"红阳"，应当就是西汉末年的外戚贵族红阳侯王立。《汉书·元后传》关于王立有"五侯群弟""狗马驰逐"的记载，又说他"臧匿亡命，宾客为群盗"，可见此人附庸侠风，而又性好"驰逐"，收养骏马是很自然的。这样，我们可以就成书年代未能十分确定的《西京杂记》一书中汉文帝良马"紫燕骝"的传说，提出在武威雷台铜马铸作之前的西汉时期确有"紫燕"名马的推证。

那么，是不是应当赞同"铜马应直截了当取名为'紫燕骝'或'飞燕骝'"的意见呢？现在看来，还有讨论的必要。

提出武威雷台铜马"紫燕骝"说的学者在否定其他定名时，对于"飞廉铜马"之说的分析最为详尽。论者指出，"飞廉"所指，是人是神，是禽是兽，尚无定论。"两汉之间神话颇多，汉代画像石中常有人骑神兽、驾神龙升天的景象，亦有骑马的形象，但神兽归神兽，马归马，在这些图案中各有定形。""至于《后汉书·董卓传》所说，当是飞廉归飞廉，铜马归铜马……。"而我们所讨论的这件铜铸作品，又何尝不可以说是马归马，燕归燕呢？人们还会问，设计者和铸作者何以要将骏马定名的象征以另一物象置于马的后足之下呢？

如果说"这种造型让人一看便知其意"，最为直接的感觉，应当是骏马对于飞禽的超越。如晋人傅玄《乘舆马赋》所见对良马的形容："形便飞燕，势越惊鸿"。因此，以往所谓"马超龙雀"说的"超"字，是有合理性的。而"铜马应直截了当取名为'紫燕骝'或'飞燕骝'"的意见，则似乎忽略了原器骏马后足踏燕的"超""越"的象征意义。

从武威雷台铜马的造型看，现在还很难以某种古代文献所见名马的名字为其定名，如"紫燕骝""飞燕骝"等等。而且实际上，制作者的原意，也未必是具体象征某一匹马。况且墓主"守张掖长张君"作为偏处西北的一位地方行政官员，以数百年前汉文帝一匹私爱良马的模型随葬，似乎也是不适宜的。

就现有我们对于武威雷台铜马的认识来说，如果一定要确定其名称，不妨暂且称之为"天马"。《史记·大宛列传》记载，汉武帝起初以《易》书卜问，得到"神马当从西北来"的兆示。他接受乌孙王所献良马，命名为"天马"。后来又得到更为骠壮的大宛的"汗血马"，于是把乌孙马改称为"西极"，将大宛马称为"天马"。据说汉武帝为了追求西方的良马，使者往来西域，络绎不绝。《汉书·礼乐志》说，"天马"西来，"径千里，循东道。"入玉门关时尚有良马千余匹之多。地处"东道"之上的张掖，民间一定保留有对于当时情形的鲜明记忆。而护送大宛马的将士曾经得到丰厚赏赐。这对于河西官吏的心理震动，也应当是强烈的。汉武帝得到西域宝马之后，曾经兴致勃勃地作《天马歌》，欢呼这一盛事，其中有"骋容与兮蹻万里"句。而《西极天马歌》之作又写道："天马徕，从西极。经万里兮归有德。承灵威兮降外国，涉流沙兮四夷服。"可以看到，汉武帝渴求"天马"，并非仅仅出于对珍奇宝物的一己私好，而同时借以寄托骋步万里，降服四夷的雄心。"天马"作为一种文化象征，体现着以英雄主义为主题的时代精神。志向高远，视界雄阔，是这种精神的特征。而燕雀，虽常常借喻轻捷，就"志"之命意而言，则大多赋予贬义。陈涉有"燕雀安知鸿鹄之志"的名言。班固在《汉书·公孙弘卜式儿宽传》的赞语中有才志杰出之士曾经困于燕雀之说。他在《王命论》中，也曾经写道："驽蹇之乘，不骋千里之途；燕雀之畴，不奋六翮之志。"南朝梁丘迟《与陈伯之书》又有"弃燕雀之小志"的说法。李白《天马歌》中也能够看到"回头笑紫燕，但觉尔辈愚"的文句。李白笔下与"天马"作对比的"紫燕"，可以理解为"燕雀之畴"，也可以理解为如"紫燕骝"等一般的良马。从这一思路认识武威雷台铜马制作者以马足超跨"燕雀之畴"的构想，可能也是有意义的。

秦汉北边"水草"生态与民族文化史进程

英国历史学家汤因比在《历史研究》中分析了世界历史进程的规律性现象,指出"草原"和"海洋"对于文化交流的作用。他写道:"航海的人民很容易把他们的语言传播到他们所居住的海洋周围的四岸上去。古代的希腊航海家们曾经一度把希腊语变成地中海全部沿岸地区的流行语言。""在太平洋上,从斐济群岛到复活节岛,从新西兰到夏威夷,几乎到处都使用一样的波利尼西亚语言,虽然自从波利尼西亚人的独木舟在隔离这些岛屿的广大洋面上定期航行的时候到现在已经过去了许多世代了。此外,由于'英国人统治了海洋',在近年来英语也就变成世界流行的语言了。"汤因比指出,"在草原的周围,也有散布着同样语言的现象。"就便利交通的作用而言,草原和海洋有同样的意义。草原为交通提供了极大的方便。草原这种"大片无水的海洋"成了不同民族"彼此之间交通的天然媒介"。"草原象'未经耕种的海洋'一样,它虽然不能为定居的人类提供居住条件,但是却比开垦了的土地为旅行和运输提供更大的方便。"① 中国上古文献不使用"草原"这一地理语汇，而注意"善水草"(《史记·李将军列传》)、"水草美"(《史记·淮南衡山列传》)、"水草之利"(《汉书·赵充国传》)条件适宜游牧射猎经济的意义。"逐水草迁徙"、"逐水草移徙"(《史记·匈奴列传》)、"逐水草往来"(《汉书·西域传上》)民族的发育与强盛及其活跃表现，促进了欧亚大陆多元文化的融合与进步。

中原人的"弱水""流沙"视角

上古中原人似乎注意到了"草原"和"海洋"两种地理样态对于文明融汇的相似意义。对于后世所谓"草原"地貌，他们习惯使用"大漠""流沙""瀚海"等似乎与"海洋"有关的称谓。华夏文化的边缘"西至于流沙"(《史记·五帝本纪》)，中原王朝的版图"西被于流沙"(《史记·夏本纪》)，秦始皇宣布其统一帝国的疆域，自称"西涉流沙"(《史记·秦始皇本纪》)。汉武帝歌诗言"天马"之来："天马来兮从西极，经万里兮归有德。承灵威兮降

---

① 〔英〕汤因比：《历史研究》(上册)，曹未风等译，上海人民出版社 1964 年 3 月版，第 234—235 页。

上林繁叶

外国，涉流沙兮四夷服。"（《史记·乐书》）

长期"转牧行猎于塞下"的"胡人"（《汉书·晁错传》），以异族文化风格为中原人所瞩目。对于他们的进取意识和尚力风习，汉人称为"狼心"（《后汉书·南匈奴传》），"其性悍塞"（《后汉书·乌桓传》）。注意到他们与中原文化传统的差异，强调其"贵壮健，贱老弱"，"无冠盖之饰，阙庭之礼"。然而关于双方"礼义"方面的差别，汉使与汉人降匈奴者中行说的辩论，《史记·匈奴列传》有实际记述，却并没有表现出明显的倾向性态度。

出土于湖北鄂城的一面汉镜，铭文可见"宜西北万里富昌长乐"[1]，体现中原人对西北方向的特殊关注。对于西域绝远之国的探索，司马相如赋作言"经营炎火而浮弱水兮，杭绝浮渚涉流沙"（《汉书·司马相如传下》）。相关知识应当在前张骞时代已经向东传布，而博望侯"凿空"之后，则全面影响了社会各阶层的认知。

"北边"草原地方的民族交往与文明冲突

秦汉人习称北部边地为"北边"，时有"北边郡"和

---

① 《鄂城汉三国六朝铜镜》，文物出版社 1986 年 3 月版，图版 46。

"内郡"的对应关系。当时虽然也有"南边"和"西边"的说法，但是"北边"为朝廷上下密切注目，为社会各阶层共同关心。这是因为这个方向存在着匈奴这一强势政治实体。由于交通能力与机动性方面的优势，其军事力量对汉地农耕社会形成严重威胁。

克劳塞维茨《战争论》写道："战争是一种人类交往的行为。"马克思和恩格斯也曾经指出："战争本身""是一种经常的交往形式"。他们特别重视民族关系在这种"交往"中的动态："对野蛮的征服者民族说来，……"，这种形式"被愈来愈广泛地利用着"①。秦汉时期北方草原地区具有军事强势的"征服者民族"匈奴，就曾经"广泛地利用着"这种"交往形式"取得战利。即使在战争状态下，据说"匈奴贪，尚乐关市，嗜汉财物，汉亦尚关市不绝以中之"（《史记·匈奴列传》），依然"关市不绝"。而战争形势的需要，也使得汉王朝兴起马政，发展屯田，繁荣了"北边"经济。汉王朝行政中枢，可以看到"胡巫"影响中原人信仰世界的表演。"胡骑"甚至成建制地在汉军中服务。而"胡贾""入塞"之后在经济生活中的活跃表现，对内地市场产生了激活的作用。而汉家百姓亡入胡地，也将中原掘井筑城等技术带到草原地方，影响了那里的经济

---

① 马克思、恩格斯：《德意志意识形态》，《马克思恩格斯选集》（第1卷），人民出版社 1972 年 5 月版，第 26 页。

上林繁叶

生活。

西域曾经长期为匈奴控制。霍去病部占领河西之后，汉文化向西全面扩张，至于"西域三十六国"（《汉书·百官公卿表上》）。当地民族原本或"其俗土著，耕田"，或为"行国，随畜"（《史记·大宛列传》）。与汉王朝使团的活动有关，相互连接形成"去长安"若干里的定位关系，连贯各个绿洲国家的东西贸易通道实际上已经形成。

武装征伐条件下实力与效率的竞争，使得相关民族的文化气质和民俗风格有所改变。匈奴骑兵"攻战""退兵"，或"如鸟之集"，或"瓦解云散"（《史记·匈奴列传》）。这种节奏急骤，机动性甚强的风格也影响了汉人。据说"迫近戎狄"地方，"修习战备，高上气力，以射猎为先。"（《汉书·地理志下》）人才地理分布于是有"山西出将"之说，就是因为"处势迫近羌胡，民俗修习战备，高上勇力鞍马骑射"（《汉书·赵充国辛庆忌传》）。所谓"高上气力"，指出战争背景导致的英雄主义精神的提升。

各民族日常相互往来，也全面促进了文明的融汇。汉与匈奴的和亲，汉与西域民族的和亲，匈奴与西域民族的和亲，西域民族相互之间的和亲，以及较广阔社会层面的跨民族情爱与婚姻，显著影响了种族人口构成。在物质生活层面，丝绸向西传输，香虇则成为中原人的日常消费品。谷物、牲畜、果品往来，出现了物种流动的新局面。在精神生活层面，礼俗、音乐等东西方互有影响。而纸向西方的传布，则是影响世界文化面貌的重大的历史性进步。

秦汉人抗击匈奴的世界史意义

秦王朝虽然短暂，但因秦人在西北方向长期的活跃表现，以"秦"为标志的民族文化共同体已经在辽阔的空间形成显著影响。两汉时期，西域及北方草原民族仍称中原人为"秦人"。实例见于《史记·大宛列传》《汉书·匈奴传上》《汉书·西域传下》及新疆拜城《刘平国刻石》。关于 China 的语源，有人解释为"丝"，有人解释为"茶"，有人解释为"荆"即"楚"，有人解释为"昌南"即"景德镇"。也有学者以为与稻作有关，是"粳"的译音。而较多学者倾向于由来于"秦"的判断。《美国遗产大词典》的解释是，"China"一词与公元前 3 世纪的秦朝有关。《哥伦比亚百科全书》的编者也主张"China"一称来自公元前 221 年至公元前 206 年的秦王朝。以"秦"为标志性符号的历史阶段对于世界文明进步的贡献，保留了我们民族光荣的久远记忆。

秦汉人抗击匈奴侵扰的重要军事方式是修筑长城。陈序经撰写于1954—1956年的《匈奴史稿》在考察公元前3世纪中原民族与匈奴的关系时写道:"欧洲有些学者曾经指出,中国的修筑长城是罗马帝国衰亡的一个主要原因。他们以为中国修筑长城,使匈奴不能向南方发展,后来乃向西方发展。在公元四五世纪的时候,匈奴有一部分人到了欧洲,攻击哥特人,攻击罗马帝国,使罗马帝国趋于衰亡。"陈序经认为:"长城的作用,主要用于防御匈奴入侵。匈奴之西徙欧洲是匈奴经不起汉武帝和汉和帝的猛烈攻击,但是中国劳动人民所修筑的长城,象征了秦王朝的强盛和阻止匈奴南下掠夺的决心。长城的主要作用是防守,当然,做好了防守同时也为进攻做好准备。长城不一定是罗马帝国衰亡的一个主因,然长城之于罗马帝国的衰亡,也不能说是完全没有关系的。"[①] 匈奴向欧洲迁徙的历史动向,有的学者认为自秦始皇令蒙恬经营"北边"起始,世界民族文化格局因此有所变化[②]。有的学者更突出强调秦始皇直道对于这一历史变化的作用[③]。这样的认识有一定的学术依据,可能也需要进行更充分更深入的论证。

---

① 陈序经:《匈奴史稿》,中国人民大学出版社2007年8月版,第184—185页。
② 比新:《长城、匈奴与罗马帝国之覆灭》,《历史大观园》1985年第3期。
③ 徐君峰:《秦直道道路走向与文化影响》,陕西师范大学出版总社2018年8月版,第158—226页。

赵充国"河湟之间"交通经营的生态史背景

西汉名将赵充国平定羌人暴动，战事艰苦，前线与朝廷行政中枢往来奏报频繁。《汉书》卷六九《赵充国传》所载记录战略设计和军事实施的相关文书，保留了珍贵的军事史和民族史资料。因赵充国策划及实践涉及屯田和运输问题，其中反映"河湟之间"生态环境与交通条件的重要信息，也可以增益我们对汉代生态史、交通史以及交通与生态之关系的认识。

"河湟之间"：赵充国军与羌人共同的活动空间

《史记》卷二〇《建元以来侯者年表》在"太史公本表"之后"营平"条说到赵充国事迹："赵充国以陇西骑士从军，得官侍中。事武帝，数将兵击匈奴，有功，为护军都尉中事昭帝昭帝崩议立宣帝决疑定策以安宗庙功侯封二千五百户。"《史记》卷一一二《平津侯主父列传》"班固称曰"赞颂汉武帝之后，又说："孝宣承统，纂修洪业，亦讲论六艺，招选茂异"，杰出人才之中，"将相则张安世、赵充国、魏相、邴吉、于定国、杜延年"（《汉书》卷五八《公孙弘卜式儿宽传》赞语）。赵充国是"孝宣"时代军事领袖"将"的最突出的代表。

《汉书》卷五四《苏武传》记载："甘露三年，单于始入朝。上思股肱之美，乃图画其人于麒麟阁，法其形貌，署其官爵姓名。唯霍光不名，曰大司马大将军博陆侯姓霍氏，次曰卫将军富平侯张安世，次曰车骑将军龙额侯韩增，次曰后将军营平侯赵充国，次曰丞相高平侯魏相，次曰丞相博阳侯丙吉，次曰御史大夫建平侯杜延年，次曰宗正阳城侯刘德，次曰少府梁丘贺，次曰太子太傅萧望之，次曰典属国苏武。皆有功德，知名当世，是以表而扬之，明著中兴辅佐，列于方叔、召虎、仲山甫焉。凡十一人，皆有传。自丞相黄霸、廷尉于定国、大司农朱邑、京兆尹张敞、右扶风尹翁归及儒者夏侯胜等，皆以善终，著名宣帝之世，然不得列于名臣之图，以此知其选矣。"赵充国被看作"股肱""名臣"，得"图画""麒麟阁"。此"列于名臣之图"的名单中，前引《史记》卷一一二《平津侯主父列传》"班固称曰"所列六人中，又略去"于定国"。

赵充国的主要功绩，是"征西羌"。"河湟之间"，是主要战场，也是汉军与羌人军事演出的主要舞台。清人胡渭《禹贡锥指》卷一〇"黑水西河惟雍州"条说："河湟之间吐谷浑故地，未尝为郡县，故不入雍域。"这一地区其实早有繁荣的早期文明，然而于中原文化重心地方有所隔距。应当说自赵充国时代起，受到汉王朝行政中枢的特殊重视。羌文化与汉文化的碰撞、交往和融合，明显密切起来。

《汉书》卷二七中之上《五行志中之上》："神爵元年秋，大旱。是岁后将军赵充国征西羌。"这是将赵充国战功与生态环境变化联系起来的记载，然而《五行志》作者以此为"炕阳之应"的理念背景，与我们的讨论有所不同。

"河湟之间"生态形势：生产条件与生存环境

《后汉书》卷八七《西羌传》说羌人文化传统与军事实力："所居无常，依随水草。地少五谷，以产牧为业。""其兵长在山谷，短于平地，不能持久，而果于触突，以战死为吉利，病终为不祥。堪耐寒苦，同之禽兽。虽妇人产子，亦不避风雪。性坚刚勇猛，得西方金行之气焉。"
又记述羌人以"河湟之间"作为基本生存空间的情形：

> 羌无弋爰剑者，秦厉公时为秦所拘执，以为奴隶。
> 不知爰剑何戎之别也。后得亡归，而秦人追之急，藏
> 于岩穴中得免。羌人云爰剑初藏穴中，秦人焚之，有
> 景象如虎，为其蔽火，得以不死。既出，又与劓女遇
> 于野，遂成夫妇。女耻其状，被发覆面，羌人因以为俗，
> 遂俱亡入三河间。诸羌见爰剑被焚不死，怪其神，共
> 畏事之，推以为豪。河湟间少五谷，多禽兽，以射猎
> 为事，爰剑教之田畜，遂见敬信，庐落种人依之者日
> 益众。羌人谓奴为无弋，以爰剑尝为奴隶，故因名之。
> 其后世世为豪。

历史地理文献所谓"河湟之间"，或称"河湟之地"，如
《新唐书》卷二〇三下《文艺列传下·吴武陵》；唐人元
稹：《论西戎表》，《元氏长庆集》卷三三《表》；宋人毛
滂：《恢复河湟赋并序》，《东堂集》卷一《赋》；《宋史》
卷二六六《李至传》；《太平寰宇记》卷一五一《陇右道
二》；明人何乔新：《种谔袭取夏嵬名山以归遂城绥州》，
《椒邱文集》卷五《史论·宋》。或称"河湟之壤"，如宋
人宋敏求编：《唐大诏令集》卷七八《典礼·敕·加祖宗

谥号敕》。或称"河湟之土",如宋人真德秀:《直前奏札一》(癸酉十月十一日上),《西山文集》卷三《对越甲藁·奏札》。亦有称"河湟之境"者,如宋人翟汝文:《代贺受降表》,《忠惠集》卷五《表》。《后汉书》卷八七《西羌传》所谓"三河间",李贤注:"《续汉书》曰:'遂俱亡入河湟间。'今此言三河,即黄河、赐支河、湟河也。"《后汉书》卷八七《西羌传》又记述爰剑后世的发展"兴盛":

> 至爰剑曾孙忍时,秦献公初立,欲复穆公之迹,兵临渭首,灭狄豲戎。忍季父卬畏秦之威,将其种人附落而南,出赐支河曲西数千里,与众羌绝远,不复交通。其后子孙分别,各自为种,任随所之。或为牦牛种,越巂羌是也;或为白马种,广汉羌是也;或为参狼种,武都羌是也。忍及弟舞独留湟中,并多娶妻妇。忍生九子为九种,舞生十七子为十七种,羌之兴盛,从此起矣。

被称为"众羌"的部族联盟后来有所分化,"子孙分别,各自为种,任随所之",而主要势力则"独留湟中"。

《后汉书》的记述,"河湟间少五谷,多禽兽,以射猎为事,爰剑教之田畜,遂见敬信,庐落种人依之者日益众",说明羌人主体经济形势由"射猎"至于"田畜"的转变。

这一时期所谓"湟中""河湟间""河湟之间",或包括"赐支河"言"三河间"的地方,应以"田畜"为主要经济形势。当时这一地区的生态环境,较少受到人类活动的破坏。"河湟间少五谷,多禽兽",应当既适应"射猎"经济,也适应"田畜"经济。

了解这一段羌族史,应当注意到这样三个事实。

第一,羌人经济生活和经济生产的形式,有秦人影响的因素。如"羌无弋爰剑者,秦厉公时为秦所拘执,以为奴隶。……后得亡归",这一经历显现出秦文化对羌文化的强势作用。

第二,羌人的发展受到秦人的严重制约,如爰剑故事所谓"秦人追之""秦人焚之"以及"至爰剑曾孙忍时,秦献公初立,欲复穆公之迹,兵临渭首,灭狄獂戎",于是"忍季父卬畏秦之威,将其种人附落而南,出赐支河曲西数千里,与众羌绝远,不复交通"。所谓"与众羌绝远,不复交通",记录了民族史与交通史的重要现象。这样一来,"忍季父卬""将其种人"来到了一个新的环境,自然距离"秦人"的势力更为遥远,避开了"秦之威"。

第三,羌人在草原环境下,具有交通能力方面的优势。部族主体可以进行幅度"数千里"的迁徙。"其后子孙分别,各自为种,任随所之。或为牦牛种,越嶲羌是也；或为白马种，广汉羌是也；或为参狼种，武都羌是也。"体现出极强的机动性。

石棺葬：羌人机动性与草原生态交通
条件考论之一

康巴地区可以看作古代中国西北地区和西南地区的交接带。东部地区的若干影响，也经过这里影响西部地区。有的学者称相关地域为"藏彝走廊"，这一定名是否合理，还可以讨论。然而进行康巴地区的民族考古，确实不能不重视交通的作用。四川省文物考古研究院和故宫博物院组织的 2005 年康巴地区民族考古调查，为这一课题的研究提供了新的资料，打开了新的视窗。康巴民族考古的重要收获之一，是对大渡河中游地区和雅砻江中游地区石棺葬墓地考察所获得的资料。就丹巴中路罕额依和炉霍卡莎湖石棺葬墓地进行的考察以及丹巴折龙村、炉霍城中、炉霍城西、德格莱格石棺葬墓地的发现，都对石棺葬在四川地区的分布提供了新的认识。由西北斜向西南的草原山地文化交汇带，正是以这一埋葬习俗，形成了历史标志。研究者认为，"关于这批石棺葬的族属，这批石棺葬出土的装饰有羊头的陶器，而'羊'与'羌'有着直接的关系，说明这批石棺葬的墓主人可能与羌族有着直接的关系。"① 这一判断，应当看作值得重视的意见。相关资料，可以帮助我们理解《后汉书》卷八七《西羌传》的记载："其后子孙分别，各自为种，任随所之。或为牦牛种，越巂羌是也；或为白马种，广汉羌是也；或为参狼种，武都羌是也。"

正如汤因比曾经指出的，"一般而论，流动的氏族部落及其畜群，遗留下来的那些可供现代考古工作者挖掘并重见天日的持久痕迹，即有关居住和旅行路途的痕迹，在史前社会是为数最少的。"② 与草原交通有密切关系的这种古代墓葬资料，因此有更值得珍视的意义。

已经有研究者指出：炉霍石棺墓出土器物，"具有明显的北方草原文化的风格，表明与北方草原文化有着较密切的联系。"炉霍石棺葬的考古发现，"为早期民族迁徙及文化交流的研究提供了重要材料。"③ 炉霍石棺墓出土带有典

---

① 故宫博物院、四川省文物考古研究院：《2005 年度康巴地区考古调查简报》，《四川文物》2005 年第 6 期。

② 〔英〕汤因比：《历史研究》(修订插图本)，刘北成、郭小凌译，上海人民出版社 2000 年 9 月版，第 114 页。

③ 四川省文物考古研究院、日本九州大学、甘孜藏族自治州文化旅游局、炉霍县文化旅游局：《四川炉霍县宴尔龙石棺葬墓地发掘简报》，《四川文物》2012 年第 3 期。

型北方草原风格特征的青铜动物纹饰牌，构成了这种文物在西北西南地区分布的中间链环。学者在分析这种鄂尔多斯式青铜器与周围诸文化的关系时，多注意到与中原文化之关系，与东北地区文化之关系，与西伯利亚文化之关系[①]，而康巴草原的相关发现，应当可以充实和更新以往的认识[②]。

汤因比在《历史研究》中曾经专门论述"海洋和草原是传播语言的工具"这一学术主题。他写道，"在我们开始讨论游牧生活的时候，我们曾注意到草原象'未经耕种的海洋'一样，它虽然不能为定居的人类提供居住条件，但是却比开垦了的土地为旅行和运输提供更大的方便。"汤因比说，"海洋和草原的这种相似之处可以从它们作为传播语言的工具的职能来说明。大家都知道航海的人民很容易把他们的语言传播到他们所居住的海洋周围的四岸上去。古代的希腊航海家们曾经一度把希腊语变成地中海全部沿岸地区的流行语言。马来亚的勇敢的航海家们把他们的马来语传播到西至马达加斯加东至菲律宾的广大

---

① 田广金、郭素新：《鄂尔多斯式青铜器》，文物出版社 1986 年 5 月版，第 189—191 页。〔日〕小田木治太郎：《オルドス青銅器——遊牧民の動物意匠》，天理大学出版部 1993 年 4 月版，第 1—2 页。

② 参看王子今、王遂川：《康巴草原通路的考古学调查与民族史探索》，《四川文物》2006 年第 3 期，《康巴地区民族考古综合考察》，天地出版社 2008 年 1 月版。

地方。在太平洋上，从斐济群岛到复活节岛，从新西兰到夏威夷，几乎到处都使用一样的波利尼西亚语言，虽然自从波利尼西亚人的独木舟在隔离这些岛屿的广大洋面上定期航行的时候到现在已经过去了许多世代了。此外，由于'英国人统治了海洋'，在近年来英语也就变成世界流行的语言了。"汤因比指出，"在草原的周围，也有散布着同样语言的现象。由于草原上游牧民族的传布，在今天还有四种这类的语言：柏伯尔语、阿拉伯语、土耳其语和印欧语。"就便利交通的作用而言，草原和海洋有同样的意义。草原为交通提供了极大的方便。草原这种"大片无水的海洋"成了不同民族"彼此之间交通的天然媒介"。①1972年版《历史研究》缩略本对于草原和海洋有利于交通的作用是这样表述的："草原的表面与海洋的表面有一个共同点，就是人类只能以朝圣者或暂居者的身份才能接近它们。除了海岛和绿洲，它们那广袤的空间未能赋予人类任何可供其歇息、落脚和定居的场所。二者都为旅行和运输明显提供了更多的便利条件，这是地球上那些有利于人类社会永久居住的地区所不及的。""在草原上逐水草为生的牧民和在海洋里搜寻鱼群的船民之间，确实存在着相似之处。在去大洋彼岸交换产品的商船队和到草原那一边交换

---

① 〔英〕汤因比：《历史研究》（上册），曹未风等译，上海人民出版社1964年3月版，第234—235页。

产品的骆驼商队之间也具有类似这之点。"① 回顾历史，我们看到"草原上游牧民"的交通优势，因"草原"特殊的生态"为旅行和运输明显提供了更多的便利条件"得以实现。羌人以河湟地区为中心向其他方向的移动，正是利用了草原生态条件有利于交通的特点。

"鲜水"：羌人机动性与草原生态交通条件考论之二

草原民族在交通能力方面的优势，是众所周知的历史事实。康巴地方的古代民族利用这种优势在历史文化进程中发挥的特殊作用，已经通过多种考古文物迹象得以显现。地名学信息也可以提供相关证据。例如"鲜水"地名。

《汉书》卷二八上《地理志上》"蜀郡旄牛"条下说到"鲜水"："旄牛，鲜水出徼外，南入若水。若水亦出徼外，南至大莋入绳，过郡二，行千六百里。"《续汉书·郡国志五》"益州·蜀郡属国"条下刘昭《注补》引《华阳国志》也可见"鲜水"："旄，地也，在邛崃山表。邛人自

① 〔英〕汤因比：《历史研究》（修订插图本），刘北成、郭小凌译，上海人民出版社 2000 年 9 月版，第 113 页。

蜀入，度此山甚险难，南人毒之，故名邛崃。有鲜水、若水，一名洲江。"《水经注》卷三六《若水》写道："若水东南流，鲜水注之。一名州江、大度。水出徼外至旄牛道。南流入于若水，又径越嶲大莋县入绳。"陈桥驿校点本作："若水东南流，鲜水注之。一名州江。大度水出徼外至旄牛道。"[①]谭其骧主编《中国历史地图集》标定的"鲜水"，在今四川康定西[②]。而于雅江南美哲和亚德间汇入主流的"雅砻江"支流，今天依然称"鲜水河"。今"鲜水河"上游为"泥曲"和"达曲"，自炉霍合流，即称"鲜水河"。今"鲜水河"流经炉霍、道孚、雅江。道孚县政府所在地即"鲜水镇"，显然因"鲜水河"得名。讨论古来蜀郡旄牛"鲜水"，应当注意这一事实。

王莽诱塞外羌献鲜水海事，见于《汉书》卷九九上《王莽传上》有关元始五年（5）史事的记载："莽……乃遣中郎将平宪等多持金币诱塞外羌，使献地，愿内属。宪等奏言：'羌豪良愿等种，人口可万二千人，愿为内臣，献鲜水海、允谷盐池，平地美草皆予汉民，自居险阻处为藩蔽。……宜以时处业，置属国领护。'"有关西海"鲜

---

① 《水经注》；陈桥驿点校本，上海古籍出版社1990年9月版，第669页。
② 谭其骧主编：《中国历史地图集》（第2册），中国地图出版社1982年10月版，第29—30页。

水"最著名的历史记录，与赵充国事迹有关。《汉书》卷六九《赵充国传》说，赵充国率军击罕、开羌，"酒泉太守辛武贤奏言：'……今虏朝夕为寇，土地寒苦，汉马不能冬，屯兵在武威、张掖、酒泉万骑以上，皆多羸瘦。可益马食，以七月上旬赍三十日粮，分兵并出张掖、酒泉合击罕、开在鲜水上者。'"《汉书》卷六九《赵充国传》中五次说到的"鲜水"，都是指今天的青海湖。谭其骧主编《中国历史地图集》标示作"西海（仙海）（鲜水海）"①。

《山海经·北山经》："……又北百八十里，曰北鲜之山，是多马。鲜水出焉，而西北流注于涂吾之水。"郭璞注："汉元狩二年，马出涂吾水中也。"《史记》卷一一〇《匈奴列传》司马贞《索隐》引《山海经》："北鲜之山，鲜水出焉，北流注余吾。""余吾"显然就是"涂吾"。《史记》卷二《夏本纪》张守节《正义》引《括地志》云："合黎，一名羌谷水，一名鲜水，一名覆表水，今名副投河，亦名张掖河，南自吐谷浑界流入甘州张掖县。"《后汉书》卷六五《段颎传》在汉羌战争记录中也说到张掖"令鲜水"："羌分六七千人攻围晏等，晏等与战，羌溃走。颎急进，与晏等共追之于令鲜水上。"李贤注："令鲜，水名，在今甘州张掖县界。一名合黎水，一名羌谷水也。"可知《山海经》及

---

① 谭其骧主编：《中国历史地图集》（第 2 册），第 33—34 页。

《括地志》所谓"鲜水",又名"令鲜水"。这条河流,谭其骧主编《中国历史地图集》标示为"羌谷水"①。

思考"鲜水"水名在不同地方共同使用的原因,不能不注意到民族迁徙的因素。古地名的移用,往往和移民有关。因移民而形成的地名移用这种历史文化地理现象,综合体现了人们对原居地的忆念和对新居地的感情,富含重要的社会文化史的信息②。"鲜水"地名在不同地方的重复出现,从许多迹象看来,与古代羌族的活动有密切关系。羌族在古代中国的西部地区曾经有非常活跃的历史表演。其移动的机动性和涉及区域的广阔,是十分惊人的③。两汉时期,西海"鲜水"地区曾经是羌文化的重心地域。而张掖"鲜水"时亦名"羌谷水",也透露出羌人活动的痕迹。有学者指出,羌人中的"唐牦"部族"向西南进入西藏",而"牦可能是牦牛羌的一些部落"④。有的学者认

---

① 谭其骧主编:《中国历史地图集》(第 2 册),第 33—34 页。
② 参看王子今、高大伦:《说"鲜水":康巴草原民族交通考古札记》,《中华文化论坛》2006 年第 4 期,《康巴地区民族考古综合考察》,天地出版社 2008 年 1 月版,《巴蜀文化研究集刊》第 4 卷,巴蜀书社 2008 年 3 月版。
③ 参看马长寿:《氐与羌》,上海人民出版社 1984 年 6 月版;冉光荣、李绍明、周锡银:《羌族史》,四川民族出版社 1985 年 1 月版。
④ 李吉和:《先秦至隋唐时期西北少数民族迁徙研究》,民族出版社 2003 年 12 月版,第 60 页。

为，青海高原上的羌族部落，有的后来迁移到川西北地方①。有的学者则说，"迁徙到西藏的羌人还有唐牦。牦很可能是牦牛羌的一些部落。牦牛羌在汉代还有一部分聚居于今四川甘孜、凉山地区，吐蕃也有牦牛王的传说，两者间也许有关系；但要说西藏的牦牛种即是四川牦牛羌迁移而去的尚难于肯定。就地理环境而言，川藏间横断山脉，重重亘阻；古代民族迁移路线多沿河谷地带而行，翻越崇山峻岭是十分困难的。因此，极大可能是羌人中的牦牛部从他们的河湟根据地出发，一支向西南进入西藏，另一支向南进入四川，还有的则继续南下至川南凉山一带。"②也有学者指出，早在秦献公时代，"湟中羌"即"向南发展"，"其后一部由今甘南进入川滇"③。现在看来，蜀郡旄牛"鲜水"确有可能与羌族南迁的史实有关。在羌人迁徙的历史过程中，是可以看到相应的地名移用的痕迹的。有学者指出，"酒泉太守辛武贤要求出兵'合击罕、开在鲜水上者'，是罕、开分布在青海湖。赵充国云：'又亡惊动河南大开、小开'。河南系今黄河在青海河曲至河关一段及到甘肃永靖一段以南地区，即贵德、循化、尖扎、临夏

---

① 闻宥：《论所谓南语》，《民族语文》1981 年第 1 期。
② 冉光荣、李绍明、周锡银：《羌族史》，四川民族出版社 1985 年 1 月版，第 92—93 页。
③ 李文实：《西陲古地与羌藏文化》，青海人民出版社 2001 年 6 月版，第 444—445 页。

等地。阚骃《十三州志》载：'广大阪在枹罕西北，罕、开在焉。'枹罕故城在临夏县境。又《读史方舆纪要》说，'罕开谷在河州西'。河州即临夏。""罕、开羌后来多徙居于陕西关中各地，至今这些地方尚有以'罕开'命名的村落。"① 以同样的思路分析在羌人活动地域数见"鲜水"的事实，应当有益于推进相关地区的民族考古研究。

"湟中羌"和羌人"河湟根据地"的说法，是我们讨论"河湟之间"的生态形势和交通形势时应当注意的。

赵充国屯田与交通建设的生态环境背景

据《汉书》卷六九《赵充国传》，汉宣帝在指示赵充国进军的诏书中写道："今诏破羌将军武贤将兵六千一百人，敦煌太守快将二千人，长水校尉富昌、酒泉候奉世将婼、月氏兵四千人，亡虑万二千人。赍三十日食，以七月二十二日击罕羌，入鲜水北句廉上，去酒泉八百里，去将军可千二百里。将军其引兵便道西并进，虽不相及，使虏闻东方北方兵并来，分散其心意，离其党与，虽不能殄

---

① 冉光荣、李绍明、周锡银：《羌族史》，第59—60页。

灭，当有瓦解者。已诏中郎将卬将胡越伕飞射士步兵二校，益将军兵。"说到"北方兵"进击羌人"入鲜水北句廉上"。诏令明确指示"将军其引兵便道西并进"，以形成区域军事威慑力量的意图。富昌等"击罕羌"，"去酒泉八百里，去将军可千二百里"等语，都是军事交通信息。

赵充国后来注意到"民所未垦，可二千顷以上"的可开垦田地，建议经营"田事"，上屯田奏：

> 计度临羌东至浩亹，羌虏故田及公田，民所未垦，可二千顷以上，其间邮亭多坏败者。臣前部士入山，伐材木大小六万余枚，皆在水次。愿罢骑兵，留弛刑应募，及淮阳、汝南步兵与吏士私从者，合凡万二百八十一人，用谷月二万七千三百六十三斛，盐三百八斛，分屯要害处。冰解漕下，缮乡亭，浚沟渠，治湟陿以西道桥七十所，令可至鲜水左右。田事出，赋人二十亩。至四月草生，发郡骑及属国胡骑伉健各千，倅马什二，就草，为田者游兵，以充入金城郡，益积畜，省大费。今大司农所转谷至者，足支万人一岁食。谨上田处及器用簿，唯陛下裁许。

对于"其间邮亭多坏败者"的关注，是值得注意的。所谓"冰解漕下，缮乡亭，浚沟渠，治湟陿以西道桥七十所，令可至鲜水左右"，都是改善交通条件，利用交通条件的计划。又上状"条不出兵留田便宜十二事"，其中第十一条特别说到了有关交通建设的具体设想：

> 治湟陿中道桥，令可至鲜水，以制西域，信威千里，从枕席上过师，十一也。"

赵充国屯田和交通建设的建议，有"以制西域，信威千里"的考虑，是有战略眼光的设计。

赵充国屯田奏言"至四月草生，发郡骑及属国胡骑伉健各千，倅马什二，就草"，提供了气候史的重要资料。而所谓"计度临羌东至浩亹，羌虏故田及公田，民所未垦，可二千顷以上"，规划耕作羌人曾经垦辟的农田，并垦殖未曾开发的"公田"，自然是有气候条件为保障的。而"羌虏故田"的存在，除有战争因素影响农耕面积之外，或许气候开始转寒也在一定程度上影响了"河湟之间"农耕自然经济的秩序。两汉之际气候条件发生由温暖湿润而寒冷干燥的变化。有迹象表明，这一变化在汉武帝时代之后逐步发生[1]。

---

[1] 竺可桢：《中国近五千年来气候变迁的初步研究》，《考古学报》1972年第1期，收入《竺可桢文集》，科学出版社1979年3月版；王子今：《秦汉时期气候变迁的历史学考察》，《历史研究》1995年第2期。

"河湟漕谷"的水文史料和交通史料意义

赵充国建议以屯田强化军事，包括全面的交通建设："计度临羌东至浩亹，……其间邮亭多坏败者。""愿罢骑兵，留弛刑应募，及淮阳、汝南步兵与吏士私从者，合凡万二百八十一人，……分屯要害处。冰解漕下，缮乡亭，浚沟渠，治湟陿以西道桥七十所，令可至鲜水左右。"

赵充国言："臣前部士入山，伐材木大小六万余枚，皆在水次。"应有水运木材的考虑。这一记载既可说明"河湟之间"森林植被的状况，也可以说明"河湟"水资源的状况。

而屯田军人给养"冰解漕下"可以看作重要的水文史料和交通史料。"湟陿"在今青海西宁东。所谓"冰解漕下"，应是计划利用春汛条件水运木材。按照赵充国的设想，"缮乡亭，浚沟渠，治湟陿以西道桥七十所，令可至鲜水左右"，大约自湟水今海晏以北至西宁以东的河段，都可以放送木排，"鲜水左右"即青海湖附近地方均得以享受水运之利。即称"漕下"，可能在"材木"之外，还包括其他物资的运输。

赵充国在向朝廷的再次奏报中又提出 12 条分析意见，列举屯田的有利之处。赵充国上状曰："臣谨条不出兵留田便宜十二事。步兵九校，吏士万人，留屯以为武备，因田致谷，威德并行，一也。又因排折羌虏，令不得归肥饶之墬，贫破其众，以成羌虏相畔之渐，二也。居民得并田作，不失农业，三也。军马一月之食，度支田士一岁，罢骑兵以省大费，四也。至春省甲士卒，循河湟漕谷至临羌，以视羌虏，扬威武，传世折冲之具，五也。以闲暇时下所伐材，缮治邮亭，充入金城，六也。兵出，乘危徼幸，不出，令反畔之虏窜于风寒之地，离霜露疾疫瘃墯之患，坐得必胜之道，七也。亡经阻远追死伤之害，八也。内不损威武之重，外不令虏得乘间之势，九也。又亡惊动河南大开、小开使生它变之忧，十也。治湟陜中道桥，令可至鲜水，以制西域，信威千里，从枕席上过师，十一也。大费既省，繇役豫息，以戒不虞，十二也。留屯田得十二便，出兵失十二利。臣充国材下，犬马齿衰，不识长册，唯明诏博详公卿议臣采择。""便宜十二事"中，第 5 条是：

　　　　至春省甲士卒，循河、湟漕谷至临羌，以视羌虏，扬威武，传世折冲之具，五也。

提出了待春季以河水、湟水漕运粮食到临羌（今青海湟源南）的计划。水运航路的开辟，又包括黄河上游河道。《资治通鉴》卷二六"汉宣帝神爵元年"记载："循河、湟漕谷至临羌。"胡三省注："临羌县属金城郡，其西北即塞外。"

有的学者根据相关资料指出，当时的黄河和湟水，"水量是相当大的，一旦冰消春至，就可以行船漕谷，放运木排。"[①]

又如《后汉书》卷八七《西羌传》记述"大、小榆谷"战事，其中若干信息可以帮助我们理解赵充国时代的相关历史迹象：

> （汉和帝永元）五年，（聂）尚坐征免，居延都尉贯友代为校尉. 友以迷唐难用德怀，终于叛乱，乃遣驿使构离诸种，诱以财货，由是解散. 友乃遣兵出塞，攻迷唐于大、小榆谷，获首虏八百余人，收麦数万斛，遂夹逢留大河筑城坞，作大航，造河桥，欲度兵击迷唐。

由所谓"收麦数万斛"，可知羌人在这一地区农耕经营的主要作物品种。而"作大航"与"造河桥"并说，可知这

---

① 赵珍：《清代西北生态变迁研究》，人民出版社 2005 年 4 月版，第 54 页。

上林繁叶

里所谓"大航"应当是指大型航船。《水经注》卷二《河水》即写作："于逢留河上筑城以盛麦，且作大船。"陈桥驿指出："这里的'且作大船'，说明内河航运在古代的黄河上游是有所发展的，当然可以通航的河段长度以及航行的规模都不得而知。"[1] 直接言"大船"。大榆谷在今青海贵德东[2]。《资治通鉴》卷四七"汉章帝元和三年"："迷吾子迷唐与诸种解仇结婚交质，据大、小榆谷以叛。"胡三省注："《水经》：河水径西海郡南，又东径允川而历大榆谷、小榆谷北。二榆土地肥美，羌所依阻也。"通过贯友事迹，可知这一地区的黄河河段可以通行排水量较大的船舶。

应当注意到，赵充国所陈述的"循河、湟漕谷至临羌"，似尚在计划之中。而贯友"夹逢留大河筑城坞，作大航"情形，则已经是既成的事实[3]。

据《后汉书》卷八七《西羌传》记载，汉和帝时代，又一次发起河湟屯田："时西海及大、小榆谷左右无复羌寇。隃麋相曹凤上言：'西戎为害，前世所患，臣不能纪古，且以近事言之。自建武以来，其犯法者，常从烧当种

①　《〈水经注〉记载的内河航行》，《水经注研究》，天津古籍出版社1985年5月版，第210页。
②　谭其骧主编：《中国历史地图集》（第2册），第33—34页。
③　参看王子今：《两汉漕运经营与水资源形势》，《陕西历史博物馆馆刊》第13辑，三秦出版社2006年6月版。

起。所以然者，以其居大、小榆谷，土地肥美，又近塞内，诸种易以为非，难以攻伐。南得锺存以广其众，北阻大河因以为固，又有西海鱼盐之利，缘山滨水，以广田蓄，故能强大，常雄诸种，恃其权勇，招诱羌胡。今者衰困，党援坏沮，亲属离叛，余胜兵者不过数百，亡逃栖窜，远依发羌。臣愚以为宜及此时，建复西海郡县，规固二榆，广设屯田，隔塞羌胡交关之路，遏绝狂狡窥欲之源。又殖谷富边，省委输之役，国家可以无西方之忧。'于是拜凤为金城西部都尉，将徙士屯龙耆。后金城长史上官鸿上开置归义、建威屯田二十七部，侯霸复上置东西邯屯田五部，增留、逢二部，帝皆从之。列屯夹河，合三十四部。其功垂立。至永初中，诸羌叛，乃罢。"曹凤所谓"广设屯田，隔塞羌胡交关之路"，以及"殖谷富边，省委输之役"，强调了"屯田""殖谷"在经济意义之外的交通意义。而屯田计划实施进程所谓"列屯夹河"，应是意在利用水运条件。然而现今青海地区黄河与湟水的水文状况，湟水无法实现有经济意义的航运，黄河也不能通行"大航"。

生态史视野中的米仓道交通

蜀道重要线路"米仓道"曾经对于川陕之间的文化沟通和经济联系发挥过突出的作用。"米仓道"在秦汉时期已经发挥交通作用。考察"米仓道"沿途有关"米仓"、"大竹"、"荔枝"、"猿""啸"、"虎"患等历史生态现象，可以得知这条古代道路交通发达时期与现今多有不同的生态环境形势。认识和理解米仓道当时的交通条件，必须以相关考察为基础。对于川陕山地历史时期生态环境的科学研究，也因此可以获得积极的推进。

"米贼""米巫"与"米仓道"名号

经过巴山，联系巴中和汉中的古代道路，即后来称作"米仓道"者，很可能很早就已经开通。但是这条古道通行的早期，似乎并没有明确的定名。

"米仓道"得名或许与"米贼""米巫""巴汉"割据时代刻意经营与频繁利用这条道路有关。思考这一问题，亦应当注意"五斗米道"推进公共交通建设之"义米"制度。《三国志》卷八《魏书·张鲁传》："张鲁字公祺，沛国丰人也。祖父陵，客蜀，学道鹄鸣山中，造作道书以惑百姓，从受道者出五斗米，故世号'米贼'。陵死，子衡行其道。衡死，鲁复行之。益州牧刘焉以鲁为督义司马，与别部司马张修将兵击汉中太守苏固，鲁遂袭修杀之，夺其众。焉死，子璋代立，以鲁不顺，尽杀鲁母家室。鲁遂据汉中，以鬼道教民，自号'师君'。其来学者，初皆名'鬼卒'。受本道已信，号'祭酒'。各领部众，多者为治头大祭酒。皆教以诚信不欺诈，有病自首其过，大都与黄巾相似。诸祭酒皆作义舍，如今之亭传。又置义米肉，县于义舍，行路者量腹取足；若过多，鬼道辄病之。犯法者，三原，然后乃行刑。不置长吏，皆以祭酒为治，民夷便乐之。雄据巴、汉垂三十年。"裴松之注引《典略》："典略曰：熹平中，妖贼大起，三辅有骆曜。光和中，东方有张角，汉中有张修。骆曜教民缅匿法，角为太平道，修为五斗米道。太平道者，师持九节杖为符祝，教病人叩头思过，因以符水饮之，得病或日浅而愈者，则云此人信道，其或不愈，则为不信道。修法略与角同，加施静室，使病者处其中思过。又使人为奸令祭酒，祭酒主以《老子》五千文，使都习，号为奸令。为鬼吏，主为病者请祷。请祷之法，书病人姓名，说服罪之意。作三通，其一上之天，著山上，其一埋之地，其一沉之水，谓之三官手书。使病者家出米五斗以为常，故号曰'五斗米师'。实无益于治病，但为淫妄，然小人昏愚，竞共事之。后角被诛，修亦亡。及鲁在汉中，因其民信行修业，遂增饰之。教使作义舍，以米肉置其中以止行人；又教使自隐，有小过者，当治道百步，则罪除；又依《月令》，春夏禁杀；又禁酒。流移寄在其地者，不敢不奉。"

"米仓关"称谓应当来自"米仓道"。而"米仓道"和"米仓山"定名的先后尚未可知。不过，"米仓道""米仓山""米仓关"名号的由来，应当都与"米"有关。

西汉时期，因气候温湿，黄河流域曾经以稻作为主要农耕形式。然而这一情形因两汉之际气候转为寒冷干旱，发生了变化[1]。笔者参与编写的教材中，有"西汉时期，稻米曾经是黄河流域的主要农产，稻米生产列为经济收益第一宗"的说法，有学者提出驳议，认为："粟才是西汉时黄

---

[1] 竺可桢：《中国近五千年来气候变迁的初步研究》，《考古学报》1972年第1期，收入《竺可桢文集》，科学出版社1979年3月版；王子今：《秦汉时期气候变迁的历史学考察》，《历史研究》1995年第2期。

河流域的主要粮食作物。汉代黄河流域虽确有种植水稻的史证"，然而"不是主要物产"。其实，教材原稿写作：

> 西汉时期，稻米曾经是黄河流域的主要农产。《汉书·东方朔传》说到，关中地区号称"天下'陆海'之地"，其物产包括"粳稻、梨栗、桑麻、竹箭之饶"。稻米生产列为经济收益第一宗。

定稿时可能因为引文过多，删去了这段文字中标有下划线的自"《汉书·东方朔传》说到"至于"竹箭之饶"一句。于是原稿"稻米生产列为经济收益第一宗"的限定地域"关中地区"，变换为"黄河流域"了。其间缺乏论证，"第一宗"之说自然显得突兀。这样的疏误，责任应当由执笔者承担。但是何德章教授以为"粟才是西汉时黄河流域的主要粮食作物"的观点，似乎还可以商榷。即使就整个"黄河流域"而言，当时稻米生产的地位，仍然是不可以忽视的。

提出否定意见的学者说，"西汉初大司农曾改为搜粟都尉，汉文帝时晁错上书言重农，强调'欲民务农，在于贵粟'；'贵粟之道，在于使民以粟为赏罚'，《史记》、《汉书》中关于粟的记录甚多而稻甚少，东汉郑玄述五种即'五谷'，谓'黍、稷、菽、麦、稻'（《史记·五帝本记》），稻居最后，唐颜师古述五谷为'黍、稷、麻、麦、豆'（《汉书·食货志上》），稻甚至不入五谷之数，都说明粟才是西汉时黄河流域的主要粮食作物。"①

首先应当指出，论者引郑玄说出《史记·五帝本记》，颜师古说出《汉书·食货志上》，甚误。应当改正为"《史记·五帝本记》裴骃《集解》引"和"《汉书·食货志上》注"。此外，且不说两位学者一为东汉人，一为唐人，借其所说以说明西汉农业物产，本来就缺乏说服力，而郑玄说见于对黄帝"蓺五种"的解释，颜师古注"种谷必杂五种"："种即五谷，谓黍、稷、麻、麦、豆也"，针对的也是班固所述"先王制土处民而教之之大略也"。所说"五种"都是传说时代事，距离西汉甚为遥远，自然不足以说明西汉农作物在经济生活中的主次。晁错上奏所谓"贵粟"，官职设置所谓"搜粟"，"粟"在这里都是粮食的统称②。所以如此，是由于"粟"曾经是"黄河流域的主要粮食作物"。然而西汉时期情形有所不同。据 20 世纪 80 年代以前汉代墓葬及部分遗址中出土农作物的资料（其中 90% 以上属西汉时期，东汉遗物很少），各地主要农作物

---

① 何德章：《高教版〈中国历史·秦汉魏晋南北朝卷〉的几个问题》，《中国大学教学》2003 年第 8 期。

② 提出否定意见的学者所说"《史记》、《汉书》中关于粟的记录甚多"，原因也与此有关。

遗存，珠江流域的广东是稻、黍；长江流域的湖南是稻、小麦、大麦、黍（稷），湖北是稻、小米。这些地区以稻为先，大家没有异议，而淮河流域的苏北是稻、小米、稷。特别是黄河流域，河南是稻、粟、大麦、小麦、黍、豆、麻、高粱、薏米等，资料来源是洛阳和陕县的汉墓，这两个地区属于黄河流域明确无疑。而陕西的资料，几种主要谷物除糜子、荞麦、高粱、青稞外，其排序为稻、麦、谷子。在黄河流域的主要粮产区河南和陕西，农作物遗存中，稻都列于粟即谷子之前，是值得注意的。在同样属于黄河流域的地区，内蒙古的主要农作物遗存是高粱、荞麦、糜子、谷子、小麦；甘肃则是糜子、荞麦。[①] 这些资料固然是片断的，不完整的，然而至少"粟才是西汉时黄河流域的主要粮食作物"的说法，似乎已经需要进一步的充分论证。

其实，在教材第 119 页"稻米生产列为经济收益第一宗"句后，我们又说到"西汉总结关中地区农耕经验的《氾胜之书》曾经详尽记述了稻作技术"。此后原稿还有一段文字，定稿时因论说过于冗长而删去，现在不妨引录于下：

《汉书·昭帝纪》说到"稻田使者"，反映黄河流

[①] 中国社会科学院考古研究所：《新中国的考古发现和研究》，文物出版社 1984 年 5 月版，第 462 页。

域的稻作经济当时受到中央政府的直接关注。东汉初年，渔阳太守张堪曾经"于狐奴开稻田八千余顷，劝民耕种，以致殷富"（《后汉书·张堪传》），也是有关两汉之际稻区北界的史料。狐奴，地在今北京密云、顺义间。当时稻米生产区的分布形势，是和气候较为温湿的条件相适宜的。

"稻田使者"，如淳注："特为诸稻田置使者，假与民收其税入也。"《汉书·沟洫志》引汉武帝诏："今内史稻田租挈重，不与郡同，其议减。"又贾让奏言通渠之利："若有渠溉，则盐卤下湿，填淤加肥；故种禾麦，更为粳稻，高田五倍，下田十倍。"《汉书·东方朔传》说汉武帝微行游猎事，有"驰骛禾稼稻秔之地"语。《扬雄传下》引《长杨赋》："驰骋稉稻之地"（《文选》卷九作"驰骋秔稻之地"），也说当时关中稻米种植之普遍。西汉总结关中地区农耕经验的《氾胜之书》写道："种稻，春冻解，耕反其土。种稻区不欲大，大则水深浅不适。冬至后一百一十日可种稻。稻地美，用种亩四升。始种稻欲温，温者缺其塍，令水道相直；夏至后大热，令水道错。"又写道："三月种秔稻，四月种秫稻。"西汉长安未央宫前殿 A 区遗址出土木简也有关于"稻"的文字，如"下田中着稻禾及芦苇叶居地京"，"如雪浸浸如雨香味曰如密稻禾一本主"

等^①，也可以作为当时关中稻作经济发展状况的助证。

看来，林甘泉先生主编《中国经济通史·秦汉经济卷》的以下论述应当说是正确的："考古发现的汉代稻谷有22处，出于长江流域及其以南地区12处，淮河流域1处，黄河流域8处，北京1处。在北方地区，随着农田水利的发展，水稻的种植也在扩大。记述北方耕作技术的农书《氾胜之书》把种稻列为重要的一章，介绍其耕种方法，可见当时在黄河流域种稻已经相当普遍。"该章执笔者杨振红先生在引述张堪"于狐奴开稻田八千余顷"事后接着写道："北京植物园所藏北京黄土岗的汉代稻谷遗存是这一地区种稻的有利佐证。河南、河北、陕西、苏北等地均发现了稻谷的遗存。洛阳汉墓出土的稻谷经鉴定为粳稻。"^② 显然，在汉代黄河流域，水稻确实曾经是"主要物产"，至少应当承认是"主要物产"之一^③。

《后汉书》卷一七《冯异传》记载，建武三年（27），车骑将军邓弘与赤眉军战于湖，"大战移日，赤眉阳败，

---

① 中国社会科学院考古研究所：《汉长安城未央宫（1980～1989年考古发掘报告）》，中国大百科全书出版社1996年11月版，图一一〇，第239页。

② 林甘泉主编：《中国经济通史·秦汉经济卷》（上册），经济日报出版社1999年8月版，第229页。

③ 王子今：《关于〈中国历史〉秦汉三国部分若干问题的说明》，《中国大学教学》2003年第9期。

弃辎重走。车皆载土，以豆覆其上，兵士饥，争取之。赤眉引还击弘，弘军溃乱。""时百姓饥饿，人相食，黄金一斤易豆五升。"也说明"豆"在当时很可能已经是民间解决"饥饿"问题的主要口粮。《四民月令》中几乎逐月都有关于"豆"的内容。可见东汉时以洛阳为中心的农业区已十分重视豆类种植。洛阳汉墓出土陶仓有朱书"大豆万石"题记者①，也反映当地豆类作物经营相当普及的事实。汉献帝兴平元年（194），三辅大旱，"是时谷一斛五十万，豆麦一斛二十万，人相食啖，白骨委积。帝使侍御史侯汶出太仓米豆，为饥人作糜粥，经日而死者无降。"（《后汉书》卷九《献帝纪》）"时敕侍中刘艾取米豆五升于御前作糜，得满三盂，于是诏尚书曰：'米豆五升，得糜三盂，而人委顿，何也？'"（《后汉书》卷九《献帝纪》李贤注引袁宏《后汉纪》）袁宏《后汉纪》卷二七记述："于是谷贵，大豆一斛至二十万。长安中人相食，饿死甚众。帝遣侍御史侯汶出太仓米豆，为贫人作糜，米豆各半，大小各有差。"大豆在灾情严重时对于救助饥民有特别重要的意义，而"米豆各半"可以体现太仓储粮品种的大致比例，也可以说明豆久已成为最受重视的农作物之一的事实。曹植著名的《七步诗》以"煮豆燃豆萁"（《曹子建集》卷五）

---

① 洛阳区考古发掘队：《洛阳烧沟汉墓》，科学出版社 1959 年 12 月版，第 112 页。

借喻亲情绝灭，也从一个侧面反映了豆类作物对于黄河流域民间一般社会生活的意义。

农耕作物由以适宜"暑湿"（《史记》卷一二三《大宛列传》）、"可种卑湿"（《史记》卷二《夏本纪》）的稻为主，到可以种植于"高田"，"土不和"亦可以生长的"保岁易为"足以"备凶年"的大豆受到特殊重视，这一农业史的变化，是与气候条件有密切关系的。大豆宜于备荒的意义，见于《氾胜之书》："大豆保岁易为，宜古之所以备凶年也。""三月榆荚时有雨，高田可种大豆。土和无块，亩五升；土不和，则益之。"

王褒《僮约》："九月当获，十月收豆。"（《太平御览》卷五九八引王褒《僮约》）有学者以为可以说明"当时四川地区已进行豆、稻轮作"①。《氾胜之书》关于"区种麦"，说到"禾收，区种。"如此可以实现两年三熟，又如《周礼·地官·稻人》郑玄注引郑司农曰："今时谓禾下麦为荑下麦，言芟刈其禾，于下种麦也。"豆麦复种之例，则见于孙诒让《周礼正义》引《周礼·秋官·薙氏》郑玄注："又今俗谓麦下为夷下，言芟夷其麦以种禾、豆也。"《三国志》卷五八《吴书·陆逊传》记载，陆逊临襄阳前线，面对强敌而镇定自若，"方催人种葑豆，与诸将弈棊

---

① 桑润生：《大豆小传》，《光明日报》1982 年 9 月 3 日。

射戏如常。"可见当时豆类作物在江汉平原亦得以普遍种植。长沙走马楼简记载孙吴政权征收"豆租""大豆租"情形，说明豆的种植在长沙地方的推广①。《艺文类聚》卷八引《华阳国志》曰："朱仓少受学于蜀郡，豆屑饮水以讽诵。同业等怜其贫，给米，仓终不受。"《太平御览》卷八四一引《益部耆旧传》说同一故事："朱仓字卿云，之蜀从处士张宁受《春秋》，籴小豆十斛，屑之为粮，闭户精诵。宁矜之，敛得米二十石。仓不受一粒。"似乎可以说明蜀地亦豆易"籴"而米难"敛"。

《三国志》卷二二《魏书·陈群传》记载："太祖昔到阳平攻张鲁，多收豆麦以益军粮。"笔者曾经以为似可"说明'豆麦'是当地主要农产"，即阳平地方主要农产。然而原文记载："太和中，曹真表欲数道伐蜀，从斜谷入。群以为'太祖昔到阳平攻张鲁，多收豆麦以益军粮，鲁未下而食犹乏。今既无所因，且斜谷阻险，难以进退，转运必见钞截，多留兵守要，则损战士，不可不熟虑也'。帝从群议。"仔细分析上下文意，可知曹操"到阳平攻张鲁""军粮"应经历"转运"，而并非当地搜敛。所谓"多收豆麦"，应是关中农产品。

而通过张陵"造作书"，"从受道者出五斗米，故世

① 王子今：《长沙走马楼竹简"豆租""大豆租"琐议》，《简帛》第3辑，上海古籍出版社2008年10月版。

号'米贼'"的历史事实（《三国志》卷八《魏书·张鲁传》），可知这一实力派军阀集团所控制的巴、汉地区，当时的农耕形势，仍然以稻米生产为主。

《说文·仓部》："仓，谷藏也。苍黄取而臧之。故谓之仓。从食省。口象仓形。凡仓之属皆从仓。"对于所谓"仓，谷藏也"，段玉裁注："藏当作臧。臧、善也。引伸之义、善而存之亦曰臧。臧之之府亦曰臧。俗皆作藏。分平去二音。谷臧者、谓谷所臧之处也。《广部》曰：府、文书藏。库、兵车藏。廥、刍稾藏。"对于所谓"苍黄取而臧之"，段玉裁注："苍、旧作仓。今正。苍黄者、匆遽之意。刘获贵速也。""米仓道""米仓关"名号所见"米仓"，说明"米仓道""米仓关"联系和控制的地区，当时是重要的稻米生产基地，收成除满足基本消费需求外应当有一定剩余，可以储积即"取而臧之"。

《后汉书》卷七五《刘焉传》："张鲁以（刘）璋闇懦，不复承顺。璋怒，杀鲁母及弟，而遣其将庞羲等攻鲁，数为所破。鲁部曲多在巴土，故以羲为巴郡太守。鲁因袭取之，遂雄于巴汉。"樊敏的职务跨越巴郡、汉中。张鲁"部曲多在巴土"，后来又有对汉中的控制。所谓"雄于巴汉"，说明巴郡、汉中地方因交通条件的便利，构成了有共同文化特色的区域。"巴汉"成为这一区域的代号[1]。因

---

① 参看王子今：《米仓道与"米贼""巴汉"割据》，《陕西理工学院学报》（社会科学版）2013年第2期。

上林繁叶

气候变迁而发生的许多地方主要农作物由水稻而豆麦的转换，显示出一种经济生活重大变局的发生。然而在这样的形势下，"巴汉"地方却独得"米仓"称号，体现这里仍然坚守着传统稻米生产传统，亦以稻米收获之丰饶著称于世。这一历史迹象，无疑有生态环境史研究者应当重视的意义。

"大竹"和"大竹路"

米仓道的重要路段在唐宋时期曾经有"大竹路"之称。

宋李昉等编《太平广记》卷三九七《山》引《玉堂闲话》："兴元之南有大竹路，通于巴州。其路则深溪峭岩，扪萝摸石，一上三日，而达于山顶。行人止宿，则以缳蔓系腰，萦树而寝，不然则堕于深涧，若沈黄泉也。复登措大岭，盖有稍平处，徐步而进，若儒之布武也。其绝顶谓之'孤云''两角'。彼中谚云：'孤云两角，去天一握。'淮阴侯庙在焉。昔汉祖不用韩信，信遁归西楚。萧相国追之，及于兹山，故立庙貌。王仁裕尝佐褒梁帅王思同南伐巴人，往返登陟，留题于淮阴祠曰：'一握寒天古木深，路人犹说汉淮阴。孤云不掩兴亡策，两角曾悬去住心。不是冕旒轻布素，岂劳丞相远追寻。当时若放还西楚，尺寸中华未可侵。'若其崎岖险峻之状，未可殚言也。"事亦见宋欧阳修《五代史记注》卷五七，明曹学佺《蜀中广记》卷二五引《玉堂闲话》。今按：关于"兴元之南"发生"昔汉祖不用韩信，信遁归西楚。萧相国追之"故事以及"淮阴侯庙"、"淮阴祠"等纪念遗存的情形，可以参看王子今、王遂川：《米仓道"寒溪"考论》(《四川文物》2013年第2期)。

对于"大竹路"得名原因，蓝勇经考察研究，发表了这样的意见："有人认为是因为古道经过宋代的大竹镇、大竹县（今渠县）而名，但历史上洋渠古道也经过大竹县为什么不叫大竹路呢？看来，这种看法太牵强。笔者在汉中市访问了杨涛同志，他认为巴山多竹，乡民多称巴山为竹山，故有大竹路之称。《方舆汇编·职方典》中记载：'小巴山，在（西乡）县西南二百五十里，上产木竹笋，贾客贩卖。'①佐证了以上事实。最有说服力的是徒步逾米仓山，考察古道见古道两旁竹林丛生，浮盖如林海。竹林按海拔高度垂直分布，下为乔竹，中有水竹、慈竹，山顶为木竹。由此可知，言其为大竹路，是名符其实的。"蓝勇又写道："从宋元米仓关下至石羊，竹林丛生。""从关坝

---

① 原注：《古今图书集成》卷529《方舆汇编·职方典》。

翻米仓山，道路盘折，路甚陡险。至石羊附近后，竹林阴森，古道为竹林所盖，如行竹洞，道路更加曲折。"[1] 推想汉时植被，应当更具有原始特征。

有唐代即已置"大竹县"的说法。《蜀中广记》卷五四《蜀郡县古今通释第四·川北道属》"大竹县"条："唐则天时析邻水县置。《纪胜》曰：'达州之地有大竹、小竹。'盖与县接壤者。《本志》云：'地产大竹，砍伐时有白兔走出，始创白兔寺，因以名邑。此邑旧省邻山，宋绍兴复置。'"宋乐史撰《太平寰宇记》卷一三八《山南西道六》"渠州"条："大竹县，北六十里。旧六乡，今五乡。亦汉宕渠县地，后为流江县。唐久视元年，分今宕渠县东界置属蓬州，以邑界多产大竹为名。至德二年，割属渠州。宝历中与邻水县同废，其后又置。按《通典》此邑旧隶蓬州，今属渠州。"明李贤等撰《明一统志》卷六八《保宁府》和《大清一统志》卷二九九《顺庆府》也说到"大竹县"："大竹县在州北一百六十里，本汉宕渠县地。晋属巴西郡，隋属宕渠郡，唐分宕渠县东界置大竹县，属蓬州。省入邻山县，宋复置，属渠州。元并邻山、邻水二县入焉。本朝改今属，后仍置邻水县，编户一十四里。"明梁潜撰《泊庵集》卷六《序》《送某知县序》："大竹在巴蜀

① 蓝勇：《米仓道踏察与考证》，《四川文物》1989 年第 2 期，收入《古代交通生态研究与实地考察》，四川人民出版社 1999 年 8 月版。

之东南，四面皆大山，无舟车之往来，使者行部，终岁不一至。其民尤朴，而其习尤醇。"我们现在不能确知"大竹路"是因"大竹县"得名，还是相反。但是即使前者可信，而"大竹县"得名，也是因为"地产大竹"。

《四川通志》卷二五《山川·直隶达州太平县》又说到"大竹河""大竹渡"，也是巴山地名："大竹河一名北江，自县东黄墩山发源，经城口山，黄溪大竹渡共西流三百里入陕西紫阳县界，为任河，入汉江。"可知巴山确实"地产大竹"。但是此所谓"大竹"是否就是考察者所见"古道两旁竹林丛生，浮盖如林海"者呢？也许还值得思索。蓝勇教授所见米仓道"竹林按海拔高度垂直分布，下为乔竹，中有水竹、慈竹，山顶为木竹"，也许多年如此。《南江县志》第二编《实业志·农》说："县境当巴山西麓，老林甚多，竹木相间，连亘数百里，所谓巴山老林也。"同书第二编《物产志·植物》又写道："竹有斑竹、水竹、筋竹，而慈竹为用尤广。高山之木竹、簳叶竹亦可作造纸料。"《南江县志》第二编《物产志·动物》又说："竹鼺生竹林最多之处，伏土中啮食竹根。"也是当地竹林繁茂的证据。[1]"大竹路"得名时代，标志性的竹林也许并非近现代人所见"乔竹""水竹、慈竹""木竹"，而有可能

---

[1] 《南江县志》，民国11年岁次壬戌仲秋月初版，成都聚昌公司代印。

是横径更大的竹种。

明人程敏政作《劋大竹》言："蜀贼赵铎据栈口以叛，边吏奉诏，率松潘兵东下败贼于大竹。铎死。作《劋大竹》第四。"其歌曰："劋大竹，竹裂瓦。鼓田田，振原野。弗工者谁，驾骃马。旅拒王人，坚壁下。緪栈与阁，道不可假。我师蹙之，旗夜襫。六番来同，自黎雅。孰定民痛，若赘与瘕。大钺殲之，血流赭。躏厥逋人，若土苴。川沴消，奏章夏。右《劋大竹》二十二句。十二句，句三字。十句，句四字。"（〔明〕程敏政：《篁墩文集》卷六一《歌曲》）所说"栈口""栈""阁"，应与蜀道密切相关。

据包含蜀地方言史料的文献，蜀中所谓"大竹"可截以为容器，其横径可观。元陶宗仪撰《说郛》卷三三下《锦里新闻》："郫人劋大竹，倾春酿于中，号'郫筒酒'。"明曹学佺撰《蜀中广记》卷六五《方物记第七·酒谱》引《古郫志》："县人劋大竹，倾春酿其中，号'郫筩酒'。相传山涛为郫令，用筠管酿荼蘼作酒，兼旬方开，香闻百步。"将其渊源追溯到很早。明何宇度撰《益部谈资》卷中也写道："郫筒酒，乃郫人劋大竹为筒，贮春酿于中。相传山涛治郫，用筠管酿醾醿作酒，经旬方开，香闻百步。今其制不传。"所谓"郫人劋大竹，倾春酿于中"之"劋大竹"，与程敏政诗作题名完全相同。而其中"据栈口"以及"緪栈与阁，道不可假"云云，说明明代蜀道"栈口"地方依然生存可以以其"筒"或作"箭"酿酒的"大竹"。

这种"大竹"，有可能是直径可达10厘米的刚竹（*Phyllostachys bambusoides*），甚至直径约16厘米的箣竹（*Bumbesa stenostachya*）或直径达18厘米的毛竹（*Phyllostachys pubescens*）[1]。这一情形，与现今的生态形势已经大不相同。应当考虑到，在气候条件较为温暖湿润的战国至西汉时期，竹类生长区界较现今远推至北方[2]。当时民间较普遍使用竹器，甚至陶器、铜器的造型也有仿竹器的筒形器或箭形器[3]。

米仓道历史地名"木竹关"，也说明当时这条古路沿途以竹林为典型标志的植被特征。民国十一年《南江县志》第一编《交通志·道路》说"北至南郑路二支线三"，其中一条"支线"：

　　由冶城二十里马跃溪稍东北行三十里赶场溪三十里蔡

[1]　参看《辞海·生物分册》，上海辞书出版社1975年12月版，第338—339页。

[2]　参看竺可桢：《中国近五千年来气候变迁的初步研究》，《竺可桢文集》，科学出版社1979年3月版；王子今：《秦汉时期气候变迁的历史学考察》，《历史研究》1995年第2期。

[3]　参看王子今：《试谈秦汉筒形器》，《文物季刊》1993年第1期。

家沟四十里贵民关三十里沙坝二十里木竹关接通江县界，一百里界牌接南郑县界，一百三十里南郑县。

《南江县志》第二编《物产志·动物》又说："竹鼦生竹林最多之处，伏土中啮食竹根。"也是当地竹林繁茂的证据[①]。由冶城至南郑，途中有两处称作"关"的地名，考察米仓道线路变迁的学者应予注意。前引民国十一年《南江县志》第二编《物产志·植物》所说"高山之木竹"或与"木竹关"定名有关，只是我们现在尚不能确定所谓"木竹"具体的竹种。

"树有荔支"

文焕然讨论秦汉时代中国荔枝地理分布的大势，以为大致与现代相类似[②]。这样的结论，也许还有必要进行认真的考察，以甄别考定。《华阳国志》卷一《巴志》说，

① 《南江县志》，民国 11 年岁次壬戌仲秋月初版，成都聚昌公司代印。

② 文焕然：《从秦汉时代中国的柑橘、荔枝地理分布大势之史料来初步推断当时黄河中下游南部的常年气候》，《中国历史时期植物与动物变迁研究》，重庆出版社 1995 年 12 月版。

其地"北接汉中""其果实之珍者，树有荔支……。"应是荔枝生存的确切证据。

蜀中出产荔枝，见于文献记载。据明曹学佺撰《蜀中广记》，荔枝产地有嘉定州（〔明〕曹学佺：《蜀中广记》卷一一《名胜记第十一·上川南道》），叙州府宜宾县（《蜀中广记》卷一五《名胜记第十五·下川南道》），重庆府巴县、江津县（《蜀中广记》卷一七《名胜记第十七·上川东道》）、合州（《蜀中广记》卷一八《名胜记第十八·上川东道》）。乾隆《四川通志》卷二六《古迹》记载，江津县有"荔枝园"，忠州有"荔枝楼"，涪州有"荔枝园"，宜宾县有"荔枝亭"。又："宜宾县：东楼。在县东北，唐建。杜甫诗：重碧拈春酒，轻红擘荔枝。楼高欲愁思，横笛未休吹。"乾隆《四川通志》卷二七《古迹》记载："直隶嘉定州：荔枝楼。在州南，宋建。"乾隆《四川通志》卷三八之六《物产》记载各地荔枝，有成都府、重庆府、直隶嘉定州、直隶泸州。据《嘉庆重修一统志》，叙州府有"荔枝厅"、"荔枝滩"（《嘉庆重修一统志》卷一四五《叙州府》），嘉定府和忠州有"荔枝楼"（《嘉庆重修一统志》卷一四八《嘉定府》，卷一五二《忠州》），重庆府有"荔枝园"（《嘉庆重修一统志》卷一四三《重庆府》）。资料表明，唐宋时期蜀中不少地方有荔枝出产。

米仓道沿线也发现了古来荔枝生长的遗迹。

四川平昌有"荔枝"地名。现代曾有"荔枝乡"建置。其地在通江河东岸，有荔枝溪由东向西汇入通江河，临近小宁城址。这处称作"荔枝"的地方，突破了前引诸种方志所记述蜀地荔枝分布的区域，也超出了以往研究者以"秦汉时代"为主要考察对象所论历史时期"荔枝地理分布大势"的有关生态史认识[①]，值得特别注意。

平昌在米仓道沿线。通江河路线也是米仓道线路之一。此处地名"荔枝"显示的新的信息，具有生态史研究者应当重视的价值。

至于米仓道"树有荔支"植被条件的早期年代，由《华阳国志》的记述，可以大略确知。

"巴南""闻猿"

人们熟知，巴江"猿啼"是唐宋诗作中常见"行路难"和乡思意境的寄抒方式。然而所说"巴江"通常是指三峡中"巴峡"航路，与我们讨论米仓道水运路线不同。

---

① 　文焕然：《从秦汉时代中国的柑橘、荔枝地理分布大势之史料来初步推断当时黄河中下游南部的常年气候》，《中国历史时期植物与动物变迁研究》，重庆出版社 1995 年 12 月版，第 133 页。

不过，通过岑参的《巴南舟中夜书事》诗，可以了解米仓道巴江水路舟行可以感受"猿啼"的明确信息：

> 渡口欲黄昏，归人争渡喧。近钟清野寺，远火点江村。见雁思乡信，闻猿积泪痕。孤舟万里外，秋月不堪论。[1]

诗题"巴南"，指示了确定的地理位置。江上"孤舟"浮行，除了渐次面对"渡口""野寺""江村"。"黄昏""秋月""远火"景观之外，"猿"声、"钟"声、"归人争渡喧"的音声交响，也导致特殊的行旅生活感受[2]。其中所谓"闻猿积泪痕"，透露了明确的米仓道巴江航道两侧有"猿"生存的信息。

《蜀中广记》卷二五《名胜记第二十五·川北道·保宁府二·巴州》引录严武《巴岭答杜二见忆》诗：

> 卧向巴山落月时，两乡千里梦相思。可但步兵偏爱酒，也知光禄最能诗。江头赤叶枫愁客，篱外黄花菊对谁。跋马望君非一度，冷猿秋雁不胜悲。

---

[1] 〔宋〕王安石编：《唐百家诗选》卷三。
[2] 参看王子今：《唐人米仓道巴江行旅咏唱》，《重庆师范大学学报》（哲学社会科学版）2013 年第 3 期。

（《石仓历代诗选》卷四六）据宋蔡梦弼《草堂诗话》卷上《名儒嘉话》记述，引致严武作答的，是杜甫寄严武诗：

> 杜公寄严诗云：何路出巴山，重岩细菊班。遥知簇鞍马，回首白云间。

所谓"何路出巴山"，当然是指蜀道巴山线路。"遥知簇鞍马，回首白云间"，是真确的行旅生活写真。严武答诗"冷猿秋雁不胜悲"句，可以使人们认知这样的事实，即米仓道沿线野生动物分布是包括"猿"的。

《太平广记》卷四四六《畜兽·猿下》"王仁裕"条引录出自《王氏见闻》的故事，"王仁裕尝从事于汉中，家于公署。巴山有采捕者献猿儿焉，怜其小而慧黠，使人养之，名曰'野宾'。呼之则声声应对。经年则充博壮盛，縻絷稍解，逢人必啮之，颇亦为患。仁裕叱之则弭伏而不动，余人纵鞭棰亦不畏。"后来屡屡闯祸，"于是颈上系红绡一缕，题诗送之。曰：'放尔丁宁复故林，旧来行处好追寻。月明巫峡堪怜静，路隔巴山莫厌深。栖宿免劳青嶂梦，跻攀应惬碧云心。三秋果熟松梢健，任抱高枝彻晓吟。'又使人送入孤云两角山，且使縻在山家，旬日后方解而纵之，不复再来矣。后罢职入蜀，行次嶓冢庙前汉江之壖，有群猿自峭岩中连臂而下，饮于清流。有巨猿舍群而前，于道畔古木之间，垂身下顾，红绡彷佛而在。从者指之曰：'此野宾也。'呼之声声相应。立马移时，不觉恻然，及耸辔之际，哀叫数声而去。及陟山路转壑回溪之际，尚闻呜咽之音，疑其肠断矣。遂继之一篇曰：'嶓冢祠边汉水滨，此猿连臂下嶙峋（《五代诗话》作"饮猿连臂"，民国11年《南江县志》引作"群猿连臂"）。渐来子细窥行客，认得依稀是野宾。月宿纵劳羁绁梦，松餐非复稻粱身。数声肠断和云叫，识是前年旧主人。'"虽然是小说家言，故事的发生和传播却应有生态环境史实的基础。乾隆《陕西通志》卷九八《拾遗一·风雅》和民国十一年《南江县志》第四编《志余杂录》都引录这一故事。后者据《全唐诗话》。《五代诗话》卷二《中朝》"王仁裕"条引此故事，言出《王氏见闻录》。"入蜀，行次嶓冢庙前汉江之壖"句，作"入蜀行至汉江之壖"，不言"嶓冢"，应是理解"群猿"活动在南江。这一处理方式反映一种对生态史的认识。其实，"巴山有采捕者献猿儿"情节，已经可以作为探索猿猴是否曾在米仓道沿线地方活动的重要信息。

《蜀中广记》引录"巴州"诗作又有任约《题西龛》诗："门径森寒柏，小桥穿竹溪。澄江朱槛北，晚照碧岩西。修竹清泉逗，高楠邃阁齐。虚廊面青壁，危栈跨丹梯。绝顶舒平席，遥峰出半圭。轩窗俯星斗，襟袖拂云霓。甘露春膏浃，浓岚昼霭迷。岭猿悲夜啸，谷鸟响晴啼。唐寺南龛近，巴城东郭低。杯流故池水，崖刻古人题。酷暑不能到，清风如镇携。何年脱缰锁，来此养真栖。"自注："今岁甘露降于龛前松柏也。"（〔明〕曹学佺：《蜀中广记》卷二五《名胜记第二十五·川北道·保宁府二·巴州》）所说"西龛"、"南龛"均是"唐寺"遗存。其创建时期自隋代始①。这些佛教遗存，体现了米仓道交通系统中的宗教宣传形式。诗句所谓"危栈""丹梯"，"绝顶""遥峰"可能是说佛龛摩崖当时建筑结构，但是借以理解米仓道总体通行形式中栈道的艰险，或许也是可以的。"澄江""巴城"是米仓道在这一路段的重要坐标，而"岭猿悲夜啸，谷鸟响晴啼"句所见"岭猿"，也是可以证明米仓道存在"猿"的实例。

民国 11 年《南江县志》第四编《艺文志》录岳贞《归蜀至连云栈》诗，有"谷通飞鸟出，峡响啸猿幽"句。"啸猿"似乎可以看作米仓道峡谷中的特殊风景。

《南江县志》第二编《物产志·动物》说到"野猴"："肉味不佳而皮甚有用，山民间有猎获者。"② 或许亦应理

---

① 《中国文物地图集·四川分册》，文物出版社 2009 年 9 月版，下册，第 926—927 页。
② 《南江县志》，民国 11 年岁次壬戌仲秋月初版，成都聚昌公司代印。

解为米仓道沿线野生动物分布近世仍有猿猴生存的旁证。

虎逐行旅

历史上"虎患"或"虎灾"致使交通受阻的情形，文献记载和文物资料均有体现。汉代的相关记录，反映了这种对于生态史与交通史影响深刻的现象。

《太平广记》卷四三三《虎八》有"王行言"条，讲述了秦人王行言行米仓道途中遇虎的故事：

> 秦民有王行言，以商贾为业常贩盐鬻于巴渠之境。路由兴元之南，曰大巴路，曰小巴路。危峰峻壑，猿径鸟道，路眠野宿，杜绝人烟，鸷兽成群，食啖行旅。行言结十余辈少壮同行，人持一拄杖，长丈余，铦钢铁以刃之，即其短枪也。

所谓"猿径鸟道"说到"猿"。而"鸷兽成群，食啖行旅"者，应是指危害行人的猛兽。王行言一行遭遇了"猛虎"的袭击：

上林繁叶

才登细径，为猛虎逐之。及露宿于道左，虎忽自人众中攫行言而去。同行持刃杖逐而救之，呼喊连山，于数十步外夺下，身上挐攫之踪，已有伤损。平旦前行，虎又逐至。其野宿，众持抢围，使行言处于当心。至深夜，虎又跃入众中，攫行言而去。众人又逐而夺下，则伤愈多。行旅复卫而前进。白昼逐人，略不暂舍，或跳于前，或跃于后。时自于道左，而出于稠人丛中，攫行言而去，竟救不获，终不伤其同侣，须得此人充其腹，不知是何冤报，逃之不获。

故事据说"出《玉堂闲话》"。虽然是小说家言，但是所反映"猛虎"在"曰大巴路，曰小巴路"交通道路左近的活跃，应当是大体符合历史真实的。

《玉堂闲话》作者王仁裕，五代人，新旧《五代史》均有传。其事迹又可参看《十国春秋》卷四四《前蜀十·王仁裕传》。《宋史》亦可见有关米仓道虎患的记载。《宋史》卷六六《五行志四·金》："太平兴国三年，果、阆、蓬、集诸州虎为害。遣殿直张延钧捕之，获百兽。俄而七盘县虎伤人，延钧又杀虎七，以为献。"《文献通考》卷三一一《物异考十七·毛虫之异》文字略异："太宗太平兴国三年，果、阆、蓬、集州虎为害，遣殿直张延钧捕之，获百数。俄而巴州七盘县虎伤人，延钧又获七，以皮为献。"果州州治在今四川南充东北，阆州州治在今四川阆中东北，蓬州州治在今四川仪陇南①。集州州治在难江，即今四川南江，辖境相当今四川南江、通江等县地②。正当米仓道方向。这一地区虎患的严重，竟然惊动了国家中枢，专门派遣近卫军官前往捕杀。据谭其骧主编《中国历史地图集》标注，北宋巴州七盘镇在今四川巴中西北，位于巴中与旺苍之间③。史为乐主编《中国历史地名大辞典》说，"七盘县，唐久视元年（700）置，属巴州。治所在今四川巴中市西北一百二十里。一说在今巴中市西南一百四十里花丛场。《寰宇记》卷139七盘县：'因山为名。'北宋熙宁三年（1070）废入恩阳县。"④亦应属于考察米仓道交通体系应当关注的地方。而"七盘""因山为名"之说，很可能与山路盘纡有关。

明代汉中附近山区再次出现严重的虎患。崔应科《捕虎记》写道："惟兹汉郡，幅员多山。蕞尔西乡，尤处山薮。忆昔神为民庇，民无物害，……未闻猛虎潜据于中，以为民戕者。"然而，"夫何迩年，神慈泛爱，虎豹成

①③　谭其骧主编：《中国历史地图集》（第6册），中国地图出版社1982年10月版，第29—30页。

②　史为乐主编：《中国历史地名大辞典》（下册），中国社会科学出版社2005年3月版，第2571页。

④　史为乐主编：《中国历史地名大辞典》（上册），中国社会科学出版社2005年3月版，第21页。

群，自沔山峡，白额恣虐。初掠牛羊于旷野，渐窥犬豕于樊落，底今益横，屡报残人。昏夜遇之者糜，白昼触之者碎。"作者感叹道："父兄拊膺而力不能救，妻子长号而魂无所招。以致山居者门户昼扃，食力者耕樵路绝。"而交通道路也因此断绝，"置邮莫必其命，商贾为之不通。"（〔清〕严如熤主修：嘉定《汉中府志》卷二六《艺文志中》）米仓道很多路段都处于"山薮""山峡"之中，"置邮"与"商贾"的正常交通，应当也受到严重的影响。

民国11年《南江县志》第四编《艺余杂录》录有王经芳诗作。王经芳"康熙十九年知南江县，时三藩倡乱，蜀江新定"，他的《从汉中取径南江短述》是经行米仓道的纪行诗。其中写道："樊林渡涧只啼乌，绝迹村烟山径迂。每拟相如窥世业，胡为阮籍泣穷途。人藏深谷烦招抚，虎啸巉岩间有无。欲绘流离难着笔，不胜感慨共长吁。"① 所谓"虎啸巉岩间有无"，明确说到"从汉中取径南江"途中"深谷""樊林"之间虎的生存。米仓道的交通安全因此受到危害。

"山径""虎啸"已经成为久远的历史回忆。而现今米仓道沿线地方虎的绝迹，有自然条件的因素，人类的活动应当是更重要的原因。

---

① 《南江县志》，民国11年岁次壬戌仲秋月初版，成都聚昌公司代印。

秦汉时期的"虎患""虎灾"

　　秦二世三年（前207），刘邦军已经进入武关，秦王朝危在旦夕。《史记》卷六《秦始皇本纪》记载了秦二世的一场恶梦，"二世梦白虎啮其左骖马，杀之。"因为白虎啮杀乘车系驾的马，秦二世"心不乐"，询问"占梦"者，得到的解释是"泾水为祟"。秦二世于是前往刘邦进军的相反方向，来到泾水旁的望夷宫，准备祠祀泾水之神，沉四白马。赵高指使阎乐发动宫廷政变，秦二世自杀。秦始皇继承者走向人生的终点，竟然是由于猛虎为害的梦像。

　　秦汉时期的自然环境和生态条件和现今有所不同。植被和野生动物的分布也有今人不易理解的形势。当时人有"江淮之有猛兽，犹北土之有鸡豚也"的说法（《后汉书》卷四一《宋均传》）。关于孙权事迹，《三国志》卷五二《吴书·张昭传》所谓"虎常突前攀持马鞍"，《三国志》卷四七《吴书·吴主传》所谓"马为虎所伤"，也反映由于当地经济开发落后于中原地区，华南虎分布的数量曾经十分惊人。虎对人类生产和生活的危害，成为值得注意的历史现象。《后汉书》卷四一《宋均传》说到九江郡情形，"郡多虎暴，数为民患，常募设槛穽而犹多伤害。"《资治通鉴》卷四五"汉明帝永平七年"称之为"虎患"。《三国志》卷一一《魏书·邴原传》裴松之注引《原别传》说："辽东多虎，（邴）原之邑落独无虎患。"人们又称这种危害为"虎灾"（《后汉书》卷七九上《儒林传上·刘昆》）。

大致在东汉时期，"虎患""虎灾"相当严重。当时的画像遗存于是多有表现虎的画面。据《续汉书·五行志一》刘昭注补引《袁山松书》说："光和三年正月，虎见平乐观，又见宪陵上，啮卫士。"平乐观在洛阳城西近郊。邓骘率军击羌，汉安帝曾经"车驾幸平乐观饯送"（《后汉书》卷一六《邓骘传》）。《后汉书》卷三六《张玄传》说，平日高级官僚西行，"贵人公卿以下当出祖道于平乐观。"《后汉书》卷六九《何进传》还记载，汉灵帝时，大将军何进曾"讲武于平乐观下"。可知这里曾经是洛阳车马会聚、人声喧腾的重要社交中心之一。宪陵是汉顺帝陵，据《帝王世纪》，距离洛阳不过十五里。汉灵帝光和三年（180）正月，距顺帝入葬不过三十五年，推想仍当维护精心，禁卫严密。《韩非子·内储说上七术》和《战国策·魏策二》可以看到"市有虎"的说法，然而只见于游士论辩之辞，用以说明无稽流言的危害，汉人王充《论衡·累害》称之为"市虎之讹"。而东汉时"虎患""虎灾"竟确实危及京都附近宫苑重地和皇家陵区，显然是惊人的历史现象。《论衡·遭虎》曾经说到"虎时入邑，行于民间"的情形，《论衡·解除》又可见所谓"虎狼入都"事。看来平乐观和宪陵发现猛虎，可能并不是孤立的现象。

汉光武帝建武年间，刘昆任弘农郡太守。《后汉书》卷七九上《儒林传上·刘昆》记载："先是崤、黾驿道多虎灾，行旅不通。（刘）昆为政三年，仁化大行，虎皆负子度河。"宋均任九江太守，推行善政，传说"虎相与东游度江"。虎"度河""度江"的奇闻与地方行政长官行"德政"有关的说法，显然不可取信。事实上，"虎患""虎灾"的发生，是与自然灾异有关的。《淮南子·泰族》与《修务》说，虎生存于"高山深林""茂草"之中。《后汉书》卷三八《法雄传》说，"（南阳）郡滨带江沔，又有云梦薮泽，永初中，多虎狼之暴。"也说到"虎狼之暴"与环境的关系。《论衡·遭虎》也写道，"山林草泽，虎所生出也。"时人已有"大虎一头三日食一鹿，一虎一岁百二十鹿"的估算（《三国志》卷二四《魏书·高柔传》裴松之注引《魏名臣奏》载柔上疏），可知在天灾导致山林植被枯坏，多种草食动物生存条件急骤恶化因而数量剧减的情况下，虎作为以捕食动物为生的猛兽，因食物严重缺乏，往往不得不作索食迁移，其主要活动地域可能发生变化。

而生存环境的改变，又可以导致性情的变易，如自我抑制反射能力的变化，可以轻易激发兴奋并迅即转而侵略性攻击等。天灾引起的人类社会的变化，也可以导致虎的生存方式的转变。《论衡·遭虎》所谓"城且空也，草虫入邑"，就大致反映了这种情形。

刘昆故事所谓"虎灾"，很可能与《后汉书》卷一下《光武帝纪下》所记载建武五年（29）"水旱蝗虫为灾"有一定联系。法雄故事所谓"永初中，多虎狼之暴"，也可能与当时严重的自然灾害有关。《后汉书》卷五《安帝纪》记载，延平元年（106）乃至永初元年（107）至六年（112），连年大灾。法雄所在南阳，明确列为重灾区之首。而光和三年（180）"虎见平乐观，又见宪陵上"事，也很可能与前此数年的连续灾荒有因果关系。

秦汉时期，"虎患""虎灾"往往直接造成对交通运输的严重危害。最典型的史例，当然是刘昆故事所见"崤、黾驿道多虎灾，行旅不通"事。曹操《苦寒行》诗："北上太行山，艰哉何巍巍！""熊罴对我蹲，虎豹夹路啼。"也形容"虎豹夹路"威胁下交通之艰险。行旅"遭虎狼毒虫犯人"情形，也见于《抱朴子·登涉》。河南南阳市郊出土汉画像石有车骑出行画面，前列突遇猛虎，仓促张弓迎射。南阳七孔桥汉墓出土画像石，刻画两乘轺车，前后共有七排导骑驺从。最后两名驺骑返身弯弓回射一追扑的猛虎。前车所乘尊者及多名随从仍回顾惊视。

《淮南子·时则》说：仲冬之月，"虎始交"。《淮南子·地形》又说，虎"七月而生"。都说明人们已经注意并且逐渐地初步了解了虎的习性。西汉酷吏严厉整治违法者的设置，称"虎穴"（《汉书》卷九〇《酷吏传·尹赏》）。可知人们对"虎穴"的畏惧。樊晔任天水太守，"政严猛"，凉州民间流传歌谣："宁见乳虎穴，不入冀府寺。"李贤注："乳，产也。猛兽产乳护其子，则搏噬过常，故以喻也。"（《后汉书》卷七七《酷吏传·樊晔》）也是同样的例证。《后汉书》卷四七《班超传》可见"不入虎穴，不得虎子"壮语，又《三国志》卷五四《吴书·吕蒙传》所谓"不探虎穴，安得虎子？"则都突出表现出当时人们与"虎患""虎灾"抗争的智与勇。传说当时有"御虎""禁虎"之术，又可见"斗虎"技艺表演。汉代画像中多见击虎、射虎、刺虎的画面，也体现出面对"虎患""虎灾"较为积极的态度。

太史公笔下"鼠"的故事

　　云梦睡虎地和天水放马滩出土的秦代简牍文书中，都有民间日常选择时日吉凶的用书《日书》。睡虎地秦简《日书》和放马滩秦简《日书》中都可以看到用以纪时和占卜的十二种动物。这十二种动物有时与十二地支对应，类同后来的十二生肖。有人认为，或许可以看作后世十二生肖的雏形。两种战国秦代《日书》中的十二种动物和后来的十二生肖并不完全相同。但是都有"鼠"与地支"子"相互对应 ①。在《史记》成书之前，"鼠"已经进入社会纪年方式之中。作为博闻多智的历史学者，司马迁当然熟悉相关的知识。

　　由于关于司马迁的生卒年，学界存在争议。我们现在还不能确知他的生命过程经历了几个"鼠"年。但是我们读《史记》，体味其中有关"鼠"的故事，也是很有意思的事。

---

① 李菁叶：《睡虎地秦简与放马滩秦简〈日书〉中的十二兽探析》，《南都学坛》2011 年第 5 期。

地名记忆："鸟鼠""鸟鼠山""区鼠"

《史记》的第二篇，《史记》卷二《夏本纪》中引录了中国早期地理学文献《禹贡》。《禹贡》标榜夏禹，论说天下人口分布、物产资源与入贡中央的交通路径。《禹贡》列入《尚书》，被看作儒学经典。据史念海先生考察，《禹贡》成书在战国时，应当是当时魏国学者著述，体现了梁惠王追求霸业的雄心。所表现的理念，是"要象夏禹那样协和万邦，四海会同"，这当然也与实现大一统局面的理想有关①。《禹贡》说到雍州地形，其山脉有"西倾、朱圉、鸟鼠，至于太华"。汉代学者孔安国解释："西倾、朱圉，在积石以东。鸟鼠，渭水所出，在陇西之西。"关于"朱圉"，李学勤先生经实地考察，发表了《清华简关于秦人始源的重要发现》②，有精彩的论述。"鸟鼠"，是西北地方常见的野生动物。《史记》卷一一〇《匈奴列传》介绍匈奴儿童的生存能力训练"儿能骑羊，引弓射鸟鼠"，体

---

① 史念海：《论〈禹贡〉的著作年代》，《河山集》二集，生活·读书·新知三联书店1981年5月版。

② 《光明日报》2011年9月8日。

现了这一情形。关于对周秦崛起，影响中国历史走向发生重要作用的"西倾、朱圉、鸟鼠，至于太华"地方，《史记》卷二《夏本纪》的相关文字，注家有很多解说。其中可以看到有关"鸟鼠""鸟鼠山""鸟鼠同穴""鸟鼠同穴之山"的文字。孔安国说："鸟鼠共为雌雄同穴处，此山遂名鸟鼠，渭水出焉。"张守节《正义》引《括地志》说，《山海经》已经出现"鸟鼠同穴之山"的说法。而郭璞《山海经图》有《飞鼠赞》，说到会飞翔的"鼠"："或以尾翔，或以髯凌。飞鸣鼓翰，倏然背腾。固无常所，唯神所凭。"我们读《史记》说到的"鸟鼠""鸟鼠同穴"，是会联想到近期大家都关心的一种野生动物"蝙蝠"的。《初学记》卷二九关于"鼠"的主题之下，说到"鼺鼠夷由"："似蝙蝠，肉翅，飞且乳。"指出这是一种会飞翔的哺乳动物。又引郑氏《玄中记》说："百岁之鼠，化为蝙蝠。"

大概当时人们的动物学知识中，有关"鼠"和"蝙蝠"的关系并不十分明了。于是有"百岁之鼠""唯神所凭"的理解。但是秦汉社会生活中"鼠"的多种形式的介入，在《史记》中是可以看到反映的。

地名往往可以保留丰富的历史文化信息。以"鼠"字作为地方标志性符号，应该有特殊的涵义。除"鸟鼠"外，《史记》中还可以看到"区鼠"地名。《史记》卷一五《六国年表》："（赵）与韩会区鼠。"《史记·赵世家》：

"与韩会于区鼠。"《史记》卷四五《韩世家》："与赵会区鼠。""魏会区鼠。"看来"区鼠"应当是三晋地方。这一地名"鼠"字的意义，我们已经不能清楚解说。《战国策·齐策三》出现"淄鼠"地名，高诱注以为"赵邑"。民国学者金正炜《战国策补释》卷三写道："'淄鼠'疑即'区鼠'。""'区''淄'音近而歧。"这样的意见，可以参考。不过，无论是"区鼠"还是"淄鼠"，《中国历史地图集》和《中国历史地名大辞典》都没有著录，其空间位置不能知晓，地名由来也难以探究。

"鱼鳖鸟鼠，观其所处"

《史记》卷二七《天官书》有一段话讲天地万象的自然演进和生息变迁："天开县物，地动坼绝。山崩及徙，川塞溪垙；水澹地长，泽竭见象。城郭门闾，闰臬枯枯；宫庙邸第，人民所次。谣俗车服，观民饮食。五谷草木，观其所属。仓府厩库，四通之路。六畜禽兽，所产去就；鱼鳖鸟鼠，观其所处。鬼哭若呼，其人逢俉。"地貌形态和天候变迁等环境条件，社会文化和经济生活等世态风景，生产与经营，情感与信仰，都在天人之际的复杂关系之中生成与变易。其中"六畜禽兽，所产去就；鱼鳖鸟鼠，观其所处"，说到与人类生产生活相关的动物。大致可以理解，"禽兽"和"鱼鳖鸟鼠"，是说野生动物。这里应当说明，"动物"这一生物学概念，《史记》已经使用。《史记》第一篇，卷一《五帝本纪》说"黄帝之孙"，帝颛顼高阳"制义治气以教化"，同时"絜诚以祭祀"，取得了成功，"北至于幽陵，南至于交阯，西至于流沙，东至于蟠木。动静之物，大小之神，日月所照，莫不砥属。"关于所谓"动静之物"，张守节《正义》解释说："动物谓鸟兽之类，静物谓草木之类。"前者我们今天仍然称"动物"，后者则称"植物"。其实，《周礼·地官·大司徒》已经使用了"动物"和"植物"这样的语汇："以土会之法辨五地之物生。一曰山林，其动物宜毛物，其植物宜皂物，其民毛而方。二曰川泽，其动物宜鳞物，其植物宜膏物，其民黑而津。三曰丘陵，其动物宜羽物，其植物宜覈物，其民专而长。四曰坟衍，其动物宜介物，其植物宜荚物，其民皙而瘠。五曰原隰，其动物宜赢物，其植物宜丛物，其民丰肉而庳。"我们在这里不讨论"五地"即五种不同地理条件具体的野生动物分布和植被形态以及居民的生性，主要关注和现今生物学术语一致的"动物""植物"概念的最初生成。正史使用"动物""植物"语汇，最早见于《后汉书·马融传》载录马融的《广成颂》。而"动物""植物"统说的，则见于《宋书·符瑞志上》："（圣人）能君四海而役万物，使动植之类，莫不各得其所。"但是许多迹象表明，在司马迁的知识结构中，已经有对"动植之类"即如前引《史记》卷二七《天官书》中所说的"六畜禽兽"和"五谷草木"的分别关注。所谓"鱼鳖鸟鼠"中的"鼠"，因为有与人类社会生产和社会消费密切相关的活跃表现，自然早已进入这位史学家的视野。

《史记》卷九九《刘敬叔孙通列传》说，叔孙通曾经以"鼠窃狗盗"蔑称反秦的暴动民众"群盗"，可知"鼠"在日常生活中造成的危害，是人们都熟悉的。广州汉墓出土的陶灶模型，有鼠在灶台左近活动的形象。四川崖墓发现的石刻画像，有蹲坐的犬口衔鼠的画面，有人称作"狗咬耗子"。内蒙古汉墓出土陶仓，多以彩绘或堆塑方式制作成鸮的形象。有人认为这是欲借用鼠的天敌的威慑力镇伏鼠患对粮食储备的危害。河西汉墓出土木雕动物形象，有人称作"木虎"，有人称作"木猫"。虎也是猫科动物。这种文物遗存也许有益于探讨猫的驯宠的历史。汉代遗址猫骨的出土，也提供了有意义的启示[1]。《艺文类聚》卷九三引《东方朔传》有这样一段文字，说骠骑将军霍去病责难诸博士，东方朔予以机智的回答："干将莫耶，天下

---

[1] 王子今：《大葆台汉墓出土猫骨及相关问题》，《考古》2010年第2期。

之利剑也。水断鹄雁，陆断马牛。将以补履，曾不如一钱之锥。骐骥騄耳，天下之良马也。将以捕鼠于深堂，曾不如跛猫。"如果这一记载可信，那么，在司马迁生活的时代，已经有了以"猫""捕鼠"的克服鼠患的方式。

赵奢的比喻："两鼠斗于穴中"

对于战国时期的军事史记录，《史记》多有生动的文字传世。赵国名将赵奢论战，曾经以"鼠"比喻。《史记》卷八一《廉颇蔺相如列传》写道，"秦伐韩，军于阏与。王召廉颇而问曰：'可救不？'对曰：'道远险狭，难救。'又召乐乘而问焉，乐乘对如廉颇言。又召问赵奢，奢对曰：'其道远险狭，譬之犹两鼠斗于穴中，将勇者胜。'王乃令赵奢将，救之。"赵奢是在面对勇悍的秦远征军的临战形势下说这番话的，所谓"其道远险狭，譬之犹两鼠斗于穴中，将勇者胜"，体现出决战决胜的英雄主义气概。

对这次战役的记述，《史记》卷五《秦本纪》写道："（秦昭襄王）三十八年，中更胡阳攻赵阏与，不能取。"《史记》卷四三《赵世家》记载："赵使赵奢将，击秦，大破秦军阏与下，赐号为马服君。"《史记》卷八一《廉颇蔺相如列传》也说："赵奢破秦军阏与下。"

战国时期的天下形势，如《史记》卷一一二《平津侯主父列传》所记述，"强国务攻，弱国备守，合从连横，驰车击毂，介胄生虮虱，民无所告愬"，又如《史记》卷六《秦始皇本纪》引贾谊《过秦论》所说，"伏尸百万，流血漂卤"。所谓"诸侯争强，战国并起，甲兵不休"（《盐铁论·未通》），强调了当时战争的激烈。赵奢以"譬之犹两鼠斗于穴中"比喻战场形势。"两鼠斗于穴中"，生动地形容"道远险狭"，作战艰难。《史记》保留了一个勇敢军人体现"战国构兵，更相吞灭，专以争强攻取为务"（《中论》卷下《历数》）之时代精神的生动鲜活的语言史料，值得我们珍视。而其中有关"鼠"的文字，说明对话双方赵奢、赵惠文王，以及太史公本人，都是熟悉这种动物的生活习性的。人们日常知识中对"鼠"的活动特点的了解，还体现于《史记》卷一〇七《魏其武安侯列传》记述的语言"首鼠两端"。

我们在汉代数学名著《九章算术》的《盈不足》部分看到有这样一道算题："今有垣厚五尺，两鼠对穿。大鼠日一尺，小鼠亦日一尺。大鼠日自倍，小鼠日自半。问几何日相逢？各穿几何？答曰：二日、十七分日之二。大鼠穿三尺四寸、十七分寸之十二，小鼠穿一尺五寸、十七分寸之五。术曰：假令二日，不足五寸。令之三日，有余三尺七寸半。"说两只老鼠迎向穿穴，要打通厚五尺的墙垣，"大鼠"的进度是一天一尺，第二天速度会增倍。"小鼠"的进度也是一天一尺，但是效率会逐日减半。问：多少天两只老鼠会相遇，各自掘进的尺度是多少。答曰：二日又十七分之二日两只老鼠可以会师。届时"大鼠"穿三尺四又十七分之十二寸，"小鼠"穿一尺五又十七分之五寸。这一算题的设定，体现当时人们对"鼠""穿""垣"的情形是相当熟悉的。所谓"大鼠日自倍，小鼠日自半"，说明人们对"鼠"的"穿""垣"能力的观察非常细致。而"垣厚五尺，两鼠对穿"，在穴中"相逢"时刻，和赵奢所说"两鼠斗于穴中"的场景，还是有几分相似的。

李斯的人生启示："厕中鼠"与"仓中鼠"

秦王朝名相李斯，是为秦实现统一以及秦帝国的行政建设多有贡献的政治家。他在狱中上书秦二世，自陈"臣为丞相，治民三十余年矣"，有"罪七"，实际上自述七个方面"有功"的政治表现。其中第一条就是"兼六国"，"立秦为天子"。李贽曾经评价他和秦始皇共同设计的秦的政体："此等皆是应运豪杰、因时大臣，圣人复起，不能易也。""始皇出世，李斯相之，天崩地坼，掀翻一个世界。"（《史纲评要》卷四）他所力倡的中央直接管理郡县的行政格局，按照王夫之的说法："郡县之制，垂二千年而弗能改矣，合古今上下皆安之，势之所趋，岂非理而能然哉?"（《读通鉴论》卷一）

李斯走向成功的人生道路，起步时竟然有与"鼠"相关的故事。《史记》卷八七《李斯列传》开篇就记载了他早年的励志故事："李斯者，楚上蔡人也。年少时，为郡小吏，见吏舍厕中鼠食不絜，近人犬，数惊恐之。斯入仓，观仓中鼠，食积粟，居大庑之下，不见人犬之忧。于是李斯乃叹曰：'人之贤不肖譬如鼠矣，在所自处耳！'"这里说"为郡小吏"，按照司马贞《索隐》的解释，只是"乡小吏"，引"刘氏云'掌乡文书'"。李斯少年时，身份为底层小吏，看到住处的"厕中鼠"，食用的是不清洁的物品，活动地点离人和狗都比较近，经常因此惊恐。李斯进入粮仓，又看到"仓中鼠"，吃的是数量充备的"积粟"，居住空间宽敞高大，又不会面对频繁受到人和狗侵扰之忧。李斯想，同样都是"鼠"，却有这样鲜明的差别。于是感叹道：人的境遇高显或者卑下，人的事业成功或者失败，就像"鼠"一样，全在自己选择位置。

李斯于是追随荀卿学"帝王之术"。学成于楚国，但是判断"楚王不足事"，又看到"六国皆弱"，发现"今秦王欲吞天下，称帝而治，此布衣驰骛之时而游说者之秋也"，决心"西入秦"。后来成为有作为的政治家。《史记》卷八七《李斯列传》的《索隐述赞》写道："鼠在所居，人固择地。"也突出强调了李斯"观仓中鼠"故事的意义，用以启示《史记》的读者。

顾炎武诗作《有叹》涉及李斯言行："少小事荀卿，佔毕更寒暑。慨然青云志，一旦从羁旅。西游到咸阳，上书瘝英主。复有金石辞，粲烂垂千古。如何壮士怀，但慕仓中鼠。……"（《顾亭林先生诗笺注》卷一四）李斯"慨然""粲烂"的"壮士怀"，竟然因"慕仓中鼠"得以激发，确实是古来人才史、人才思想史、个人奋斗史中的非常有意思的情节。《史记》保留了这样难得的心理记录，是我们应当感谢司马迁的。

丝路"火山国"知识："白鼠皮""火浣布"

司马迁撰作《史记》的时代，是中国史的英雄时代，也是我们民族发展进程中多有进取的时代。其中一项非常重要的成就，就是经张骞出使西域，正式打通了中原往西北方向开拓文化交往机会的路径。《史记》最早记录了这一对于世界文明史具有特殊意义的重大进步，称之为"张骞凿空"(《史记》卷一二三《大宛列传》)。

"骞身所至者大宛、大月氏、大夏、康居，而传闻其旁大国五六，具为天子言之。"张骞将"身所至"即亲自考察和得自"传闻"的关于中亚世界的地理与人文知识带到长安，丰富了中原人对于天下的认识。

《史记》卷一二三《大宛列传》记述了关于"安息"的信息："安息在大月氏西可数千里。其俗土著，耕田，田稻麦，蒲陶酒。城邑如大宛。其属小大数百城，地方数千里，最为大国。临妫水，有市，民商贾用车及船，行旁国或数千里。以银为钱，钱如其王面，王死辄更钱，效王面焉。画革旁行以为书记。其西则条枝，北有奄蔡、黎轩。"对于这段话的解释，张守节《正义》引《后汉书》说到"在西海之西"的"黎轩"或称"犁鞬"，也就是"大秦"的物产："大秦一名犁鞬，在西海之西，东西南北各数千里。有城四百余所。土多金银奇宝，有夜光璧、明月珠、骇鸡犀、火浣布、珊瑚、琥珀、琉璃、琅玕、朱丹、青碧，珍怪之物，率出大秦。""大秦"，是汉晋时对罗马帝国的称呼。张守节《正义》引录的三段文字都说到"火浣布"。除了《后汉书》外，还有万震《南州志》云："海中斯调洲上有木，冬月往剥取其皮，绩以为布，极细，手巾齐数匹，与麻焦布无异，色小青黑，若垢污欲浣之，则入火中，便更精洁，世谓之火浣布。"又《括地志》云："火山国在扶风南东大湖海中。其国中山皆火，然火中有白鼠皮及树皮，绩为火浣布。""火浣布"，就是石棉织品。《列子·汤问》说到"火浣布"："火浣之布，浣之必投于火；布则火色，垢则布色；出火而振之，皓然疑乎雪。"张湛注："火浣布"，"事实之言""无虚妄"。卢重玄解："火山之鼠得火而生"，"布名与中国等，火与鼠毛同，此复何足为怪也？"《汉书》卷三〇《艺文志》著录"《列子》八篇"。但据说已经散失。现在我们看到的《列子》，多以为伪书。但马叙伦《列子伪书考》说，其中也有早期文献的内容："盖《列子》晚出而早亡，魏、晋以来好事之徒聚敛《管子》、《晏子》、《论语》、《山海经》、《墨子》、《庄子》、《尸佼》、《韩非》、《吕氏春秋》、《淮南》、《说苑》、《新序》、《新论》之言，附益晚说，假为向序以见重。"杨伯峻赞同这一论断，又指出，其中所"聚敛"的原始材料，"除了马氏所列举之外，还有一些当时所能看到而今已亡佚的古籍，例如《汤问》、《说符》的某些章节，既不见于今日所传先秦、两汉之书，也不是魏晋人思想的反映，而且还经魏晋人文辞中用为典故，所以只能说作伪《列子》者袭用了别的古书的某些段落。"① 说《汤问》

---

① 《列子集释·前言》，中华书局 1979 年 10 月版，第 3—4 页。

可能"袭用"了较早"古书的某些段落"的看法，值得重视。我们还看到，另一种年代存在疑问的文献《孔丛子》，引据《周书》，同样说到"火浣布"，也应当注意。

《史记》虽然没有直接记述"火浣布"的文字，但是不能排除司马迁时代人们或许得自张骞收集的"传闻"，对"火浣布"有所了解的可能。而稍后文献所见相关知识的由来，也与《史记》卷一二三《大宛列传》对于"西海之西"和"海西"的考察导向有关。而涉及"火浣布"和"白鼠皮""鼠毛"的神秘传说，也是在进行"鼠"的讨论时应当关心的。

张汤"劾鼠"

汉武帝时代著名酷吏张汤，对于当时法律建设和司法风格的形成有重要的影响。《史记》卷一二二《酷吏列传》有这样的评价："张汤以知阴阳，人主与俱上下，时数辩当否，国家赖其便。"司马迁记述了张汤未成年时因"鼠盗肉"而设廷讯审问"鼠"的故事："张汤者，杜人也。其父为长安丞，出，汤为儿守舍。还而鼠盗肉，其父怒，笞汤。汤掘窟得盗鼠及余肉，劾鼠掠治，传爰书，讯鞫论报，并取鼠与肉，具狱磔堂下。其父见之，视其文辞如老狱吏，大惊，遂使书狱。"少年张汤"守舍"疏失，因"鼠盗肉"受到父亲责打，于是掘开鼠洞，捕得"盗鼠"，严刑审讯，其"劾鼠"形式，"掠治，传爰书，讯鞫论报"，直至处刑，"具狱磔堂下"，程式一如正规法庭，"其文辞如老狱吏"。其父因此"大惊"，于是后来安排他参与司法的学习和实践。

关于张汤捕得"盗鼠"的方式，《史记》卷一二二《酷吏列传》说"汤掘窟得盗鼠及余肉"，《艺文类聚》卷九五引《史记》作"汤掘，遂得盗鼠及余肉"。《汉书》卷五九《张汤传》说："汤掘熏得鼠及余肉。"采用了"熏"的方式，与《史记》不同。《太平御览》卷五一八引《汉书》作"汤掘地熏鼠得余肉"，卷六四三引《汉书》作"汤掘燻得鼠及余肉"。也都说到"熏"。卷八六三引《汉书》作"汤掘室得鼠及余肉"。

"劾鼠"故事，对于张汤来说，影响了他的人生方向；对于汉帝国来说，实现了一位司法大臣事业的启程；对于中国法律史来说，则标志着一位法学人才成功的起跑线。

张汤"为儿"时"劾鼠"的事迹，后来成为历代诗文习用之典。如唐人骆宾王"折狱磔鼠，谢其严明"文句（《上齐州张司马启》，《骆临海集》卷七），宋人李彭"劾鼠得备具，妙处固难忘"（《游仙二首》之一《日涉园集》

卷三）诗句。金人李俊民诗"书爱换鹅功不到，狱因劾鼠法先知"（《又用济之韵赠子昂》，《庄靖集》卷二），也说张汤"劾鼠"事。宋人李流谦诗"对客颇能嗔字父，劾鼠狱词老吏服"（《观小儿瓮戏》，《澹斋集》卷三），则以儿童生活考察的视角回顾"劾鼠"故事。

宋人刘克庄曾撰《劾鼠赋》，文辞生动，值得一读。他就鼠啮造成珍爱图书的损坏，写述了伤心和愤恨："余悯黄卷兮惧白蟫之害，颇整比其散乱兮又补完其破碎。手自扃鐍兮若巾袭于珍具，虽稍辟以蠹类兮曾不虞于鼠辈。"警惕书蠹的危害，却疏忽了鼠患，"偶一夕之慵兮遗数帙其外，明发起视兮遭毒喙。皮壳无恙兮残腹背，余意不怡兮朝食废。"书籍残破，心情不好，以致不思饮食。于是想到张汤"劾鼠"古事："思古事兮发深慨，彼盗肉兮汝常态，尚熏掘而诛磔兮矧灭籍之罪大。余非刀笔吏兮莫鞠讯而捕逮，始诘汝以理兮具以臆对。"他说，我家"余廪有粟兮菽园有果菜"，且"库有醴醪兮庖有脯醢"，责问鼠辈"汝出没其间兮且攫且嘬"，通常"每择取其甘鲜"，而只留给我残败。刘克庄又愤然斥问："汝于此兮夫岂不快，书于汝兮曾微纤芥。"如此还不满足，竟然损坏对你并没有什么诱惑力的图书！难道你"前身"是从事"剽窃"的"盗儒"吗？他表示自己"嗜书"超过饮食美味，"虽无万卷兮寸纸亦爱"。遂严词警告鼠辈："犯前数条兮原其罪，

惟啮余书兮不汝贷。求良猫兮设毒械，如永某氏之鸟兮汝毋悔。"最终，"鼠默然失辞兮叩头而退。"(《后村集》卷四九)

张汤墓位于陕西西安长安区郭杜附近，近年被发掘。出土有"张汤"字样的印章帮助考古学者得以大体确定了墓主身份。有意思的是，墓葬遗址就在西北政法大学南校区。一代司法名臣安葬的地方，两千年后竟然是培养法学精英的高等学府。这应当是张汤不会想到的，当然也是记述张汤事迹的《史记》作者司马迁没有想到的。

《史记》说"蜂"与秦汉社会的
甜蜜追求

　　《史记》中多次出现有关"蜂"的文字。形容秦始皇相貌，有"蜂准"之说。说商臣，则言"蠭目"。"蠭"就是"蜂"。关于群体性社会运动现象规模宏大、形势混乱的形容，如现今语言所谓"蜂聚""蜂拥"等，《史记》使用"蠭起""蜂出""蜂午"的说法。可知当时人对于"蜂"的形貌和习性有细致的观察。而具备与"蜂"有关的知识，应当不会不关心"蜜"的取得，不会不尝试"蜜"的滋味，不会不体验"蜜"的食用。秦汉社会饮食生活中"蜜"的消费，《史记》中只有间接的信息。但是参考其他相关历史文化现象，能够得知秦汉人饮食实践中的甜蜜追求，是当时社会物质生活方面值得重视的现象。

秦始皇"蜂准"

大梁人尉缭来到秦国，向秦王建议以财物贿赂六国"豪臣"，以击灭诸侯。《史记》卷六《秦始皇本纪》写道："大梁人尉缭来，说秦王曰：'以秦之强，诸侯譬如郡县之君，臣但恐诸侯合从，翕而出不意，此乃智伯、夫差、愍王之所以亡也。愿大王毋爱财物，赂其豪臣，以乱其谋，不过亡三十万金，则诸侯可尽。'"秦王赞同这样的策略，对尉缭给予了充分的尊重，其衣食待遇享受与自己同样的等级："秦王从其计，见尉缭亢礼，衣服食饮与缭同。"不过，尉缭以为秦王难以长期融洽相处，亲密合作，于是离去："缭曰：'秦王为人，蜂准，长目，挚鸟膺，豺声，少恩而虎狼心，居约易出人下，得志亦轻食人。我布衣，然见我常身自下我。诚使秦王得志于天下，天下皆为虏矣。不可与久游。'乃亡去。"秦王强行挽留尉缭，任为最高军事长官，并且采纳他的"计策"："秦王觉，固止，以为秦国尉，卒用其计策。"

尉缭形容秦王形貌音声之所谓"蜂准，长目，挚鸟膺，豺声"，依照当时的相术，判断其品性"少恩而虎狼心"。其中所谓"蜂准",值得我们注意。

裴骃《集解》说,"蜂"也写作"隆"。张守节《正义》说,"蜂,虿也。高鼻也。"认为"蜂准"是形容"高鼻"。《史记》"蜂准"的说法,后世文献有的写作"隆准",如《论衡·骨相》,唐赵蕤《长短经》卷一,《太平御览》卷三八八引《秦始皇世家》,明陈耀文《天中记》卷四一引《论衡》等。虽然《太平御览》卷三八八引《秦始皇世家》作"隆准",《太平御览》卷八六引《史记》、《太平御览》卷七二九引《史记》均作"蜂准"。

有学者研究"秦始皇形貌",指出"今人多以'蜂准'为正字"[①]。

"商臣蠭目"

关于秦始皇鼻子的形状特点,《史记·秦始皇本纪》说"蜂准",但是也有"蜂目"的说法。《史记》卷八《高祖本纪》记载,刘邦相貌有"隆准"的特征。司马贞《索隐》引录李斐的解释:"准,鼻也。始皇蜂目长准,盖鼻

---

① 王泽:《秦始皇形貌考——相人术视角下的考察》,《秦汉研究》2020年。

高起。"前引《史记》卷六《秦始皇本纪》秦始皇"蜂准"，这里写作"蜂目"。《汉书》卷一上《高帝纪上》："高祖为人，蜂准而龙颜，……"颜师古注引晋灼曰："《史记》：秦始皇蜂目长准。"也说"蜂目"。沈家本《诸史琐言》卷四讨论"《高纪》隆准"时，也说到"《史记》：始皇蜂目长准"。晋灼"《史记》：秦始皇蜂目长准"的说法，王念孙《广雅疏证》、王先谦《汉书补注》都曾引用，并没有以《史记》卷六《秦始皇本纪》"蜂准"说予以澄清。

采纳晋灼"《史记》：始皇蜂目长准"说的，还有宋人王洙《分门集注杜工部诗》卷九《哀王孙》"高帝子孙尽高准，龙种自与常人殊"注。又如清人黄师宪诗句："忆昔秦皇混四海，蜂目豺声犹有为。赵鹿李鼠未猖狂，可与为善返盛时。"（《怀潘章辰先生》，《梦泽堂诗文集》卷一）又清人黄钊诗句："秦皇蜂目毒天下，气折琅琊卖药者。阜乡亭畔玉舄飞，玩弄愚儿已鹿马。"（《登浴云楼观安期生像作》，《读白华草堂诗二集》卷一）也承袭了"秦皇蜂目"的说法。前者"赵鹿李鼠"说赵高指鹿为马和李斯仓中鼠厕中鼠故事。后者也说到"鹿马"，言秦帝国面临崩溃时的故事。而"琅琊卖药人"即《史记》卷一二《孝武本纪》司马贞《索隐》引《列仙传》所谓"琅邪人，卖药东海边，时人皆言千岁也"的仙人安期生。明人高出诗句："追及徐市驾，男女皆相邀。安期麾白云，翩翩来见招。遂乘赤玉舄，飞渡始皇桥。"(《镜山庵集》卷二〇）说他"麾白云""翩翩"飞升登仙，远离了尘世乱局。

其实《史记》中明确的"蜂目"，所说另有其人。《史记》卷四〇《楚世家》说商臣相貌与心性的特点："商臣蠭目而豺声，忍人也。"所谓"豺声"，和尉缭对秦始皇音声的形容是一样的。《汉书》卷九九中《王莽传中》："是时有用方技待诏黄门者，或问以莽形貌，待诏曰：'莽所谓鸱目虎吻豺狼之声者也，故能食人，亦当为人所食。'"《南史》卷八〇《贼臣传·侯景》写道："景长不满七尺，长上短下，眉目疏秀，广颡高颧，色赤少鬓，低眄屡顾，声散，识者曰：'此谓豺狼之声，故能食人，亦当为人所食。'"都说到"豺声"。《世说新语·识鉴》："潘阳仲见王敦小时，谓曰：'君蜂目已露，但豺声未振耳。必能食人，亦当为人所食。'"注家引《春秋传》曰："楚令尹子上谓世子商臣蜂目而豺声。"可知《史记》所说商臣的故事是有长久影响的。

《史记》中"蜂目"的相貌形容和"蜂准"同样，借"蜂"这种昆虫比喻人的面容特点，体现出当时人们对"蜂"的形貌的熟悉。而"蜂准""蜂目"被看作"少恩而虎狼心"之"忍人"容貌，应当是与对"蜂"怀有戒备之心的情感背景有一定关系的。

"蠭起""蠭午""蠭出":"蜂"的习性观察

在司马迁生活的时代,人名对于"蜂"往往群聚群飞的特点,也是了解的。《史记》卷七《项羽本纪》说秦末形势:"夫秦失其政,陈涉首难,豪杰蠭起,相与并争,不可胜数。"《汉书》卷三一《项籍传》的说法是:"夫秦失其政,陈涉首难,豪桀蜂起,相与并争,不可胜数。""豪杰蠭起"和"豪桀蜂起",意思是一样的。《后汉书》卷五《安帝纪》载汉安帝诏,检讨自己执政有失,"朕以不德,奉郊庙,承大业,不能兴和降善,为人祈福",以致"灾异蜂起"。这里"蜂起"也是说密集发生。《后汉书》卷一一《刘盆子传》说:"时青、徐大饥,寇贼蜂起,群盗以崇勇猛,皆附之,一岁间至万余人。"《后汉书》卷一七《岑彭传》:"今赤眉入关,更始危殆,权臣放纵,矫称诏制,道路阻塞,四方蜂起,群雄竞逐,百姓无所归命。"《后汉书》卷二八上《冯衍传》:"众强之党,横击于外,百僚之臣,贪残于内,元元无聊,饥寒并臻,父子流亡,夫妇离散,庐落丘墟,田畴芜秽,疾疫大兴,灾异蜂起。"《后汉书》卷五七《谢弼传》:"方今边境日戚，兵革蜂起，自非孝道，何以济之。"《后汉书》卷七二《董卓传》李贤注引《典略》载卓表所谓"变气上蒸，妖贼蜂起"，《后汉书》卷七四上《袁绍传》所谓"是时豪杰既多附绍，且感其家祸，人思为报，州郡蜂起"，《后汉书》卷八七《西羌传》所谓"永初之间，群种蜂起"，都可以说明汉代社会语言习惯，已经通行"蜂起"之说。

同样是说秦末民众暴动的发生，各地纷纷起兵，范增为项梁分析形势，有这样的说法："今陈胜首事，不立楚后而自立，其势不长。今君起江东，楚蠭午之将皆争附君者，以君世世楚将，为能复立楚之后也。"范增所谓"楚蠭午之将皆争附君"，裴骃《集解》："如淳曰：'蠭午犹言蠭起也。众蠭飞起，交横若午，言其多也。'"司马贞《索隐》："凡物交横为午，言蠭之起交横屯聚也。故《刘向传》注云'蠭午，杂沓也'。又郑玄曰'一纵一横为午'。"《汉书·刘向传》："水、旱、饥，蝗、螽、螟螽午并起。"颜师古注："如淳曰：'螽午犹杂沓也。'"（《史记》卷七《项羽本纪》）《汉书》卷六八《霍光传》说刘贺行为："受玺以来二十七日，使者旁午，持节诏诸官署征发，凡千一百二十七事。"所谓"旁午"，颜师古注也解释说："如淳曰：'旁午，分布也。'师古曰：'一从一横为旁午，犹言交横也。'"大约所谓"蜂午"语意，也说如蜂群飞舞一般密集纷乱。

《史记》卷一五《六国年表》指出战国时期政治军事竞争激烈，"信"的政治"约束"受到破坏，而"谋诈"时兴。太史公这样写道："矫称蠭出，誓盟不信，虽置质剖符犹不能约束也。"这里所说的"蠭出"，也以"蜂"的群飞态势，形容"矫称"这种欺诈行为频繁发生其密度之大。

范增所谓"皆争附君者"的"争"，或许是人们观察"蜂"群飞时情形的真实感觉。

"蠭起""蠭午""蠭出"的说法，见于史论和政论用语。如范增这样的智士，如汉安帝这样的帝王，也都曾经使用，可知当时社会对于"蜂"的活动方式与飞行习惯，是相当熟识的。用以形容人类社会的活动形态，"蜂起""蜂午""蜂出"等言辞，大概已经是民间习用的熟语。《三国志》卷四八《吴书·三嗣主传·孙皓》裴松之注引陆机著《辨亡论》有"群雄蜂骇，义兵四合"的说服。所谓"蜂骇"，是后世语言的变化，但是借"蜂"为喻，却继承了原来的传统。

人们对"蜂"的习性既然熟悉，不大可能不知道蜂巢中"蜂蜜"的存在。通常很可能是因发现并取用"蜂蜜"而惊动了"蜂"群，才导致"众蜂飞起"，形成"蜂起""蜂午""蜂出"情形。

"蜂虿"比喻和"蜂与锋同"说

"蜂"的自卫方式，即以尾部的毒针以螫刺方式报复敌害。《史记·礼书》称之为"蜂虿"：

蒯通劝说韩信面对政治危急形势果敢决断，有所行动。《史记》卷九二《淮阴侯列传》载录了蒯通的话语："夫听者事之候也，计者事之机也，听过计失而能久安者，鲜矣。听不失一二者，不可乱以言；计不失本末者，不可纷以辞。夫随厮养之役者，失万乘之权；守儋石之禄者，阙卿相之位。故知者决之断也，疑者事之害也，审豪牦之小计，遗天下之大数，智诚知之，决弗敢行者，百事之祸也。故曰'猛虎之犹豫，不若蜂虿之致螫；骐骥之局躅，不如驽马之安步；孟贲之狐疑，不如庸夫之必至也；虽有舜禹之智，吟而不言，不如瘖聋之指麾也'。此言贵能行之。夫功者难成而易败，时者难得而易失也。时乎时，不再来。愿足下详察之。"蒯通所谓"故曰'猛虎之犹豫，不若蜂虿之致螫；骐骥之局躅，不如驽马之安步；孟贲之狐疑，不如庸夫之必至也；虽有舜禹之智，吟而不言，不如瘖聋之指麾也'"，应是引用当时人们普遍认可的语言。

"猛虎"的攻击力度，远远超过"蜂虿"，然而"猛虎之犹豫，不若蜂虿之致螫"。立即行动，则可以实现切实有效地进击敌害。《史记》卷九二《淮阴侯列传》"猛虎之犹豫，不若蜂虿之致螫"，《汉书》卷四五《蒯通传》写作"猛虎之犹与，不如蜂虿之致蠚"。

《史记》卷二三《礼书》有这样一段话，形容"楚人"军势强劲："楚人鲛革犀兕，所以为甲，坚如金石；宛之巨铁施，钻如蜂虿，轻利剽遫，卒如飘风。"司马贞《索隐》解释"钻"："钻谓矛刃及矢镞也。"其兵器制作能力之优胜，可以"钻如蜂虿"。也说到"蜂虿"。《说文·虫部》："虿，毒虫也。象形。"段玉裁注：《左传》曰：蜂虿有毒。《诗》曰：卷发如虿。《通俗文》曰：虿长尾谓之蝎。蝎毒伤人曰蛆。蛆张列反。或作蜇。旦声。非旦声也。""按不曰从虫象形而但曰象形者，虫篆有尾，象其尾也。蝎之毒在尾。《诗笺》云：虿，螫虫也。尾末捷然。似妇人发末上曲卷然。其字上本不从万，以苗象其身首之形。俗作万，非。且与牡蛎字混。""虿"指以"毒伤人"的"蝎"。"蜂虿"，蜂蝎连称。但是"蜂"也是"螫虫"。形容兵器"钻如蜂虿"，言其锋利富有杀伤力。前引蒯通语"蜂虿之致螫"，也强调其尾针"螫"的刺伤毒害能力。

《史记》卷一二八《龟策列传》说："羿名善射，不如雄渠、蠭门。"裴骃《集解》："《淮南子》曰：'射者重以逢门子之巧。'刘歆《七略》有《蠭门射法》也。"今本《汉书》卷三〇《艺文志》可见"《逢门射法》二篇",而裴骃看到的本子,写作"《蠭门射法》"。"《逢门射法》",应当由自"射者重以逢门子之巧"的说法。"逢门子"见于《汉书》卷二〇《古今人表》。《汉书》卷六四下《王褒传》:"逢门子弯乌号。"颜师古注:"逢门,善射者,即逢蒙也。乌号,弓名也。并解在前也。"但是"逢门""逢门子"名号,也不能说和"蜂"完全没有关系。《荀子·王霸》《荀子·正论》和《吕氏春秋·听言》都写作"蠭门"。《史记》应当沿袭了较早的说法。

以"蜂"形容兵锋,是汉代语言习惯。《释名·释兵》写道:"刀,到也,以斩伐,到其所,乃击之也。其末曰'锋',言若锋刺之毒利也。""锋刺"之"锋",许多研究者校正为"蜂"。《释名疏证》写作"蠭",说:"'蠭刺',今本讹作'锋刺',盖俗'蠭'作'蜂',故又转相误也。"

王莽执政末年,连续发生蝗灾,《后汉书》卷一上《光武帝纪上》说当时形势:"寇盗锋起。"李贤注:"言贼锋锐竞起。字或作'蜂',喻多也。"说"蜂起"如上文讨论有"喻多"的文意外,还可以直接理解为"锋锐竞起"。这样的解释,又见于《汉书》卷三一《项籍传》颜师古注:"蠭,古蜂字也。蠭起,如蠭之起,言其众也。一说蠭与锋同,言锋锐而起者。"《汉书》卷三三《魏豹传》:

"士卒皆山东人，竦而望归，及其蠭东乡，可以争天下。"颜师古注："蠭与锋同。"《汉书》卷三〇《艺文志》颜师古注："蜂与锋同。"《汉书》卷五三《景十三王传·中山靖王刘胜》："谗言之徒蠭生。"颜师古注；"蠭生，言众多也。一曰蠭与锋同。"颜师古所谓"蜂与锋同"，又见于《汉书》卷七六《赵广汉传》注、《汉书》卷八七下《扬雄传下》注。《汉书》卷七六《赵广汉传》："专厉强壮蠭气。"颜师古注："蠭与锋同，言锋锐之气。"《汉书》卷八七下《扬雄传下》："猋腾波流，机骇蠭轶。"颜师古注："猋，疾风也。腾，举也。蠭与锋同。"所谓"蠭与锋同"，说兵锋犀利，以"蜂"尾刺的"毒利"作比喻。

《司马相如列传》间接说"蜜"

有学者讨论"汉代《说文解字》中的动物学"，注意到"虫类部首"中"与昆虫类有关的字"，写道："蜜，mi honey 蜜蜂所酿造的汁液。"关于"蜂""蠭"，则写道："蜂、蠭 feng bee 蜜蜂（honeybee *A pis*），胡蜂（horent *Ves pa*）。"[1] 其

---

[1] 郭郛、〔英〕李约瑟、成庆泰著：《中国古代动物学史》，科学出版社 1999 年 2 月版，第 127 页。

实，"蜜"字，在《说文·虫部》中，是写作"䕵"的。其字排列在"䖢"字之后："䕵，䖢甘饴也。"段玉裁注："饴者，米蘖煎也。䖢作食甘如之。凡䖢皆有䕵。《方言》䖢大而蜜者，谓之壶䖢。郭云：今黑䖢穿竹木作孔，亦有有蜜者。是则䖢饴名䕵，不主谓今之蜜䖢也。"

长沙马王堆三号汉墓出土帛书《五十二病方》可见"蜂卵"入药，又明确有体现使用"蜜"的文字。看来当时人们对"蜜"的食用价值是非常熟悉的。以"蜜"用来"合药"的记载，见于《后汉书》卷二二《朱祐传》李贤注引《东观记》："上在长安时，尝与祐共买蜜合药。上追念之，赐祐白蜜一石，问'何如在长安时共买蜜乎？'其亲厚如此。"这是刘秀在太学中读书时的故事。"买蜜"经历，可以说明西汉长安"蜜"已经进入市场交易的情形。东汉洛阳作为商品的"蜜"能够以"石"为计量单位，可知当时社会消费数量已经颇为可观。《后汉书》卷五一《李恂传》李贤注引《袁山松书》说，"西域出诸香、石蜜。"则是远方输入的"蜜"。《后汉书》卷八八《西域传》明确说"天竺"特产有"诸香、石蜜"。"蜜"的远程运输，说明社会需求的热切。

《史记》正文中没有直接说到"蜜"。但是《史记》卷一一七《司马相如列传》载《上林赋》记述皇家园囿栽植的林木，包括"留落胥余，仁频并闾"。司马贞《索隐》

引司马彪云："胥邪，树高十寻，叶在其末。"又引《异物志》："实大如瓠，系在颠，若挂物。实外有皮，中有核，如胡桃。核里有肤，厚半寸，如猪膏。里有汁斗余，清如水，味美于蜜。"说椰树类果实"里有汁""味美"，以"蜜"作为比较的参照。

这是对于"蜜"的食用体验的曲折记述。

《汉书》卷九五《南粤传》记载南粤王致书汉文帝，表示放弃帝号，"复故号，通使汉如故。""因使者"所献诸物，有"桂蠹一器"。颜师古注："应劭曰：'桂树中蝎虫也。'苏林曰：'汉旧常以献陵庙，载以赤毂小车。'师古曰：'此虫食桂，故味辛，而渍之以蜜食之也。'"这也是一则以"蜜"加工食品的例证。

甜蜜：秦汉人的味觉幸福

秦汉人追求的甜蜜味觉，在文献中的直接文字表现似乎是"甘"。《论衡·超奇》说到"甘甜"的感觉，与"辛苦"相对应。

"食"则"甘味"，是健康人正常的味觉体验。《史记》频繁出现"食不甘味"的文字，形容心思紊乱，饮食失常。如《史记》卷二五下《郊祀志下》，又如《史记》卷六四《司马穰苴列传》："今敌国深侵，邦内骚动，士卒暴露于境，君寝不安席，食不甘味。"《史记·孙子吴起列传》："寡人非此二姬，食不甘味，愿勿斩也。"《史记·苏秦列传》："寡人卧不安席，食不甘味，心摇摇然如县旌而无所终薄。"《史记》卷三七《田叔列传》："太后食不甘味，卧不安席，此忧在陛下也。"但是这里所说的"甘"，似乎并不是简单的"甜"，所以《史记·礼书》有"口甘五味，为之庶羞酸咸以致其美"的说法。又《史记·宋微子世家》裴骃《集解》引孔安国说："甘味生于百谷。"这里的"甘"，大概是指食品的自然滋味。但是也有以"甘"为甜美的。司马相如赋作言及的一些果品，注家多有"甘"或"甘美"的形容。如《上林赋》"卢橘夏孰"，司马贞《索隐》引《吴录》云"建安有橘，冬月树上覆裹，明年夏色变青黑，其味甚甘美"。关于"杨梅"，司马贞《索隐》引《荆杨异物志》："其实外肉着核，熟时正赤，味甘酸。"关于"荔枝"，司马贞《索隐》引晋灼曰："离支大如鸡子，皮粗，剥去皮，肌如鸡子中黄，其味甘多酢少。""甘"也用来命名果品。如司马贞《索隐》引《广州记》云"卢橘皮厚，大小如甘"。"甘"可能即现今所言"柑"。又司马贞《索隐》引《林邑记》云："树叶似甘蕉。""甘蕉"也是以味觉感受命名植物果实。司马相如笔

上林繁叶

下还出现了一种含糖量极高的经济作物"诸蔗"，《史记》有所载录。裴骃《集解》引《汉书音义》的解释是"诸蔗，甘柘也"。司马贞《索隐》："诸柘，张揖云'诸柘，甘柘也'。""甘柘"，也就是现今所说的甘蔗。《文选》卷四张衡《南都赋》说到南阳地方民间"园圃"栽植"薯蔗"。五臣注《文选》写作"薯柘"。《文选》卷四左思《三都赋》："其圃则有蒟蒻茱萸，瓜畴芋区，甘蔗辛姜，阳蓝阴藃。"虽然写作年代稍晚，仍可以与《南都赋》"园圃""薯蔗"参照。南朝宋人谢惠连《祭古冢文》说到一座古墓被破坏的情形："东府掘城北堑，入丈余，得古冢。上无封城，不用砖甓，以木为椁。中有二棺，正方，两头无和。明器之属，材瓦铜漆，有数十种，多异形，不可尽识。刻木为人，长三尺可，有二十余头。初开见，悉是人形，以物枨拨之，应手灰灭。棺上有五铢钱百余枚。水中有甘蔗节，及梅李核瓜瓣，皆浮出，不甚烂坏。铭志不存，世代不可得而知也。"作者撰作的祭文写道："公命城者改埋于东冈，祭之以豚酒，既不知其名字远近，故假为之号曰'冥漠君'云尔。元嘉七年九月十四日，司徒御属领直兵令史统、作城录事临漳令亭侯朱林，具豚醪之祭敬荐冥漠君之灵，忝总徒旅，版筑是司，穷泉为堑，聚壤成基。一椁既启，双棺在兹。舍畚凄怆，纵锸涟洏。刍灵已毁，涂车既摧。几筵糜腐，俎豆倾低。盘或梅李，盎或醯醢。蔗传余节，瓜表遗犀。追惟夫子，生自何代。曜质几年，潜灵几载。为寿为夭，宁显宁晦。铭志堙灭，姓字不传。今谁子后，曩谁子先。……"（《文选》卷六〇）墓室中随葬"甘蔗节，及梅李核瓜瓣"情形，即祭文所谓"盘或梅李"以及"蔗传余节，瓜表遗犀"，提示"甘蔗节"与其他果品同样为墓主所珍爱，特别值得注意。从墓葬形制及"明器之属，材瓦铜漆""刻木为人""二十余"件看，其"世代"可以推知大致是汉时。特别是"棺上有五铢钱百余枚"，可以作为汉代人食用"甘蔗节"的判断基准。

当然，各种果品提供的"甘美"，都比不上《说文·虫部》所谓"鼀甘饴"——"䖮"，也就是"蜜"。

汉代人的饮食生活中，"蜜"其实已经有所介入。

前引《汉书》及颜注说"桂蠹""渍之以蜜食之也"，就是实例。《三国志·吴书·三嗣主传·孙亮》裴松之注引《吴历》写道，孙亮出西苑，食用"生梅"即新鲜梅子，"使黄门至中藏取蜜渍梅"，准备用"蜜"现场加工"生梅"以求品味改良。然而发现"蜜中有鼠矢"，于是"召问藏吏"，"藏吏"惊恐"叩头"。孙亮问道：黄门曾经向你索要"蜜"吗？藏吏回答：曾经索求，"实不敢与。"黄门不服"蜜"中置"鼠矢"之罪。侍中刁玄、张邠建议："黄门、藏吏辞语不同，请付狱推尽。"孙亮却说："此易知耳。"于是"令破鼠矢"，发现鼠屎内里干燥。孙亮大笑着对刁玄、张邠说"若矢先在蜜中，中外当俱湿，今外湿里燥，必是黄门所为。"黄门不得不认罪，左右"莫不惊悚"，叹服孙亮的智慧。黄门"求蜜"不得，置蜜中"鼠矢"陷害"藏吏"，为孙亮识破。这一故事体现了孙亮基于对"蜜"的性质的熟识所表现的聪敏，也说明了"蜜渍""生梅"的宫廷食用习惯。而中官"求蜜"未得情形，也透露出"蜜"可能相当贵重。以"蜜"调味，又见于《释名·释饮食》："脯炙以饧蜜豉汁淹之，脯脯然也。"

《三国志》卷六《魏书·袁术传》裴松之注引《吴书》记述袁术政治末路之窘迫，可以看到比较具体的情节描写："时盛暑，欲得蜜浆，又无蜜。"所谓"蜜浆"，大概是富贵之家通常的暑期饮料。

关于西域出"石蜜"，除前说《后汉书》卷五一《李恂传》李贤注引《袁山松书》外，《后汉书》卷八八《西域传》也说天竺出产"诸香、石蜜、胡椒、姜、黑盐"。《后汉书》卷八六《西南夷传》："白马氏者，武帝元鼎六年开，分广汉西部，合以为武都，土地险阻，有麻田，出名马、牛、羊、漆、蜜。"也说到"蜜"的出产地包括武都地方。山区多产蜜，应当是通常情形。后世史书记载如《新唐书》第四三下《地理志七下》"石蜜山"，《清史稿》卷五六《地理志三·吉林》"蜂蜜山"可以为证。《清史稿》卷一二四《食货志五·矿政》"蜜蜂沟"等，也有参考意义。后世有专职官吏管理"蜂蜜"加工与消费。如《元史》卷八七《百官志三》"宣徽院"条:"掌沙糖、蜂蜜煎造,及方贡果木。"《明史》卷八二《食货志六》"采造"条:"仁宗时,山场、园林、湖池、坑冶、果树、蜂蜜官设守禁者,悉予民。"都说明了这一情形。

通过许多迹象可以了解,汉代社会的饮食生活中已经有享受甘甜的幸福感觉。"蜜"已经丰富了汉代人的味觉体验。而《史记》中虽然没有没有看到直接的饮食用"蜜"的明确记载,却有颇多有关"蜂"的文字所提供的多方面的信息,堪称生动具体。对于两千多年之后我们这些《史记》读者来说,提示了中国古代饮食生活史中昆虫资源开发方面这一重要进步的生物学表现。

《史记》"芬芳"笔墨：秦汉人的嗅觉幸福

　　《史记》是多视角全方位写述司马迁时代社会文化风貌的百科全书式的重要文献。对于当时社会物质生活与精神生活的反映，是细致生动的。《史记》有关"芬芳"的文字，体现了秦汉社会在当时生态条件下对于来自自然的馨香气息的幸福享用。相关生理和心理体验，又升格为一种审美习尚，一种文化追求，甚至影响到信仰世界的若干迹象。由于丝绸之路促进文化交流的作用，使得"西域"异香传入，也丰富了中原人的生活。

山野自然"芬香之盛"

　　司马相如《子虚赋》文字，见于《史记》卷一一七《司马相如列传》。其中关于山野原生森林的自然植被，有这样的描写："其北则有阴林巨树，梗枏豫章，桂椒木兰，蘗离朱杨，樝梸梬栗，橘柚芬芳。"张守节《正义》："小曰橘，大曰柚。树有刺，冬不凋，叶青，花白，子黄赤。二树相似。非橙也。"这里使用"芬芳"一语，特别值得注意。其实，上文还说到"其东则有蕙圃衡兰，芷若射干，穹穷昌蒲，江离麋芜，诸蔗猼且。"司马贞《索隐》引司马彪的说法："蕙，香草也。"又引《广志》："熏草绿叶紫茎，魏武帝以此烧香，今东下田有此草，茎叶似麻，其华正紫也。"而裴骃《集解》解释"江离"，也写道："《汉书音义》曰：江离，香草。"

《史记》卷一一七《司马相如列传》载录《上林赋》，关于上林苑植被形势有这样的描写："掩以绿蕙，被以江离，糅以蘪芜，杂以流夷。尃结缕，攒戾莎，揭车衡兰，稾本射干，茈姜蘘荷，葴橙若荪，鲜枝黄砾，蒋芧青薠，布濩闳泽，延曼太原，丽靡广衍，应风披靡，吐芳扬烈，郁郁斐斐，众香发越，肸蠁布写，晻暧苾勃。"对于其中一些植物的解释，张守节《正义》："张云：'……蕙，熏草也。'"裴骃《集解》引郭璞的说法："稾本，稾茇；射干，十月生：皆香草。""若荪，香草也。"司马贞《索隐》引张揖云："荪，香草。"对于所谓"吐芳扬烈"，裴骃《集解》引用郭璞的说法，解释为"香酷烈也"。所谓"晻暧苾勃"，张守节《正义》："晻暧，奄爱二音。皆芳香之盛也。《诗》云'苾苾芬芬'，气也。"作者对草野间"众香发越"，"吐芳扬烈"情境的描写，透露出对自然的一种真实的亲和之心。而司马迁对于司马相如文句中表达的情感，似乎是赞许的。张衡《南都赋》"晻暧蓊蔚，含芬吐芳"，曹丕《沧海赋》"振绿叶以葳蕤，吐芬葩而扬荣"，也都显现出对《史记》载录司马相如赋作"晻暧苾勃""吐芳扬烈"文字的承袭。

鲁迅《汉文学史纲要》第十篇题《司马相如与司马迁》。他写道："武帝时文人，赋莫若司马相如，文莫若司马迁，而一则寥寂，一则被刑。盖雄于文者，常桀骜不欲迎雄主之意，故遇合常不及凡文人。"司马相如和司马迁各有自己的风格，然而都被看作远远超越"凡文人"的"雄于文者"。鲁迅说："迁雄于文，而亦爱赋，颇喜纳之列传中"，"《司马相如传》上下篇，收赋尤多"。其中是可以体会到欣赏和认同的态度的。如果就司马相如赋作名物研究，有相当大的难度。其中草木品种，西晋博物学者郭璞也"云未详"。我们能够得到鲜明真切的体会的，是对于极其优越的植被条件下形成的"芳香之盛"的浓墨记述。

呼吸来自草木的自然的"芬芳"，时人以为享受。《史记》卷一二《孝武本纪》说，汉武帝"作柏梁"。司马贞《索隐》："服虔云：'用梁百头。'""柏梁台"又作"柏梁台"。柏梁台的修筑，使用了上好的柏木。司马贞《索隐》

引《三辅故事》写道："台高二十丈，用香栢为殿，香闻十里。"栢树自有的香气，在伐取成材之后，依然浓郁。

"众芳芬苾"瓦当

陕西咸阳发现"众芳芬苾"文字瓦当，据研究者考释，"'众芳'指草木的香气，'芳苾'即芳香，常喻有才能的人。此瓦当在陕西省兴平市茂陵南豆马村曾有出土，应当是用在宫殿建筑上的吉语用瓦。"[①]"苾"字我们今天以为生疏，在先秦两汉却是常用字。《诗·小雅·楚茨》："苾芬孝祀，神嗜饮食。"《诗·小雅·信南山》："苾苾芬芬，祀事孔明。"由此看来，茂陵"众芳芬苾"瓦当"应当是用在宫殿建筑上的吉语用瓦"的说法固然不错，但我们还可以考虑到祭祀建筑用瓦的可能。《大戴礼记·曾子疾病》："与君子游，苾乎如入兰芷之室，久而不闻，则与之化矣。"就强调了"兰芷之室"作为建筑的文化意义。

上文说到"台高二十丈，用香栢为殿，香闻十里"，言宫廷建筑注重"香"气美化环境的意义。选择建筑材料

---

① 任虎成、王保平主编：《中国历代瓦当考释》，世界图书出版公司 2019 年 9 月版，图 722。

的这样的出发点在汉代多有表现。如扬雄《甘泉赋》所谓"香芬茀以穹隆兮，击薄栌而将荣"。《西京杂记》说，温室宫"香桂为柱"，也说明了这样的情形。我们看到，汉家宫室名号，有些也是标榜其"香"气的。如《三辅黄图》卷三《未央宫》说到的"兰林""披香""茝若""椒风""发越""蕙草"等殿名，都可以看作例证。汉长安城出土文字瓦当"披香殿当"，应当是"披香殿"的遗物。

前引《史记》卷一一七《司马相如列传》"桂椒木兰"。《三辅黄图》卷三《未央宫》说，"椒房殿，在未央宫。以椒和泥涂，取其温而芬芳也。"墙壁装修涂料杂入"椒"，用意在取其"芬芳"。《史记·外戚世家》记载，陈皇后失宠被废，司马贞《索隐》："废后居长门宫。"《文选》卷一六司马相如《长门赋》："抟芳若以为枕兮，席荃兰而茝香。"李善注："芳若、荃兰，皆香草也。"说长门宫以"香草"为枕席。司马相如《美人赋》又写道："臣挑起户而造其室，芳香芬烈，黼帐高张，有女独处。"大概上层社会的居所，普遍以"芳香芬烈"气息为装饰陈设追求。宫殿建筑"香"的气氛追求，还体现于《六臣注文选》卷一一何晏《景福殿赋》所谓"芸若充庭"，"敷华青春"，"霭霭萋萋，馥馥芬芬"。吕延济注："芸若，香草。""霭霭萋萋，盛貌。馥馥芬芬，香气也。"

日常生活中"芳香芬烈"的全面享用当然需要相当高

的成本。社会下层人们难以实现衣食住行层次人工成就的"芬芳"条件。于是，以"香"为标尺的社会阶层分划出现。《史记》卷六八《商君列传》："有功者显荣，无功者虽富无所芬华。"以"芬华"形容政治权势和社会地位，准确而且生动。这种文字表达方式，在二十四史中仅见于《史记》。

"天子行""以香草自随"

上文说到对于"蕙"的解释，有"熏草绿叶紫茎，魏武帝以此烧香"的说法。司马迁生活的时代，以"熏草""烧香"的风习，应当已经在上层社会普及。考古发现数量颇多的通称为"博山炉"的文物遗存，说明了这一社会文化现象。

这种"香炉"的具体使用，见于《后汉书》卷四一《钟离意传》李贤注引蔡质《汉官仪》："蔡质《汉官仪》曰'尚书郎入直台中，官供新青缣白绫被，或锦被，昼夜更宿，帷帐画，通中枕，卧旃蓐，冬夏随时改易。太官供食，五日一美食，下天子一等。尚书郎伯使一人，女侍史二人，皆选端正者。伯使从至止车门还，女侍史絜被服，执香炉烧熏，从入台中，给使护衣服'也。"后宫服务人员，有专人"执香炉烧熏"。

《史记》卷二三《礼书》写道"礼由人起"。先王"制礼义以养人之欲，给人之求"，"故礼者养。稻粱五味，所以养口也；椒兰芬茝，所以养鼻也；钟鼓管弦，所以养耳也；刻镂文章，所以养目也；疏房床第几席，所以养体也：故礼者养也。""养"，作为生活内容，是有明确的等级规范的。《史记》卷二三《礼书》又说："君子既得其养，又好其辨也。所谓辨者，贵贱有等，长少有差，贫富轻重皆有称也。"于是，帝王的"养"得到权威性的文化说明："故天子大路越席，所以养体也；侧载臭茝，所以养鼻也；前有错衡，所以养目也；和鸾之声，步中武象，骤中韶濩，所以养耳也；龙旗九斿，所以养信也；寝兕持虎，鲛韅弥龙，所以养威也。"这里说到了六个方面的"养"：养体，养鼻，养目，养耳，养信，养威。在诸感觉器官中，"养鼻"列在"养目""养耳"即通常所说"聪明"两种能力的保养之前，体现出当时人们对嗅觉意义的重视。就此司马迁又有进一步的说明，"故大路之马，必信至教顺，然后乘之，所以养安也。孰知夫出死要节之所以养生也。孰知夫轻费用之所以养财也，孰知夫恭敬辞让之所以养安也，孰知夫礼义文理之所以养情也。"这里说到了四个方面：养生，养财，养安，养情。其中"养安"与前说重复，张守节《正义》解释说："言审知恭敬辞让所以养体安身。"

关于"侧载臭茝，所以养鼻也"，司马贞《索隐》："刘氏云：'侧，特也。臭，香也。茝，香草也。言天子行，特得以香草自随也，其余则否。'臭为香者，《山海经》云'臭如蘪芜'，《易》曰'其臭如兰'，是臭为草之香也。今以侧为边侧，载者置也，言天子之侧常置芳香于左右。"所谓"臭"，是说"香"。而所谓"天子行，特得以香草自随"，"天子之侧常置芳香于左右"，作为礼俗记录，书写了秦汉社会生活史中很有意思的一页。

这种习惯，其实有《离骚》"扈江离与辟芷兮，纫秋兰以为佩"前例。而这种行为方式，也会产生普遍的社会影响。刘向《九叹·惜贤》所谓"怀芬香而挟蕙兮，佩江离之斐斐"，可以看作表现。稍晚又有三国魏人阮籍《咏怀》之二七所谓"妖冶闲都子，焕燿何芳蕤"，晋人张华《轻薄篇》所谓"宾从焕络绎，侍御何芳蕤"，也都可以理解为社会史的证明。

由于都市社会需求的存在，"香"的加工制作和市场经营应运而生。关于汉高祖刘邦父亲"太上皇庙"的设置，《史记》卷八《高祖本纪》张守节《正义》引《三辅黄图》说："太上皇庙在长安城香室南，冯翊府北。"又引《括地志》说："汉太上皇庙在雍州长安县西北长安故城中酒池之北，高帝庙北。高帝庙亦在故城中也。"可知"太上皇庙"的空间位置在长安城中"酒池之北""香室南"。"酒池"和"香室"的设置，是考察长安城市史应当注意的信息。

"椒兰芬茞，所以养鼻也"

前引《史记》卷二三《礼书》"椒兰芬茞，所以养鼻也"，"侧载臭茞，所以养鼻也"之说，反映司马迁所处的时代，人体生理学、医学、卫生知识都已经有关于气味与"鼻"的嗅觉的内容。

《史记》关于人体器官"鼻"的描述，有"曷鼻"（《史记》卷七九《范雎蔡泽列传》）、"鼻张"（《史记》卷一〇五《扁鹊仓公列传》）、"蜂准"（《史记》卷六《秦始皇本纪》）、"隆准"（《史记》卷八《高祖本纪》）等。观察和表记，是颇为细致具体的。《史记》卷一〇五《扁鹊仓公列传》说："肺气通于鼻，鼻和则知臭香矣。肝气通于目，目和则知白黑矣。脾气通于口，口和则知谷味矣。心气通于舌，舌和则知五味矣。肾气通于耳，耳和则闻五音矣。五藏不和，则九窍不通；六府不和，则留为痈也。"似乎体现当时人们已经注意到"鼻"与人体呼吸系统的关系。

其实，对于身体的"养"，《荀子·礼论》已经有这样的表述："礼者养也。刍豢稻粱，五味调香，所以养口也；椒兰芬苾，所以养鼻也；雕琢刻镂，黼黻文章，所以养目也；钟鼓管磬，琴瑟竽笙，所以养耳也；疏房檖貌，越席床第几筵，所以养体也。故礼者养也。"这里"养口""养鼻""养目""养体"的说法，基本与《史记·礼书》一致。比较《荀子·礼论》"椒兰芬苾，所以养鼻也"和《史记》卷二三《礼书》"椒兰芬茝，所以养鼻也"，可以看到只有"苾""茝"一个字的差异。

关于"鼻"的功能，《荀子·荣辱》还说道："目辨白黑美恶，耳辨音声清浊，口辨酸咸甘苦，鼻辨芬芳腥臊，骨体肤理辨寒暑疾养。"这种感官反应的能力，是天生的，也是健康人所共同具有的。《吕氏春秋·本生》说："天全则神和矣，目明矣，耳聪矣，鼻臭矣，口敏矣，三百六十节皆通利矣。"《吕氏春秋·适音》则说："鼻之情欲芳香，心弗乐，芬香在前弗嗅。"《吕氏春秋·贵生》写道："夫耳目鼻口，生之役也。耳虽欲声，目虽欲色，鼻虽欲芬香，口虽欲滋味，害于生则止。""鼻""欲芬香"，"鼻之情欲芳香"，只是一种感官层次的生理满足。所谓"害于生则止"，提示应当考虑"生"这一基本健康原则。所谓"心弗乐，芬香在前弗嗅"，强调在"鼻"之"欲"之上，还有"心"之"乐"层次的精神欢愉。而东汉崔瑗《座右铭》提示了诸多自我修养的原则，最后说："行之苟有恒，久久自芬芳。"此所谓"芬芳"，大致类近《史记》反复赞美的自然的纯正的"芬芳"。

礼的品位，神的品味

《史记》卷二四《乐书》强调"礼""乐"是形成体系的文化规范，是完好的有机的整体："王者功成作乐，治定制礼。其功大者其乐备，其治辨者其礼具。干戚之舞，非备乐也；亨孰而祀，非达礼也。"对于祭祀礼制，所谓"亨孰而祀，非达礼也"，注家说到有气味的追求。裴骃《集解》："郑玄曰：'乐以文德为备，若咸池也。'"张守节《正义》："解礼不具也。谓腥俎玄尊，表诚象古而已，不在芬苾孰味。是乃浇世为之，非达礼也。"其中说到"芬苾"，是可以联系上文说到的"众芳芬苾"瓦当文字予以理解的。

汉武帝太初元年（前104），曾经有重要的制度变化和政策调整。军事方面，也有大规模积极进取的决心。《史记》卷二八《封禅书》写道："夏，汉改历，以正月为岁首，而色上黄，官名更印章以五字，为太初元年。是岁，西伐大宛。蝗大起。丁夫人、雒阳虞初等以方祠诅匈奴、大宛焉。"第二年，在祭祀礼仪方面也有所调整："其明年，有司上言雍五畤无牢熟具，芬芳不备。乃令祠官进畤犊牢具，色食所胜，而以木禺马代驹焉。独五月尝驹，行亲郊用驹。及诸名山川用驹者，悉以木禺马代。行过，乃用驹。他礼如故。"祭祀行为的简化，"以木禺马代驹"，只是"五月"依然用"驹"。除帝王亲自祭祀"行亲郊用驹"之外，"诸名山川用驹者，悉以木禺马代"。这是祭祀礼仪的重大革新。据说这是受到秦礼制传统"雍五畤无牢熟具，芬芳不备"的影响。这样我们可以推知，此前汉家皇室祭祀，通常是讲究"芬芳"追求的。《后汉书》卷五〇《孝明八王传·乐成靖王党》有这样的记述："知陵庙至重，承继有礼，不惟致敬之节，肃穆之慎，乃敢擅损牺牲，不备苾芬。"可知东汉时祭祀"陵庙"的"礼"，在"苾芬"方面有所欠缺，是受到指责的。

《汉书》卷二二《礼乐志》载录《郊祀歌》十九章的第一章《练时日》，开篇就说"练时日，侯有望，烂肸萧，延四方"。关于"烂肸萧，延四方"，颜师古解释说："以萧烂脂合馨香也。四方，四方之神也。"说敬神的要求，包括"馨香"气味。"馨香"应当就是"芬芳"。《练时日》下文还说到"粢盛香，尊桂酒"，"侠嘉夜，茝兰芳"，也都强调了气味的香美。颜师古注引如淳说，"嘉夜，芳草也。"颜师古理解，"侠与挟同，言怀挟芳草也。茝即今白芷。"形容酒香，较早有《诗·大雅·凫鹥》"旨酒欣欣，燔炙芬芬"，毛传："芬芬，香也。"以"香酒"祠神，也有渊源久远的传统。《史记》卷三九《晋世家》说，晋侯"献楚俘于周"，周天子"命晋侯为伯"，所赐物品，包括"秬鬯一卣"，裴骃《集解》引贾逵曰："秬，黑黍；鬯，香酒也。所以降神。卣，器名，诸侯赐珪瓒，然后为鬯。"这是很高等级的礼遇，所以《史记》卷一三〇《太史公自序》以"嘉文公锡珪鬯"作为《晋世家》所记录晋史最显赫的光荣。以"香酒"祭神，汉代依然是确定的制度。汉宣帝神爵四年（前58）诏说道："斋戒之暮，神光显著。荐鬯之夕，神光交错。"颜师古注："鬯，香酒，所以祭神。"（《汉书》卷八《宣帝纪》）以"香酒""祭神"的礼制有非常悠久的渊源。《史记》卷一《五帝本纪》说："帝喾高辛者，黄帝之曾孙也。"帝喾执政，"日月所照，风雨所至，莫不从服。"应劭《风俗通义·皇霸·五帝》说"帝喾"称谓由来："醇美喾然，若酒之芬香也。"祭酒"醇美""芬香"，于是与祭祀对象的名号发生了联系。

祭祀行为中讲究"芬芳"，当然是和世间高等阶层的日常生活普遍的"芬芳"享用有关联的。这是在物质文化层次的理解。就精神文化层次而言，对"芬芳"的喜好，又体现出一种高等级的文明修养。司马迁给予屈原

《离骚》以非常高的评价："屈平之作《离骚》，盖自怨生也。《国风》好色而不淫，《小雅》怨诽而不乱。若《离骚》者，可谓兼之矣。"（《史记》卷八四《屈原贾生列传》）而《离骚》中多次说到对"芳""芳草""众芳"的倾心爱重。"百草为之不芳"，是屈原深心的忧虑。而"佩缤纷其繁饰兮，芳菲菲其弥章"，"方菲菲其难亏兮，芬至今犹未沫"等，也都是《离骚》中人们熟知的语句。

"香草"，长期被看作天人之间神秘联系的中介。《史记》卷四二《郑世家》讲述了这样一个故事：郑文公身边名叫"燕姞"的等级很低下的"妾"，告知文公她在梦中得到"天"给予的"兰"，并预示将有子，而且告之"兰有国香"。"兰"，裴骃《集解》引贾逵的解释："香草也。"郑文公相信这一信息，于是亲近"燕姞"，"而予之草兰为符"，后来果然生子，"名曰兰"。这一故事中"文公之贱妾曰燕姞，梦天与之兰"的情节，以及"兰有国香"的说法，都是值得研究"香"事"香"史的学者注意的。

西域"香"的引入

《史记》卷四七《孔子世家》记述孔子葬处及弟子服

丧礼仪，以及后来"世世相传"的"奉祠"制度和"讲礼"形式的形成："孔子葬鲁城北泗上，弟子皆服三年。三年心丧毕，相诀而去，则哭，各复尽哀；或复留。唯子赣庐于冢上，凡六年，然后去。弟子及鲁人往从冢而家者百有余室，因命曰孔里。鲁世世相传以岁时奉祠孔子冢，而诸儒亦讲礼乡饮大射于孔子冢。孔子冢大一顷。"孔子的安葬和祭祀，以"孔子冢"为文化焦点和纪念坐标。据《史记》注家解说，"孔子冢"有相当大的规模，营造了等级甚高的墓前建筑，陵园还移种了四方奇异草木。裴骃《集解》引《皇览》说："孔子冢去城一里。冢茔百亩，冢南北广十步，东西十三步，高一丈二尺。冢前以瓴甓为祠坛，方六尺，与地平。本无祠堂。冢茔中树以百数，皆异种，鲁人世世无能名其树者。民传言'孔子弟子异国人，各持其方树来种之'。其树柞、枌、雒离、安贵、五味、毚檀之树。孔子茔中不生荆棘及刺人草。"司马贞《索隐》解释："雒离，各离二音，又音落藜。藜是草名也。安贵，香名，出西域。五味，药草也。毚音谗。毚檀，檀树之别种。"

"安贵，香名，出西域"，说来自"西域"远国的"香"，被移植于孔子墓园。这是"异国""孔子弟子""持其方树来种之"的行为，还是"孔子弟子"行旅"异国"有所成功的纪念，已经不得而知。但是名为"安贵"

的"西域""香"可能比"目蓿""蒲陶"引入更早，而且移种到东方更遥远的鲁地的可能性，似乎是存在的。《史记》卷一二三《大宛列传》记载，西域"有蒲陶酒"，"俗嗜酒，马嗜苜蓿。""宛左右以蒲陶为酒，富人藏酒至万余石，久者数十岁不败。"张骞"凿空"之后，"汉使取其实来，于是天子始种苜蓿、蒲陶肥饶地。""及天马多，外国使来众，则离宫别观旁尽种蒲萄、苜蓿极望。""蒲萄、苜蓿"的大面积引种，是丝绸之路开通后出现的重要历史迹象。而"孔子冢"列植"异种"草木，包括"出西域"的制"香"原料"安贵"的信息，给予丝绸之路史研究重要的提示。

汉代陵墓植树，已经成为社会风习。而孔子因文化成就卓越，社会声誉高上，"冢茔中树以百数，皆异种，鲁人世世无能名其树者"，是合理的现象。而汉代社会向往西域香料，富贵阶层尤其迷醉于此，见于文献记载。

《史记》卷四九《外戚世家》褚少孙补述说到汉武帝决意"立少子"，逼死其母钩弋夫人。"夫人死云阳宫，时暴风扬尘，百姓感伤。使者夜持棺往葬之，封识其处。"连夜仓促进行的非正常入葬，导致生成神异故事。司马贞《索隐》写道："《汉武故事》云'既瘗，香闻十里，上疑非常人，发棺视之，无尸，衣履存焉'。"张守节《正义》引《括地志》说："武帝末年杀夫人，瘗之而尸香一日。

昭帝更葬之，棺但存丝履也。"如果排除其神奇色彩进行分析，推想"尸香一日"和"香闻十里"情形，不排除以相当数量香料随葬的可能。汉末著名军阀刘表的墓葬西晋时被盗掘，据说"芬香闻数里"（《后汉书》卷七四下《刘表传》李贤注引《代语》）。《水经注》卷二八《沔水》说，"墓中香气远闻三四里中，经月不歇。"《艺文类聚》卷四〇引《从征记》则言"香闻数十里"。并且明确说，"（刘）表之子（刘）琮捣四方珍香数十斛，著棺中。苏合消疾之香，莫不毕备。""苏合香"来自西方。《后汉书》卷八八《西域传》介绍"大秦"文化地理，说道："合会诸香，煎其汁以为苏合。"《三国志》卷三〇《魏书·乌丸鲜卑东夷传》裴松之注引《魏略·西戎传》说"大秦国"物产，有"迷迷""郁金""熏草木"等"十二种香"，"苏合"名列在先。根据汉武帝时代丝绸之路新近开通的形势推想，钩弋夫人墓如果以香料随葬，很可能会使用"四方珍香"来自西域者。

西域"香"为中原人喜好。《后汉书》卷五一《李恂传》说，李恂任职西域，当地贵族商人"数遗恂奴婢、宛马、金银、香罽之属，一无所受"。《艺文类聚》卷八五引《班固与弟超书》写道："今赍白素三匹，欲以市月氏马、苏合香、氍毹。"西域"苏合香"远销至于洛阳。《三国志》卷二九《魏书·方技传》裴松之注引曹植《辨道论》写道:"诸梁时,西域胡来献香罽、腰带、割玉刀,时悔不取也。"都说到西域"香"。有的研究者解释:"香罽,具有香气之毛织物。"[1]《中文大辞典》释"香罽":"毛毡也,言香者,美之也。"书证即"《后汉书·李恂传》"[2]。《汉语大词典》说"香罽"即"华丽的毛毡",书证亦"《后汉书·李恂传》"[3]。这样的说法或许应当修正。西域人"数遗"李恂之"香罽","西域胡来献香罽"之"香罽",似乎都应当理解为"香"和"罽",如班固所市"苏合香、罽登"。

---

① 赵幼文校注:《曹植集校注》,人民文学出版社 1984 年 6 月版,第 188、193 页;中华书局 2016 年 10 月版,第 278、286 页。
② 《中文大辞典》,中国文化学院出版部 1968 年 8 月版,第 45496 页。
③ 《汉语大词典》第 12 卷,汉语大词典出版社 1993 年 11 月版,第 438 页。

上古社会生活中的鹤

鹤因身形、音声、腾飞之状与其他禽鸟相异，成为清高的象征。鹤又以"寿"受到尊崇。后来又有"仙鹤"称谓。上古时代鹤的有些品质即已被神化，然而历史资料提供的线索，告知我们鹤又有在社会生活中与人特别亲近的历史表现。鹤曾经作为尊贵者的宠物，也为清雅之士所"纵养"，亦充实和活跃了皇家苑囿的生态构成。然而汉代文物资料中又有以鹤为食物原料的例证。汉武帝最后一次出巡，后元元年（前88）春正月至甘泉，又抵达安定。次月有诏，言"巡于北边，见群鹤留止"而"不罗罔"事。而"荐于泰畤，光景并见"，被看作祥兆，于是"大赦天下"。相关历史情节，体现出当时人们既习惯于以鹤为食品原料，同时又以为鹤可以沟通天人，且应当在特定季节予以保护的复杂心理。相关信息的研究，有益于深化上古社会史和观念史，以及人与自然之关系的认识。

君子为鹤

《艺文类聚》卷九〇引《抱朴子》曰："周穆王南征，一军尽化。君子为猿为鹤，小人为虫为沙。"《艺文类聚》卷九五引《抱朴子》曰："周穆王南征，一军皆化。君子为猨为鹤，小人为虫为沙。"《艺文类聚》卷九〇引《墨子》曰："禽子问曰：'多言有益乎？'对曰：'虾蟆日夜鸣，口干而人不听之。鹤虽时夜而鸣，天下振动。多言何益乎？"都说鹤在自然物种中居于崇高的等级。同卷又可见："老子谓孔子曰：'夫鹤不日浴而白，乌不日黔而黑。'"唐人马总《意林》卷二《列子八卷》："鹄不日浴而白，乌不日黔而黑。"《晋书》卷八九《忠义列传·嵇绍》："或谓王戎曰：'昨于稠人中始见嵇绍，昂昂然如野鹤之在鸡群。'"《艺文类聚》卷九〇引《竹林七贤论》曰："嵇绍入洛，或谓王戎曰：'昨于稠人中始见嵇绍，昂昂然野鹤之在鸡群。'"

《淮南子·说林》中可以看到"鹤寿千岁，以极其游"的说法。《春秋繁露·循天之道》也写道："鹤之所以寿者，无宛气于中，是故食在；猿之所以寿者，好引其末，是故气四越。"《汉书》卷五七上《司马相如传上》颜师古注："《相鹤经》云：'鹤寿满二百六十岁则色纯黑。'"也是关于"鹤寿"的说法。"鹤寿"，成为后来影响甚为久远的成见。而这一认识的早期出现，汉代已经见诸文字。又如《艺文类聚》卷九〇引王粲《白鹤赋》写道："白翎禀灵龟之修寿，资仪凤之纯精。接王乔于汤谷，驾赤松于扶桑。飡灵岳之琼蘂，吸云表之露浆。"所谓"修寿"与"纯精"并说，而"王乔""赤松"云云，又言鹤服务于仙人，飞翔到辽远绝高的神秘境界。

宋罗愿《尔雅翼》卷一三《释鸟》"鹤"条写道："鹤一起千里，古谓之仙禽，以其于物为寿。"这一说法，应当说比较集中地反映了鹤在民间社会意识中可以凌高翔远，又与"仙"有密切关系，且象征着"寿"的多重特点。

《太平御览》卷九一六引《列仙传》曰："王子乔见桓良曰：'待我缑氏山头。'至期果乘白鹤住山颠，望之不得到。""白鹤"被看作仙界中物。《水经注》卷一八《渭水》："秦穆公时有箫史者，善吹箫，能致白鹄、孔雀。""白鹄"，多作"白鹤"。宋罗愿《尔雅翼》卷一三《释鸟·鹤》："……古书又多言'鹄'。'鹄'即是'鹤'音之转。后人以'鹄'名颇着，谓'鹤'之外别有所谓'鹄'，故《埤雅》既有'鹤'又有'鹄'。盖古之言'鹄不日浴而白'，白即'鹤'也。'鹄'名咭咭，咭咭'鹤'也。"《太平御览》

卷九一六引《列仙传》："萧史善吹箫，能致白鹤。"所谓"致白鹤"，大概是较早以鹤的出现为祥瑞的表现。萧史故事表现的鹤对于美好音乐的感知和应和，又见于《史记》卷二四《乐书》："……师旷不得已，援琴而鼓之。一奏之，有玄鹤二八集乎廊门；再奏之，延颈而鸣，舒翼而舞。"

汉代可见以"白鹤"出现为吉祥之兆的文化表现。《太平御览》卷九一六引《汉武帝内传》曰："宣帝即位，尊孝武庙为世宗，行所巡狩郡国皆立庙。告祠世宗庙日，有白鹤集后庭。"又引《东观汉记》曰："章帝至岱宗柴望毕，白鹤三十从西南来经祀坛上。"白鹤来集，被看作难得的祥瑞。

"好鹤"与"友鹤"

《左传·闵公二年》记载了一则与"鹤"有关的著名故事："冬，十二月，狄人伐卫。卫懿公好鹤，鹤有乘轩者。将战，国人受甲者皆曰：'使鹤！鹤实有禄位，余焉能战？'公与石祁子玦，与宁庄子矢，使守，曰：'以此赞国，择利而为之。'与夫人绣衣，曰：'听于二子！'渠孔御戎，子伯为右；黄夷前驱，孔婴齐殿。及狄人战于荧泽，卫师败绩，遂灭卫。卫侯不去其旗，是以甚败。狄人囚史华龙滑与礼孔，以逐卫人。二人曰：'我，大史也，实掌其祭。不先，国不可得也。'乃先之。至，则告守曰：'不可待也。'夜与国人出。狄入卫，遂从之，又败诸河。"卫懿公因为"好鹤"，竟导致亡国。后人就此多有议论。《魏书》卷六七《崔光传》载崔光上表言："卫侯好鹤"，"身死国灭，可为寒心！"宋吕祖谦《左氏博议》卷九"卫懿公好鹤"条说："卫懿公以鹤亡其国。玩一禽之微，而失一国之心，人未尝不抚卷而切笑者。""鹤之为禽，载于《易》，播于《诗》，杂出于诗人墨客之咏。为人之所贵重，非凡禽比也。懿公乘之以轩，而举国疾之，视犹鸱枭。然岂人之憎爱遽变于前耶？罪在于处非其据而已。以鹤之素为人所贵，一非其据，已为人疾恶如此。苟他禽而处非其据，则人疾恶之者复如何耶？吾于是乎有感。"

卫懿公"好鹤"故事，《太平御览》卷三八九《人事部》列入"嗜好"类中。宋王观国《学林》卷五也置于"好癖"题下，以为"凡人有所好癖者，鲜有不为物所役"的典型例证。似乎是说卫懿公心态异常。但是吕祖谦所谓"为人之所贵重，非凡禽比也"，却指出了普通人对鹤的喜爱和亲好的共同心理。

汉代社会生活中可以看到鹤与人类相亲近的诸多表

现。汉代画像中有纵养禽鸟的画面^①。成都双羊山出土的一件汉画像砖，画面中心似乎就是鹤。以"友鹤"或者"鹤友"为别号或者命名书斋和著作者，多见于文化史的记录。这一情感倾向，在汉代已经开始有所表现。"友鹤"行为和意致，体现出古代文人清高的品性和雅逸的追求，同时也反映了人与动物的关系，又可以间接体现人对于自然的情感，人对于生态环境的理念^②。

鹤洲·鹤观·鸣鹤园

《西京杂记》卷四写道："路乔如为《鹤赋》，其辞曰：'白衣朱冠，鼓翼池干。举修距而跃跃，奋皓翅之𪂋𪂋。宛修颈而顾步，啄沙碛而相欢。岂忘赤霄之上，忽池篁而盘桓。饮清流而不举，食稻梁而未安。故知野禽野性，未脱笼樊。赖吾王之广爱，虽禽鸟兮抱恩。方腾骧而鸣舞，凭朱槛而为欢。'"所说应即梁孝王宫苑风景，鹤在"沙碛""池篁"间"顾步""鸣舞"，其"野禽野性"依然有所保留。

司马相如《上林赋》写到上林湖泽的水鸟："鸿鹔鹄

①　参看王子今：《汉代纵养禽鸟的风俗》，《博物》1984 年第 2 期。
②　参看王子今：《古代文人的友鹤情致》，《寻根》2006 年第 3 期。

鹄，驾鹅属玉，交精旋目，烦鹜庸渠，箴疵鹙卢，群浮乎其上。"其中似乎没有直接说到"鹤"。班固《西都赋》说：长安宫苑之中，"鸟群翔"，"招白鹇，下双鹄"。如果相信"鹄""鹤"字或通用，则此处"群翔""野禽"，很可能是包括鹤的。张衡《西京赋》：上林禁苑中"从鸟翩翻"，"众形殊声，不可胜论"。所谓"从鸟翩翻"之"从"，或许可以读作《艺文类聚》卷三五引王褒《僮约》"后园纵养雁鹜百余"的"纵"。

汉代帝王宫苑有以"鹤"为主题的专门设置。《太平御览》卷六七引《西京杂记》曰："梁孝王好宫室苑囿之乐，……筑兔园。园中有……雁池，池中鹤洲、凫渚。"《太平御览》卷六九引《西京杂记》曰："梁孝王兔园之中又有雁池，池有鹤洲。"鹤被称为"涉禽"，以"沼泽"为主要生活环境。《简明不列颠百科全书》写道："鹤，crane，鹤形目、鹤科 14 种体型高大的涉禽。""这些高雅的陆栖鸟类昂首阔步行走在沼泽和原野。"[1] 孙作云研究《诗经》中的动植物"，所列"鸟类"，"鹤"在"水鸟"之中[2]。或有生物学辞书言，鹤，"大型涉禽"，"常活动于平原水际或沼泽地带"。丹顶鹤"常涉于近水浅滩，取食

---

① 中国大百科全书出版社 1985 年 8 月版，第 3 册，第 757 页。

② 《孙作云文集》第 2 卷《〈诗经〉研究》，河南大学出版社 2003 年 9 月版，第 15 页。

鱼、虫、甲壳类以及蛙等，兼食水草"①。秦汉皇家宫苑中的池沼，正适合"涉禽""水鸟"的栖息。

汉武帝茂陵陵园又有所谓"鹤观"。据《三辅黄图》卷六《陵墓》引《三辅旧事》："武帝于槐里茂乡徙户一万六千置茂陵。""茂陵园有鹤观。"《汉书》卷九《元帝纪》记载："（初元三年）夏四月乙未晦，茂陵白鹤馆灾。诏曰：'乃者火灾降于孝武园馆，朕战栗恐惧，不烛变异，咎在朕躬。群司又未肯极言朕过，以至于斯，将何以寤焉？百姓仍遭凶阸，无以相振，加以烦扰虐苛吏，拘牵乎微文，不得永终性命。朕甚闵焉，其赦天下。"《汉书》卷二七上《五行志上》记载："元帝初元三年四月乙未，孝武园白鹤馆灾。""孝武园馆"中所谓"白鹤馆"，很可能就是《三辅旧事》说到的"鹤观"。

又据《太平御览》卷一九七引《晋宫阁名》，"邺有鸣鹤园。"也是宫苑豢养鹤的例证。

鹤羹·鹤血·鹤髓

《楚辞·天问》："缘鹄饰玉，后帝是飨。"汉代学者王

---

① 《辞海·生物分册》，上海辞书出版社 1975 年 12 月版，第 532 页。

上林繁叶

逸的解释是："后帝，谓殷汤也。言伊尹始仕，因缘烹鹄鸟之羹，修饰玉鼎以事于汤。汤贤之，遂以为相也。"（《楚辞章句》卷三）其中"缘鹄"，或作"缘鹤"。一代名相伊尹，竟然是因向殷汤奉上"鹄羹"而得到信用的。

《穆天子传》卷五写道："……乃饮于孟氏，爰舞白鹤二八。"郭璞注："今之畜鹤、孔雀，驯者亦能应节鼓舞。"又《穆天子传》卷四："奴乃献白鹄之血，以饮天子。"郭璞注："所以饮血，益人气力。"《北堂书钞》卷一六引文"白鹄之血"置于"献白鹤之血"条下。孔广陶注："严氏注云：'《御览》三百七十二、九百十九，皆引作鹤。'""平津馆本校注云：'鹤、鹄古通用。'"[①]"舞白鹤"和"饮""白鹤之血"的对应关系，体现出当时人们对鹤的比较特殊的情感和认识。

《淮南子·说山》写道："鹤知夜半，而不免于鼎俎。"《艺文类聚》卷九〇引《春秋说题辞》曰："鹤知夜半。"所谓"不免于鼎俎"，说的也是以鹤作为食品的情形。

《汉书》卷二五下《郊祀志下》可见这样的记载："莽篡位二年，兴神仙事，以方士苏乐言，起八风台于宫中。台成万金，作乐其上，顺风作液汤。又种五粱禾于殿中，各顺色置其方面，先煮鹤髓、毒冒、犀玉二十余物渍

---

① 《北堂书钞》，中国书店 1989 年 7 月据光绪十四年南海孔氏刊本影印本，第 38 页。

种，计粟斛成一金，言此黄帝谷仙之术也。"颜师古注以为"鹤龀"就是"鹤髓"："龀，古髓字也。谓煮取汁以渍谷子也。"《太平御览》卷九一六引《汉书》所见文字有更直接的说法："王莽以鹤髓渍谷种学仙。"所谓"神仙事"、"方士言"，其志在"学仙"的神秘的营作，竟然以"鹤髓"作配料。这一情形，当与长期以来所谓"鹤一起千里，古谓之仙禽"的意识有关。

我们看到古来对于反文明、反文化的批评，有"煮鹤烧琴"的说法。如韦鹏翼《戏题盱眙壁》诗："岂肯闲寻竹径行，却嫌丝管好蛙声。自从煮鹤烧琴后，背却青山卧月明。"（《全唐诗》卷七七〇）。唐代诗人李商隐据说在被称作"盖以文滑稽者"（〔宋〕胡仔《渔隐丛话》前集卷二二引《西清诗话》）的游戏文字《杂纂》中，曾经说到诸种"杀风景"的行为，其中就包括"烧琴煮鹤"。元陆友仁《研北杂志》卷下写道："李商隐《杂纂》一卷，盖唐人酒令所用，其书有数十条，各数事。其'杀风景'一条有十三事。如'背山起楼'、'烹琴煮鹤'皆在焉。""烧琴煮鹤"作"烹琴煮鹤"。元陆友仁《研北杂志》卷下："李商隐《杂纂》一卷，盖唐人酒令所用，其书有数十条，各数事。其'杀风景'一条有十三事。如'背山起楼'、'烹琴煮鹤'皆在焉。""烧琴煮鹤"作"烹琴煮鹤"。"煮鹤"，不仅见于意在嘲讽的幽默文字，也体现了古代食物史的实践。传说伊尹曾经向商汤进"鹤羹"而得以拔识，《天中记》卷五八。而《北堂书钞》卷一六引《穆天子传》有"饮白鹤之血"的故事。

汉代出土文物资料，可以说明这一情形在当时其实比较普遍。马王堆一号汉墓出土系在330号竹笥上的木牌，写有"熬鹔笥"字样。"鹔"即"鶮"，就是"鹤"。《集韵·铎韵》："鹤，鸟名，或作'鶮'。"马王堆三号汉墓出土同类木牌也有书写"熬鹔笥"者。发掘报告写道："出土时脱落，与实物对照，应属东109笥。"而《遣策》中"熬鹔一笥"（136）当即指此。报告执笔者又指出，"鹔"就是"鹤"。《史记》卷六《秦始皇本纪》："卒屯留，蒲鹔反。"司马贞《索隐》："'鹔'，古'鸖'字。"① "鸖"是"鹤"的俗字（《干禄字书·入声》，《龙龛手鉴·鸟部》）。马王堆一号汉墓出土系在283号竹笥上的木牌，题写"熬鹄笥"②。与283号竹笥木牌及330号竹笥木牌对应的内容，《遣策》作"熬鹄一笥"（71）及"熬鹔一笥"（72）。"鹄"即"鹄"，也是"鹤"的异写。《集韵·铎韵》："鹤，鸟名。《说文》：'鸣九皋，声闻于天。'或作'鹄'。"《庄子·天运》："鹄不日

---

① 湖南省博物馆、湖南省文物考古研究所：《长沙马王堆二、三号汉墓》，第一卷"田野考古发掘报告"，文物出版社2004年7月版，第192页。

② 湖南省博物馆、中国科学院考古研究所：《长沙马王堆一号汉墓》（上册），文物出版社1973年10月版，第115页。

浴而白。"陆德明《释文》："'鹄'，本又作'鹤'，同。"李商隐《圣女祠》："寡鹄迷苍壑，羁凤怨翠梧。"朱鹤龄注："'鹄'，《英华》作'鹤'。'鹤''鹄'古通。"

马王堆一号汉墓283号竹笥及330号竹笥发现的动物骨骼鉴定报告，确定其动物个体是鹤。可知"出土骨骼内，共有鹤2只"。鉴定者指出，"出土骨骼的主要特征均与鹤科鸟类一致。""鼻骨前背突起与前颌骨额突清晰分开，与灰鹤近似，与白枕鹤不同"，"但出土头骨的颧突特别短而钝，与灰鹤和白枕鹤均不相同。究属何种，尚难确定。"[①] 然而，马王堆汉墓的发现，确实可以作为"煮鹤""烹鹤"的实证。由此可以推知古代有关"鹤羹"的传说，其实并不是没有根据的虚言[②]。

汉武帝"见群鹤""不罔罗"故事

汉武帝曾经多次远程巡行，数次有行历北边的经历。

[①] 中国科学院动物研究所脊椎动物分类区系研究室、北京师范大学生物系：《动物骨骼鉴定报告》，《长沙马王堆一号汉墓出土动植物标本的研究》，文物出版社1978年8月版，第67—68页。

[②] 参看王子今：《"煮鹤"故事与汉代文物实证》，《文博》2006年第3期。

在他生命的最后一年，又一次巡行北边。这是他最后一次出巡。《汉书》卷六《武帝纪》记载："后元元年春正月，行幸甘泉，郊泰畤，遂幸安定。""二月，诏曰：'朕郊见上帝，巡于北边，见群鹤留止，以不罗罔，靡所获献。荐于泰畤，光景并见。其赦天下。'"《太平御览》卷五三七引《汉书》："《武纪》曰：'朕郊见上帝，巡于北边，见群鹤留止，不以罗网，靡所获。献荐于太畤，光景并见。'"《太平御览》卷六五二引《汉书》："后元年二月诏曰：'朕郊见上帝，巡于北边，见群鹤留止，以不罗网，靡所获。献荐于太畤，光景并见。其赦天下。'"有"不以罗网""以不罗网"的不同。

宋人林虑编《两汉诏令》卷六《西汉六·武帝》题《赦天下诏》（后元元年二月），列为汉武帝颁布诏令的倒数第二篇。最后一篇是四个月后颁布的《封莽通等》（后元元年六月）。分析相关信息，可以深化对当时社会生态环境意识的认识，也有益于说明当时生态环境、礼俗传统与行政理念的关系。对北边"群鹤留止"情形再作考察，也许能够为当时生态环境的认识提供新的条件。通过马王堆汉墓出土资料有关以鹤加工食品的信息，可以推知汉武帝如果以鹤"荐于泰畤"，大致会以怎样的形式奉上。

既说"行幸甘泉"，又说"巡于北边"，很有可能是循行联系"甘泉"和"北边"的直道来到"北边"长城防线。他在"北边"地方看到栖息的"群鹤",因为时在春季,当时社会的生态意识和生态礼俗,严禁猎杀野生禽鸟,于是没有捕获这些野鹤用于祭祀上帝时奉献。颜师古注引如淳的说法正是这样表述的:"时春也,非用罗网时,故无所获也。"《太平御览》卷五三七引《汉书·武纪》注引如淳曰:"是时春也,非用罗网时。故无所获。""是时春也"应是正文。

以"罗网"捕杀禽鸟,是通常的行猎方式。《艺文类聚》卷九○引曹植、何晏诗作,均言鹤也往往受害。"魏陈王曹植诗曰:'双鹤俱遨游,相失东海傍。雄飞窜北朔,雌惊负南湘。弃我交颈欢,离别各异方。不惜万里道,但恐天网张。'魏何晏诗曰:'双鹤比翼游,群飞戏太清。常恐天网罗,忧祸一旦并。岂若集五湖,顺流唼浮萍。逍遥放志意,何为怵惕惊。'"读《艺文类聚》卷九○引魏陈王曹植《白鹤赋》"冀大网之解结,得奋翅而远游",引宋鲍照《舞鹤赋》"厌江海而游泽,掩云罗而见羁",也可以知道"网""罗"对鹤的损害。

《礼记·月令》中多规范了天子和官府在不同季节的作为,因而具有制度史料的意义,与主要反映民间礼俗的《月令》有所不同。其中写道:季春之月,"猎置罘、罗网、毕翳、餧兽之药,毋出九门。"睡虎地秦简整理者定名为《秦律十八种》的内容中，有《田律》，其中可见关于山林保护的条文："春二月，……不夏月，毋敢……麛麑（卵）𪃾，毋□□□□□（四）毋敢……毒鱼鳖，置罝罔（网），到七月而纵之。（五）"整理小组译文："春天二月，……不到夏季，不准……捉取幼兽、鸟卵和幼鸟，不准……毒杀鱼鳖，不准设置捕捉鸟兽的陷阱和网罟，到七月解除禁令。"

关于"时春""非用罗罔时"的制度礼俗，汉代直接的文物证据，见于甘肃敦煌悬泉置汉代遗址发掘出土的泥墙墨书《使者和中所督察诏书四时月令五十条》。其中有关于生态保护的明确的内容。如涉及禁止杀害野生禽鸟的规定："中春月令：·毋焚山林·谓烧山林田猎伤害禽兽也虫草木□□四月尽。"[1] 这篇文书开篇称"大皇大后诏曰"，日期为"元始五年五月甲子朔丁丑"[2]，时在公元 5 年，是明确作为最高执政者的最高指令——诏书颁布的。取壁书形式，是为了扩大宣传，使有关内容能够众所周知[3]。

---

[1] 甘肃省文物考古研究所：《敦煌悬泉汉简释文选》，《文物》2000 年第 5 期。

[2] 甘肃省文物考古研究所：《敦煌悬泉汉简释文选》，《文物》2000 年第 5 期；胡平生、张德芳：《敦煌悬泉置汉简释粹》，上海古籍出版社 2001 年 8 月版，第 192—199 页。

[3] 参看王子今：《汉代居延边塞生态保护纪律档案》，《历史档案》2005 年第 4 期。

泰畤"光景"的意义

汉武帝后元元年春二月诏言:"朕郊见上帝,巡于北边,见群鹤留止,以不罗罔,靡所获献。荐于泰畤,光景并见。其赦天下。"所谓"荐于泰畤,光景并见",实际上是说在与上帝对话时看到了显现为"光景"(可能即"光影")的异常的吉兆,于是"大赦天下"。

"光景",有可能即"光影"。《释名·释首饰》:"镜,景也。言有光景也。"《初学记》卷二五引《释名》:"镜,景也。有光景也。"《太平御览》卷七一七引《释名》同。然而《释名·释天》又说:"枉矢,齐鲁谓光景为枉矢。言其光行若射矢之所至也。亦言其气枉暴,有所灾害也。"

汉代文献所见"光景",颇多神秘主义色彩。《史记》卷二八《封禅书》关于秦的祭祀体系的介绍,说到"光景":"……而雍有日、月、参、辰、南北斗、荧惑、太白、岁星、填星、辰星、二十八宿、风伯、雨师、四海、九臣、十四臣、诸布、诸严、诸逑之属,百有余庙。西亦有数十祠。于湖有周天子祠。于下邽有天神。沣、滈有昭明、天子辟池。于杜、亳有三社主之祠、寿星祠;而雍菅庙亦有杜主。杜主，故周之右将军，其在秦中，最小鬼之神者。各以岁时奉祠。唯雍四畤上帝为尊，其光景动人民唯陈宝。"《汉书》卷二五上《郊祀志上》有同样的说法："唯雍四畤上帝为尊，其光景动人民，唯陈宝。"又如《后汉书》卷八六《西南夷列传·邛都夷》："青蛉县禺同山有碧鸡金马，光景时时出见。"《水经注》卷三七《淹水》："淹水出越巂遂久县徼外。东南至青蛉县。县有禺同山，其山神有金马碧鸡，光景儵忽，民多见之。汉宣帝遣谏大夫王褒祭之，欲致其鸡马。褒道病而卒，是不果焉。王褒《碧鸡颂》曰：'敬移金精神马，缥缥碧鸡。'故左太冲《蜀都赋》曰：'金马骋光而绝影，碧鸡儵忽而耀仪。'"

《太平御览》卷三引刘向《洪范传》写道："日者昭明之大表，光景之大纪，群阳之精，众贵之象也。"日光，是"光景之大纪"。《艺文类聚》卷四二引魏陈王曹植《箜篌引》也说："惊风飘白日，光景驰西流。"又如《艺文类聚》卷七四王褒《为象经序》："昭日月之光景，乘风云之性灵，取四方之正色，用五德之相生。"则说日月天光都是"光景"。《后汉书》卷一〇下《皇后纪下·顺烈梁皇后》也写道："顺烈梁皇后讳妠，大将军商之女，恭怀皇后弟之孙也。后生，有光景之祥。"这一有关"光景之祥"的故事，《北堂书钞》卷二三引文列于"灵命"题下。《鹖冠子》卷下《学问》："神征者，风采光景，所以序怪也。"

《汉书》卷二五下《郊祀志下》写道："西河筑世宗庙，神光兴于殿旁，有鸟如白鹤，前赤后青。神光又兴于房中，如烛状。广川国世宗庙殿上有钟音，门户大开，夜有光，殿上尽明。上乃下诏赦天下。"第一例"西河"事，"神光"与"有鸟如白鹤"并见。这种"光"或说"神光"与疑似"白鹤"的同时出现，可以有益于我们理解汉武帝诏文所言"光景并见"。所谓"神光兴于殿旁"，"神光又兴于房中"，同时又"有鸟如白鹤"，也可以理解为"光景并见"。这可能是对于汉武帝后元元年所见神异现象的一种复制。我们现在还不能准确解说汉武帝诏文所言"光景并见"究竟是怎样的情境，但是有理由推想，可能出现了与"神光兴于殿旁，有鸟如白鹤，前赤后青"类似的情形，于是使得这位垂老的帝王感觉到了某种"性灵"、"神征"、"祥""怪"一类神秘的象征。而事情的缘起，与"鹤"有关。

来自"上帝"的"灵命"暗示，体现了对汉武帝"见群鹤留止，以不罗罔，靡所获献"行为的真诚谅解和高度认可。拂去这一故事笼罩的神秘主义迷雾，可以察知当时社会生态保护意识得到以神灵为标榜的正统理念的支持。而鹤与天界的神秘关系，似乎也得到曲折的体现。

秦汉陵墓"列树成林"礼俗

中国古代丧葬形式在秦汉时期逐渐完备，并走向定型。秦汉丧葬制度对后世产生了显著的影响。秦汉陵墓"山林"营造是值得注意的历史文化现象。帝陵"树草木以象山"，民间冢墓"列树成林"，以"植物""藩陵蔽京"显现生机（《后汉书》卷六〇上《马融传》），也许亦有利于墓主威势的炫耀与灵魂的上升。汉代帝陵有以"溉树"为职任的守视者。禁止"樵牧"以保护陵墓植被，是国家行政决策层面予以明确的"守陵""守冢""守墓"人员的责任。民间冢墓也特别注意林木的保护。相关制度礼俗对后世形成影响，成为长久继承的文化传统。陵墓植被保护，体现出宗法意识在各阶层人心中的强烈渗透，也反映了当时社会的生态环境保护理念具有可能对现今仍然有某种启示意义的内涵。

秦始皇陵"树草木以象山"

秦始皇陵建造，是第一个大一统王朝倾力经营的国家工程。营造耗时长久，工程量空前。太史公在《史记》卷六《秦始皇本纪》中提示了有关这座陵墓的具体的信息："始皇初即位，穿治郦山，及并天下，天下徒送诣七十余万人，穿三泉，下铜而致椁，宫观百官奇器珍怪徙臧满之。令匠作机弩矢，有所穿近者辄射之。以水银为百川江河大海，机相灌输，上具天文，下具地理。以人鱼膏为烛，度不灭者久之。二世曰：'先帝后宫非有子者，出焉不宜。'皆令从死，死者甚众。葬既已下，或言工匠为机，臧皆知之，臧重即泄。大事毕，已臧，闭中羡，下外羡门，尽闭工匠臧者，无复出者。树草木以象山。"其中说到陵上封土的形式：

树草木以象山。

裴骃《集解》："《皇览》曰：'坟高五十余丈，周回五里余。'"张守节《正义》："《关中记》云：'始皇陵在骊山。

泉本北流，障使东西流。有土无石，取大石于渭南诸山。'《括地志》云：'秦始皇陵在雍州新丰县西南十里。'"裴骃《集解》与张守节《正义》对于"树草木以象山"的解释，只说陵山位置规模，并未言及"树草木"。有人说《史记》"此段乃葬始皇时事"，"笔势竦厚之极"，赞美其"作记妙手"①，也没有对"树草木"有所说明。不过《汉书》卷三六《刘向传》说："其后牧儿亡羊，羊入其凿，牧者持火照求羊，失火烧其臧椁。"《水经注》卷一九《渭水》也说"牧人寻羊烧之"，可见"树草木"之说确实。有学者解释"树草木以象山"文意："意谓在墓顶堆上土，种上草木，看上去就像山丘一样。"②明人吕坤《四礼翼》中《丧后翼》"莹房"条写道："生而宫墙，殁而暴之中野，吾忍乎哉？作室于墓，莱以周垣，树以松楸，犹然室家也。生死安之。堪舆家言，墓不宜木。秦树草木以象山，后世陵寝因之，未见有不宜者。"指出这种方式对"后世陵寝"形制形成了长久的影响③。清人《读礼通考》卷八七《葬考六》"通论"题下引吕坤曰："生而宫墙，没而暴之中野，吾忍乎哉？作室于墓，筑以周垣，树以松楸，

① 〔清〕程馀庆撰，高益荣、赵光勇、张新科编撰：《史记集说》，三秦出版社 2011 年 4 月版，第 111 页。
② 韩兆琦注译，王子今原文总校勘：《新译史记》，三民书局股份有限公司 2016 年 11 月增订二版，第 333 页。
③ 〔明〕吕坤：《四礼翼》，明万历刻《吕新吾全集》本，第 16 页。

犹然室家也。生死安之。堪舆家言，墓不宜木。秦树草木
以象山，后世陵寝因之，未见有不宜者。"① 字句略异。

贾山是对秦政多有评判的西汉政论家。我们对秦史的
一些具体的认识，来自贾山的回顾。对于秦始皇陵的形
制、规模和工程组织，贾山说：

> 死葬乎骊山，吏徒数十万人，旷日十年。下彻三
> 泉合采金石，冶铜锢其内，漆涂其外，被以珠玉，饰
> 以翡翠，中成观游，上成山林。为葬薶之侈至于此，
> 使其后世曾不得蓬颗蔽冢而托葬焉。

所谓"上成山林"，说到陵冢植被覆盖的形式。对于"蓬
颗蔽冢"，颜师古注："服虔曰：'谓块墣作冢，喻小也。'
臣瓒曰：'蓬颗，犹裸颗小冢也。'晋灼曰：'东北人名
土块为蓬颗。'师古曰：'诸家之说皆非。颗谓土块。蓬
颗，言块上生蓬者耳。举此以对冢上山林，故言蓬颗蔽冢
也。'"（《汉书》卷五四《贾山传》）颜注不赞同以为"蓬
颗"形容"小冢"的意见，指出"蓬"就是"块上"所
"生"植物。"生蓬"的提示，对于认识陵丘的自然形态相

---

① 文渊阁《四库全书》本，第 1668 页。

上林繁叶

当重要。王先谦《汉书补注》取《颜氏家训·书证》"北土通呼物一凷"[①]，说明"块""颗"双声，"块亦为颗"，解释了"颗谓土块"[②]，而"蓬颗，言块上生蓬者"之说，也得到助证。颜师古以为"蓬颗蔽冢"与"冢上山林"对应的意见，是合理的。

其实，冢墓"树""木"的情形先秦时应当已经出现。《周礼·春官·冢人》："以爵等为丘封之度与其树数。"郑玄注："别尊卑也。"贾疏云："尊者丘高而树多，卑者封下而树少，故云别尊卑也。"[③] 如果考虑《周礼》成书年代存在争议，那么《吕氏春秋·安死》："世之为丘垄也，其高大若山，其树之若林。"高诱注："木聚生曰林也。"则明确反映战国时事。《淮南子·齐俗》："殷人之礼，……葬树松"，"周人之礼，……葬树柏。"又追溯到殷代。而《吕氏春秋·安死》："尧葬于谷林，通树之。"高诱注："通林以为树也。"则说到更古远的时期。

不过，《易·系辞下》："古之葬者，……葬之中野，不封不树。"从比较明确的关于古来"不封不树"传统礼

---

① 〔北齐〕颜之推撰，王利器集解：《颜氏家训集解》，上海古籍出版社1980年7月版，第427页。

② 王先谦撰：《汉书补注》，中华书局据清光绪二十六年虚受堂刊本1983年9月影印版，第1089页。

③ 〔清〕孙诒让撰，王文锦、陈玉霞点校：《周礼正义》，中华书局1987年12月版，第1698页。

俗的历史记忆看，"世之为丘垄也""其树之若林"的情形，出现不会很早。《太平御览》卷九五二引《孔丛子》："夫子墓方一里，诸弟子各以四方奇木来殖之。"传说中孔子弟子们搜求四方奇木的这种纪念形式，有相当长久的影响。但是，有学者指出，"《孔丛子》一书的结集，不是一次性完成的，必然经过了长期的编纂、续修过程。"即使"秦末汉初之际，孔鲋可能已经写定、编纂完成《孔丛子》"的"前六卷"①，书中关于"夫子墓"早期形制的记录，亦未可确信。不过，孔子及其家族的墓园后来称作"孔林"，则体现了冢墓所植林木成为代表性文化标志的情形，与我们这里讨论的主题有关。正史关于"孔林"最早的记载，见于《旧五代史》卷一一二《周书·太祖纪》："……遂幸孔林，拜孔子墓。"

秦始皇陵"树草木以象山"，"上成山林"，可能是重要陵墓比较早的"树""木"的实例。有学者曾经指出，秦始皇陵可以看作我国最早的陵墓园林②。这一说法是有一定根据的。《吕氏春秋》的记载比较明朗地指出"为丘垄""树之若林"的做法。该书撰成于秦地，以为此说首先

① 孙少华著：《〈孔丛子〉研究》，中国社会科学出版社2011年11月版，第56页。

② 徐卫民、呼林贵：《秦建筑文化》，陕西人民教育出版社1994年7月版，第161—162页。

上林繁叶

体现秦地世俗现象的理解，也许比较接近史实。

"天子树松"与茂陵"溉树"

明确说到汉代埋葬制度"树""木"的等级的，有《白虎通》卷一一《崩薨》"坟墓"条：

> 封树者，可以为识。故《檀弓》曰："古也墓而不坟，今丘也。东西南北之人也，不可以不识也，于是封之，崇四尺。"《含文嘉》曰："天子坟高三仞，树以松。诸侯半之，树以柏。大夫八尺，树以栾。士四尺，树以槐。庶人无坟，树以杨柳。"

所谓"天子坟高三仞，树以松"，是帝陵植树的制度史记录。《说文·木部》也有这样的文字：

> 栾，栾木。似栏。从木，䜌声。《礼》：天子树松，诸侯柏，大夫栾，士杨。

同样明确说"天子树松"。段玉裁注指出"栾木，似栏"的"栏"，就是"楝"。他又写道：

"士杨"二字，当作"士槐，庶人杨"五字，转写夺去也。"《礼》"，谓《礼纬含文嘉》也。《周礼·冢人》："以爵等为丘封之度，与其树数。"贾疏引《春秋纬》："天子坟高三仞，树以松；诸侯半之，树以柏；大夫八尺，树以藥草；士四尺，树以槐；庶人无坟，树以杨柳。""藥草"二字，"栾"之误也。《白虎通》引《春秋》、《含文嘉》语全同，正作"大夫以栾"。又《广韵》引《五经通义》"士之冢树槐"。然则此"士"下有夺可知矣。《含文嘉》是《礼纬》。《白虎通》云《春秋》、《含文嘉》。盖引《春秋》、《礼》二《纬》，而《春秋》下有夺字。唐《封氏闻见记》引《礼经》及《说文》皆讹舛。

《白虎通疏证》卷一一《崩薨》："《含文嘉》曰：'天子坟高三仞，树以松。诸侯半之，树以柏。大夫八尺，树以栾。士四尺，树以槐。庶人无坟，树以杨柳。'"陈立指出："此引《含文嘉》文，《冢人疏》引作'《春秋纬》文'，《御览》引'天子'上有'《春秋》之义'四字。又《白虎通》旧本于'《含文嘉》'之上有'《春秋》'二字，当是《礼纬》、《春秋纬》并有其文也。" ① 大略可知，"天

---

① 〔清〕陈立撰，吴则虞点校：《白虎通疏证》，第559页。

子坟""树以松"，经儒学学者的宣传，已经成为汉代社会普及程度相当高的礼学常识。《艺文类聚》卷八八引《三辅黄图》说，"汉文帝霸陵，不起山陵，稠种柏。"谢承《后汉书》卷二《虞延传》："陈留虞延为郡督邮。光武巡狩至外黄，问延园陵柏树株数，延悉晓之，由是见知。"[①]都是帝陵"种柏"史例。看来，"天子坟""树以松"，也不是非常严格的定制。

古代等级比较高的陵墓，多选择"高敞"地方。晋人杜预赞赏"郑大夫"墓葬选址，称美其"造冢居山之顶，四望周达"，就体现了这一理念。"高敞"除有效防避水害而外，还可以"四望周达"，显现高贵。而四方仰望冢墓高顶，也会因视觉效应产生敬重之意。理解这种考虑，萧何对刘邦所说"非壮丽无以重威"的话（《史记》卷八《高祖本纪》），可以参考。杜预"先为遗令"，对自己的葬地也有所安排。其中关于葬地的选择，也说到"东奉二陵，西瞻宫阙，南观伊洛，北望夷叔，旷然远览，情之所安也"（《晋书》卷三四《杜预传》）。人为营造与自然条件共同生成的景观，可以产生"壮丽""重威"的作用。《晋书》卷二六《食货志》："昔汉遣轻车使者氾胜之督三辅种麦，而关中遂穰。"汉成帝时任议郎，曾在关中地区督导

---

① 周天游辑注：《八家后汉书辑注》，上海古籍出版社 1985 年 12 月版，第 34 页。

农业的氾胜之，在其农学名著《氾胜之书》中写道："种木无期，因地为时，三月榆荚雨时，高地强土可种木。"（《艺文类聚》卷八八"榆"题下引《氾胜之书》）万国鼎以为"木"乃"禾"之误[①]"五陵原"地方，正是典型的"高地强土"[②]。

汉代的"五陵原"，应当有人工林在比较好的条件下得以发育[③]。

帝陵作为重点护卫对象，应有足够员额设定。《长安志》卷一四《兴平》"汉武帝茂陵"条引《关中记》云：

> 汉诸陵皆高十二丈，方一百二十步。惟茂陵一十四丈，方一百四十步。徙民置县者凡七，长陵、茂陵皆万户，余五陵各五千户。陵县属太常，不隶郡也。守陵、溉树、扫除，凡五千人。陵令属官各一人，寝庙令一人，园长一人，门吏三十三人，候四人。

其中"园长一人"之"园长"职名，值得注意，或可帮助

① 万国鼎辑释：《氾胜之书辑释》，农业出版社 1980 年 12 月版，第 100 页。
② 参看王子今：《说"高敞"：西汉帝陵选址的防水因素》，《考古与文物》2005 年第 1 期。
③ 王子今：《西汉"五陵原"的植被》，《咸阳师范学院学报》2004 年第 5 期。

我们理解前引早期"陵墓园林"的说法。而"守陵、溉树、扫除，凡五千人"，明确出现"溉树"这一有关浇灌林木专职工作的信息。

汉武帝茂陵专门的"溉树"职任的出现，历代学者多曾注意。《元和郡县图志》卷二《关内道二·京兆下》"汉茂陵"条写道："汉茂陵，在县东北十七里，武帝陵也。在槐里之茂乡，因以为名。守陵、溉树、扫除，凡五千人。"《太平寰宇记》卷二七《关西道三·雍州三·兴平县》"茂陵故城"条也说："汉武帝陵在槐里之茂乡，因以为名。守陵、溉树、扫除，凡五千人。"清佚名《汉书疏证》卷三《武帝纪》"葬茂陵"条"守陵、溉树、扫除，凡五千人"这条史料，引《元和郡县志》[①]。清人许鸿磬《方舆考证》卷三四亦称引《元和志》[②]。清人沈钦韩《后汉书疏证》卷一四《右扶风》"茂陵"条则与《长安志》同，亦引《关中记》曰："汉诸陵皆高十二丈，方一百二十步。惟茂陵高一十四丈，方一百四十步。徙民置县者凡七，长陵、茂陵皆万户，余五陵各千户。陵县属太常，不隶郡也。守陵、溉树、扫除，凡五千人。"[③] 顾炎武《肇域志》卷三四

---

① 〔清〕佚名：《汉书疏证》，清钞本，第48页。

② 〔清〕许鸿磬撰：《方舆考证》，清济宁潘氏华鉴阁本，第4555页。

③ 〔清〕沈钦韩撰：《后汉书疏证》，上海古籍出版社2006年4月据清光绪二十六年浙江官书局刻本影印版，第273页。

引《关中记》："汉诸陵皆高十二丈，方一百二十步。惟茂陵高一十四丈，方一百四十步。徙民置县者凡七，长陵、茂陵皆万户，余五陵各五十户。陵县属太常，不隶郡也。守陵、溉树、扫除，凡五千人。陵令属官各一人，寝庙令一人，园长一人，门吏三十三人，候四人。"[①] 今按：一作"余五陵各千户"，一作"余五陵各五十户"，应为"余五陵各五千户"。

我们曾经指出，汉代"五陵原"有比较好的促成人工林得以发育的条件。其实，从茂陵"在槐里之茂乡"的地名信息，可以推知当地很可能原本就存在繁茂的原生林木。

汉代冢墓"列树成林"

上文说到《白虎通》卷一一《崩薨》"坟墓"条引《含文嘉》曰："天子坟高三仞，树以松。诸侯半之，树以柏。大夫八尺，树以栾。士四尺，树以槐。庶人无坟，树以杨柳。"指出"坟墓"植树，已成确定的礼俗风尚。即

---

① 〔清〕顾炎武：《肇域志》，清钞本，第1143页。

使"庶人无坟"，亦"树以杨柳"。当然根据等级差异分别"树以松""柏""栾""槐""杨柳"的说法，可能只是理想化的礼制规范，而实际情形应当因地理条件、区域传统和家族财力等多种因素的作用，不会整齐划一。如《晋书》卷八七《凉武昭王李玄盛传》说河西地方树种与内地即有不同："先是，河右不生楸、槐、柏、漆，张骏之世，取于秦陇而植之，终于皆死，而酒泉宫之西北隅有槐树生焉，玄盛又著《槐树赋》以寄情。"

　　袁绍在谴责曹操组织盗墓时说道："梁孝王，先帝母弟，坟陵尊显，松柏桑梓，犹宜恭肃。"（《三国志》卷六《魏书·袁绍传》裴松之注引《魏氏春秋》载绍檄州郡文）可知梁孝王"坟陵"栽植的树种是多样的。《艺文类聚》卷八八引《圣贤冢墓记》说："东平思王归国，思京师。后薨，葬东平，其冢上松柏皆西靡。"东平思王刘宇，汉宣帝甘露二年（前52）立。《汉书》卷八〇《宣元六王传·东平思王刘宇》："立三十三年薨。"颜师古注："《皇览》云东平思王冢在无盐，人传言王在国思归京师，后葬，其冢上松柏皆西靡也。"诸侯王陵上植"松柏"，也违反了《白虎通》引《含文嘉》"树以柏"的规范。

　　《艺文类聚》卷八八还引录了一则冢墓"种松柏"的史例："《广州先贤传》曰：'猗顿至孝，母丧，猗独立坟，历年乃成。居丧逾制，种松柏成行。'"猗顿是战国时著名富户。《史记》三见"猗顿之富"的说法，即《史记》卷六《秦始皇本纪》引贾谊《过秦论》，《史记》卷四八《陈涉世家》引贾谊《过秦论》，《史记》卷一一二《平津侯主父列传》引徐乐语。又见《汉书》卷六四上《徐乐传》《史记》卷一二九《货殖列传》说："猗顿用盬盐起。"裴骃《集解》："《孔丛子》曰：猗顿，鲁之穷士也。耕则常饥，桑则常寒。闻朱公富，往而问术焉。朱公告之曰：'子欲速富，当畜五牸。'于是乃适西河，大畜牛羊于猗氏之南，十年之间其息不可计，赀拟王公，驰名天下。以兴富于猗氏，故曰猗顿。"《汉书》卷九一《货殖传》："猗顿用猗盐起。"颜师古注："猗顿，鲁之穷士也。猗，盐池也。于猗造盐，故曰猗盐。"《汉书》卷三一《项籍传》也说到"猗顿之富"，颜师古注："越人范蠡逃越，止于陶，自谓陶朱公。猗顿本鲁人，大畜牛羊于猗氏之南，赀拟王公，驰名天下。"猗顿成功于战国时，因其富有，汉代依然"驰名天下"。《三国志》卷六五《吴书·韦曜传》也可见"猗顿之富"字样。猗顿故事虽然并非严格意义的汉代史料，却因年代临近，可以帮助我们理解汉代有关冢墓植树的民俗现象。

古诗十九首中，有诗句说到"陵""墓""丘""坟"景象，借以表述对社会人生的文化感觉。其中可见冢墓的林木：

青青陵上柏，磊磊磵中石。人生天地间，忽如远行客。斗酒相娱乐，聊厚不为薄。驱车策驽马，游戏宛与洛。

驱车上东门，遥望郭北墓。白杨何萧萧，松柏夹广路。下有陈死人，杳杳即长暮。潜寐黄泉下，千载永不寤。

去者日已疏，来者日以亲。出郭门直视，但见丘与坟。古墓犁为田，古柏摧为薪。白杨多悲风，萧萧愁杀人。

"陵""墓""丘""坟"左近，多有"松柏""白杨"。所谓"古墓犁为田，古柏摧为薪"，说冢墓被破坏的情形。"古墓"和"古柏"是一体化的前代遗存。对于"青青陵上柏"句"陵"的理解，马茂元说："'陵'，大的土山。"①《文选》卷二九《杂诗上·古诗十九首》张铣的解释是："陵，山也。"但接着又写道："此诗叹人生促迫多忧，将追宴乐之理。"以"山"解"陵"字，合理的意义应当不是一般的"土山"，其义或近似战国秦汉人语言习惯称冢墓之"山陵"。如《史记》卷四三《赵世家》"一旦山陵

---

① 马茂元著：《古诗十九首初探》，陕西人民出版社1981年6月版，第49页。

崩"，《史记》卷一二一《儒林列传》张守节《正义》引卫宏《诏定古文尚书序》"骊山陵"。又《汉书》卷一八《外戚恩泽侯表》"坐山陵未成置酒歌舞，免"，《汉书》卷二七上《五行志第七上》"山陵昭穆之地"，《汉书》卷九七下《外戚传下·孝成赵皇后》"谤议上及山陵"，《汉书》卷九八《元后传》"先帝弃天下，根不悲哀思慕，山陵未成，公聘取故掖庭女乐五官殷严、王飞君等"。《水经注》卷一九《渭水》："秦名天子冢曰山，汉曰陵，故通曰山陵矣。"元人郝经《续后汉书》卷八七中下《录第五中下》"山陵"条说《史记》卷六《秦始皇本纪》记述，"山陵之称始此，汉因之，特为陵号。"[①] 清人余集《滑承芳同年望云图》诗："青青陵上柏，郁郁松间墓。寂寂墓中人，杳杳即长暮。"[②] 应当说其理解比较接近《古诗十九首》"青青陵上柏"句本义。

《白虎通》引《含文嘉》所谓"庶人无坟，树以杨柳"，是说最低等级的墓葬，一般的墓葬，往往都会追逐土方工程和造林工程相兼的"成坟""种树"的社会风习。《东观汉记》卷一六《李恂传》写道：

李恂遭父母丧，六年躬自负土树柏，常住冢下。

---

① 文渊阁《四库全书》本，第 1119 页。
② 〔清〕余集：《忆漫斋剩稿》，清道光刻本，第 1 页。

谢承《后汉书》卷六《方储传》也记述了情节类同的事迹：

> （方储）幼丧父，事母孝。除郎中，遭母忧，弃官行礼，负土成坟，种松柏奇树千余株，鸾鸟栖其上，白兔游其下。①

"负土"与"树柏""树松柏"并说，都体现出了以这种行为表现孝心的情形。

冢墓植树，在汉代已经成为盛行一时的社会礼俗。《盐铁论·散不足》记载，"贤良"批评普遍的奢侈消费风习，也说到丧葬方面的问题："古者，瓦棺容尸，木板堲周，足以收形骸，藏发齿而已。及其后，桐棺不衣，采椁不斫。今富者绣墙题凑。中者梓棺楩椁，贫者画荒衣袍，缯囊缇橐。"又说："古者，明器有形无实，示民不可用也。及其后，则有醯醢之藏，桐马偶人弥祭，其物不备。今厚资多藏，器用如生人。郡国繇吏，素桑楺偶车橹轮，匹夫无貌领，桐人衣纨绨。"对于冢墓及附属建筑营造的铺张，"贤良"也有所指责：

---

① 周天游辑注：《八家后汉书辑注》，第 413—414 页。

古者，不封不树，反虞祭于寝，无坛宇之居，庙堂之位。及其后，则封之，庶人之坟半仞，其高可隐。今富者积土成山，列树成林，台榭连阁，集观增楼。中者祠堂屏合，垣阙罘罳。

"积土成山，列树成林"，成为"富者"引领，又影响社会不同层次，而受到广泛崇尚的民间风习。

陵墓"林木"的象征意义

前引《白虎通》说，"树"有直接"可以为识"的意义。我们还讨论了陵墓"树草木以象山"，或许追求"壮丽""重威"作用的动机。陵墓植树，其实还有文化象征的意义。

比如，"松柏"，是汉代冢墓"列树成林"的主要树种。以致有这样的故事，"张湛好于斋前种松柏，时人曰：张湛屋下陈尸。"（《艺文类聚》卷八八）"松柏"竟然被"时人"以为冢墓的标志。"松柏"有最强的生命力，也象征高贵的等级地位。孔子说："岁寒，然后知松柏之后凋也。"（《论语·子罕》）这其实已经形成一种文化共识。

《庄子·让王》："天寒既至，霜雪既降，吾以是知松柏之茂也。"《荀子·大略》："岁不寒无以知松柏；事不难无以知君子无日不在是。"而这一理念通过《吕氏春秋》对秦代文化曾经有所影响，在汉代是又得到强化宣传的。《吕氏春秋·慎人》："大寒既至，霜雪既降，吾是以知松柏之茂也。"《淮南子·俶真》："夫大寒至，霜雪降，然后知松柏之茂也；据难履危，利害陈于前，然后知圣人之不失道也。"

"松柏"，还有神秘的意义。《艺文类聚》卷八八引《列仙传》曰："仇生赤，当汤时，为木正。常食松脂，自作石室，周武王祠之。"又曰："偓佺好食松实，能飞行逮走马。以松子遗尧，尧不能服。松者，樀松也。"仙人"常食松脂"，"好食松实"，又"服""松子"。与"松"的亲密关系，可以近仙人，得长生。《艺文类聚》卷八八引《嵩高山记》曰："嵩岳有大树松，或百岁千岁，……采食其食，得长生。"同卷引《汉武内传》曰："药有松柏之膏，服之可延年。"也都体现了同样的意识。

《文选》卷二九何敬祖《杂诗》："秋风乘夕起，明月照高树。""心虚体自轻，飘飘若仙步。瞻彼陵上柏，想与神人遇。"李善注："古诗曰：'青青陵上柏。'《文子》曰：'天地之间有神人、真人。'"李周翰注："柏之耐寒而不凋，故想与神仙之人与之遇合，求长生也。"汉代兴起的黄肠题凑葬制，即上文所引《盐铁论·散不足》所谓"题凑"所提示者，以柏木为葬具原材料。这种选择的出发点，还没有明确的有充分说服力的解说。结合"青青陵上柏"的神秘意义，或许也可以分析促成墓主"与神人遇"的可能性。

张光直先生曾经分析古代中国"巫师通神的工具和手段"，首先举列的就是："（一）山""（二）树"[①]。其论说细致充分，详尽有力，没有必要再在这里重复。我们所受到的学术启示，包括秦汉山陵树木神秘作用的理解，可以从"通神"追求的视角有所考察。前引"瞻彼陵上柏，想与神人遇"诗句，其实已经可以开启有重要意义的学术思路。

如果以生态环境史的思路分析，"树草木以象山"的努力，也许还有维护葬地某种生机与活力的出发点。前引方储故事："负土成坟，种松柏奇树千余株，鸾鸟栖其上，白兔游其下。""鸾鸟""白兔"的表现，颂扬者以为理想境界。在秦汉人的意识中，陵墓可能是需要这种生动活跃的气息的。张光直先生曾经分析过古代社会对于死后"魂魄"的形态和去向的认识。他指出，古代人的意识中，"人死之后魂魄分离，魂气升天，形魄归地"，于是，"古

———————
① 张光直：《中国青铜时代（二集）》，生活·读书·新知三联书店1990年5月版，第52—55页。

　　　　　　　　　　　　　上林繁叶

代的埋葬制度与习俗便必然具有双重的目的与性格，即一方面要帮助魂气顺利地升入天界，一方面要好好地伺候形魄在地下宫室里继续维持人间的生活。""不论南北早晚，中国古代葬俗对魂魄两者都是加以照顾的。"张光直先生提示我们注意，考察古代葬俗葬制，不宜忽略对"人神沟通的象征意义"的关注①。

也许对秦汉时期"山陵""林木"的意义的思考，有必要注意多角度多层面的分析。

秦汉陵墓植树礼俗的历史影响

《三国志》卷九《魏书·曹真传》裴松之注引《世语》："（魏）明帝治宫室，（杨）伟谏曰：'今作宫室，斩伐生民墓上松柏，毁坏碑兽石柱，辜及亡人，伤孝子心，不可以为后世之法则。'"看来，"墓上松柏"，可能已经成为反映社会丧葬文化常态的一种冢墓风景。

令狐愚参与了一次未遂政变。《三国志》卷二八《魏书·王凌传》记载，事态发展进程中，"愚病死"，其事

---

① 张光直：《〈中国著名古墓发掘记〉序》，《考古人类学随笔》，三联书店1999年7月版，第19—20页。

败，遭到司马懿集团以发冢为形式的惩罚，又"剖棺，暴尸于所近市三日，烧其印绶、朝服"。裴松之注引干宝《晋纪》写道："兖州武吏东平马隆，托为愚家客，以私财更殡葬，行服三年，种植松柏。一州之士愧之。"在令狐愚冢墓"种植松柏"，成为一种庄重的纪念方式。对同一故事的记述，《晋书》卷五七《马隆传》："隆以武吏托称愚客，以私财殡葬，服丧三年，列植松柏，礼毕乃还，一州以为美谈。"

山涛在母亲冢墓"植松柏"事，见《晋书》卷四三《山涛传》："涛年逾耳顺，居丧过礼，负土成坟，手植松柏。"以"植松柏"尽孝情形，可见《晋书》卷八八《孝友传·夏方》："方年十四，夜则号哭，昼则负土，十有七载，葬送得毕，因庐于墓侧，种植松柏，乌鸟猛兽驯扰其旁。"同卷《孝友传·许孜》："孜以方营大功，乃弃其妻，镇宿墓所，列植松柏亘五六里。"类似情形，又如《南齐书》卷五四《高逸传·宗测》："母丧，身负土植松柏。"《南史》卷七五《隐逸传上·宗测》："母丧，身自负土，植松柏。"《陈书》卷三二《孝行传·殷不佞》："身自负土，手植松柏，每岁时伏腊，必三日不食。"《南史》卷七四《孝义传下·殷不佞》："身自负土，手植松柏，每岁时伏腊，必三日不食。"《隋书》卷七二《孝义传·刘士儁》："性至孝，丁母丧，绝而复苏者数矣。勺饮不入口者七日，庐于墓侧，负土成坟，列植松柏。狐狼驯扰，为之取食。"《北史》卷八四《孝行传·刘士俊》："性至孝。丁母丧，绝而复苏者数矣。勺饮不入口者七日。庐于墓侧，负土成坟，列植松柏，虎狼驯扰，为之取食。"《南史》卷二六《马仙琕传》："父忧毁瘠过礼，负土成坟，手植松柏。"《旧唐书》记载冢墓"植松柏"事多例。如《旧唐书》卷六〇《宗室传·淮安王神通传附子道彦传》："丁父忧，庐于墓侧，负土成坟，躬植松柏。"《旧唐书》卷一〇二《褚无量传》："其所植松柏，时有鹿犯之，无量泣而言曰：'山中众草不少，何忍犯吾先茔树哉！'"《旧唐书》卷一七七《崔慎由传》："弟兄庐于父墓，手植松柏。"《旧唐书》卷一九三《列女传·孝女王和子》："闻父兄殁于边上，被发徒跣缞裳，独往泾州，行丐取父兄之丧，归徐营葬，手植松柏，剪发坏形，庐于墓所。"《旧唐书》卷一九三《列女传·郑神佐女》："便庐于坟所，手植松槚，誓不适人。"《新唐书》卷二〇四《列女传·李孝女妙法》："结庐墓左，手植松柏，有异鸟至。"

　　唐人孟郊《哭李观》诗："旅葬无高坟，栽松不成行。"[1] 表述了行旅中意外去世，不能归葬故里，坟墓未能实现理想形制的遗憾。可知正常的安葬，是应当从容"栽

---

[1] 〔唐〕孟郊撰，华忱之校订：《孟东野诗集》卷一〇《哀伤》，人民文学出版社1959年7月版，第179页。

松""列植""成林"的。前引刘士儁"列植松柏",林木似已略成规模。其他言"植""手植"等,不清楚栽植数量。《北史》卷七一《隋宗室诸王传·蔡景王整》:"文帝初居武元之忧,率诸弟负土为坟,人植一柏,四根郁茂,西北一根整栽者独黄。"只是"人植一株"而已。前引《晋书》卷八八《孝友传·许孜》说到冢墓"列植"林木的规模,称"亘五六里"。《北齐书》卷四五《文苑传·樊逊》:"衡性至孝,丧父,负土成坟,植柏方数十亩,朝夕号慕。"所植柏林以"亩"计。《旧唐书》则可见"植松柏"株数的记载。《旧唐书》卷一八五上《良吏传上·薛季昶》:"葬毕,庐于墓侧,蓬头跣足,负土成坟,手植松柏数百株。"同卷《良吏传上·高智周》:"庐于墓侧,植松柏千余株。"《旧唐书》卷一八八《孝友传·张志宽传》:"及丁母忧,负土成坟,庐于墓侧,手植松柏千余株。"又《宋史》卷四五六《孝义传·易延庆》也写道:"居丧摧毁,庐于墓侧,手植松柏数百本,旦出守墓,夕归侍母。"

宋元时期沿袭这一风习的史例,还有《宋史》卷三二四《张奎传》:"其后母卒,庐于墓,自负土植松柏。"又《元史》卷二〇〇《列女传一·马英》:"及丧母,卜地葬诸丧,亲负土为四坟,手植松柏,庐墓侧终身。"

冢墓种植林木的风习,也见于异族史迹。《梁书》卷五四《东夷传·高句骊》:"积石为封,列植松柏。"

我们还看到在冢墓旁侧种植"花卉"的情形。《梁书》卷五一《处士传·何点》："园内有卞忠贞冢，点植花卉于冢侧，每饮必举酒酹之。"此说"植花卉"，又作"植花。"《南史》卷三〇《何点传》："园有卞忠贞冢，点植花于冢侧，每饮必举酒酹之。"

"禁樵采"：冢墓"林木"保护

墓上植树，是沿袭久远的风习。冢墓"林木"因多种原因会有所损伤。三国魏人管辂过毌丘俭墓下，曾经发表"林木虽茂，无形可久"的感叹（《三国志》卷二九《魏书·方技传·管辂》），透露出某种憾恨。刘曜"葬其父及妻"，"二陵"工程宏大。《晋书》卷一〇三《刘曜载记》记载，后来因"大雨霖""大风"，"墓门屋"及"寝堂"受损，"松柏众木植已成林，至是悉枯。"陵墓"松柏众木"规模"成林"，然而"悉枯"，可能是由于自然因素所导致。人为因素的破坏，也是普遍发生的情形。

墓上"林木"是与冢墓结为一体的宗法关系的象征。据说宋太宗时，兵部尚书卢多逊在上层政治权争中失利，以"交结亲王""大逆不道"之罪，全家流配崖州。《宋史》

卷二六四《卢多逊传》说，"（卢）多逊累世墓在河内，未败前，一夕震电，尽焚其林木，闻者异之。"卢多逊家族墓地林木因雷击而焚毁，被看作他政治命运发生转折的一种征兆。

冢墓"林木"遭到损坏，确实可能对于宗族成员造成严重的心理伤害。《三国志》卷九《魏书·曹真传》裴松之注引《世语》："（魏）明帝治宫室，（杨）伟谏曰：'今作宫室，斩伐生民墓上松柏，毁坏碑兽石柱，辜及亡人，伤孝子心，不可以为后世之法则。'"《晋书》卷八八《孝友列传·庾衮》又记载这样的故事："或有斩其墓柏，莫知其谁，乃召邻人集于墓而自责焉，因叩头泣涕，谢祖祢曰：'德之不修，不能庇先人之树，衮之罪也。'父老咸亦为之垂泣，自后人莫之犯。"这是以"自责"为表现的一种反应。而通常的情形，"伤""心"之外，会激起强烈的愤怒。

在能够得知家族墓地林木破坏者的情况下，往往会发生形式暴烈的报复。《晋书》卷九二《文苑列传·李充》写道："（李）充少孤，其父墓中柏树尝为盗贼所斫，（李）充手刃之，由是知名。"这种全力维护家族墓地的行为，受到社会舆论的肯定。唐代还曾经发生以乡人砍伐其父亲墓地上的柏树为借口，将其杀害的情形。如《旧唐书》卷一六五《柳仲郢传》："富平县人李秀才，籍在禁军，诬乡人斫父墓柏，射杀之。"墓上林木的保护，受到政治权力的支持，《晋书》卷三七《宗室列传·忠王尚之》说："(司马)文思性凶暴，每违轨度，多杀弗辜。好田猎，烧人坟墓，数为有司所纠。"这里所说到"烧人坟墓"，很可能是指烧毁墓上林木。唐肃宗时，韦陟任吏部尚书，"宗人伐墓柏，坐不相教，贬绛州刺史。"(《新唐书》卷一二二《韦陟传》)宗族中人伐取墓柏，因未能严加管教，竟然受到贬官的处分。

汉代已经有比较完备的陵墓保护制度。"守陵""守冢""守墓"机制初步形成。国家行政力量的陵墓保护对象，除了当代帝陵之外，还包括先代帝王和一些贤人名士的墓葬。上文说到茂陵守护人员包括"溉树"，说明陵墓的"林木"必然在保护范围之内。《晋书》卷一〇五《石勒载记下》记载，石勒追念介子推事迹，"有司奏以子推历代攸尊，请普复寒食，更为植嘉树，立祠堂，给户奉祀。"《旧五代史》卷四《梁书·太祖纪》："宗正寺请修兴极、永安、光天、咸宁诸陵，并令添修上下宫殿，栽植松柏。"所谓"植嘉树""栽植松柏"，都体现对陵墓原有"林木"予以恢复的努力。

唐代《天圣令》卷二九《丧葬令》有明确的对陵园林木予以保护条文："先代帝王陵，并不得耕牧樵采。"[1]后

---

[1] 天一阁博物馆、中国社会科学院历史研究所天圣令整理课题组校证：《天一阁明钞本天圣令校证》，中华书局 2006 年 10 月版，第 351 页。

世继承了这种制度①。顾炎武《日知录》卷一五"前代陵墓"条，对古来陵墓有所保护的制度有所赞赏。其中第一例"古人于异代山陵，必为之修护"事，即"汉高帝十二年十二月诏"，也就是宣布对"秦皇帝、楚隐王、魏安釐王、齐愍王、赵悼襄王"及"魏公子无忌"安排"守冢"的正式命令。随后"魏明帝景初二年五月戊子诏"宣布保护"汉高"和"光武""坟陵"，其中为"坟陵崩颓，童儿牧竖践蹋其上"深表痛心。"童儿牧竖"的"践蹋"也是直接的植被破坏。顾炎武列举的"南齐明帝建武二年十二月丁酉诏"也说到"牧竖"行为。所说历代帝王保护"异代山陵"的诏令中，说到明确规定禁止损害陵园"林木"者，有"魏高祖太和二十年五月丙戌诏：'……各禁方百步，不得樵苏践踏。'""孝明熙平元年七月诏曰：'……诸有帝王坟陵，四面各五十步，勿听樵牧。'""隋炀帝大业二年十二月庚寅诏曰：'前代帝王，因时创业，君民建国，礼尊南面。而历运推移，年世永久，丘垄残毁，樵牧相趋，茔兆堙芜，封树莫辨。……自今以来帝王陵墓，可给随近十户，蠲其杂役，以供守视。'""唐玄宗天宝三载十二月诏：'自古圣帝明王，陵墓有颓毁者，宜令管内量事修葺，仍明立标记，禁其樵采。'"顾炎武写道："宋

---

① 参看王子今：《两汉"守冢"制度》,《南都学坛》2020年第3期。

熙宁中，'……唐之诸陵，悉见芟削，昭陵乔木，翦伐无遗。'小民何识，自上导之，靡存爱树之思，但逐樵苏之利。吁，非一朝之故矣。"顾炎武还引录了金太宗大会七年二月甲戌诏："禁医巫闾山辽代山陵樵采。"以及"本朝洪武九年八月己酉"，遣专人"分视历代帝王陵寝"，以及"百步内禁人樵牧，设陵户二人守之"的命令。

对于"先代陵庙""禁樵采"的规定，又见于《宋史》卷一〇五《礼志·吉礼八·先代陵庙》载录的诏令。

《日知录》对于陵墓"修护"，除了"异代山陵"之外，还关注了"士子故茔"。他引录"陈文帝天嘉六年八月丁丑诏"，谴责前代陵墓破坏，"零落山丘，变移陵谷，咸皆翦伐，莫不侵残""无复五株之树，罕见千年之表。"这里是涉及"林木"破坏的。即使在帝陵保护受到重视，"桥山之祀，苹藻弗亏，骊山之坟，松柏恒守"的情况下，又提示许多政治闻人和文化名流的冢墓保存状况依然非常恶劣："惟戚藩旧垄，士子故茔，掩殣未周，樵牧犹众。或亲属流隶，负土无期，子孙冥灭，手植何寄。"回顾刘邦创制"守冢"制度的初衷，提示"汉高留连于无忌"的意义，宣布："维前代王侯，自古忠烈，坟冢被发绝无后者，可检行修治，墓中树木，勿得樵采，……。"（《陈书》卷三《世祖纪》）顾炎武肯定这一政策的意义："不独前代山陵，即士大夫之丘墓并为封禁，亦兴王之一事，可为后法者矣。"所说"封禁""禁樵采",是主要保护措施之一。

上文说到唐《天圣令》对陵园林木予以保护的条文："先代帝王陵,并不得耕牧樵采。"在后世法律文书中还可以看到对于民间冢墓"林木"破坏现象的处理方式,以及具体的案例。《名公书判清明集》作为宋代诉讼判决书和官府司法公文的分类合集,有法律思想史、司法史资料的意义。该书卷九《墓木》题下有"舍木与僧""争墓木致死""庵僧盗卖坟木""卖墓木"条,都记述了有关保护墓园林木的案例。如"舍木与僧"条:"舍坟禁之木以与僧,不孝之子孙也;诱其舍而斫禁木者,不识法之僧也。若果如县断,则是为尊者可舍墓木,为侄者不合诉墓木,与法意大差矣!程端汝勘杖一百,僧妙日不应为,杖六十。帖县照断。"墓园的林木是"坟禁之木""禁木"。程端汝将"禁木"施舍"与僧"。"僧""斫禁木"。事被程端汝之侄所诉。"县断"以为程端汝"为尊者",判定"为侄者"败诉。而更高等级的司法判断,是程端汝"舍坟禁之木",是"不孝之子孙",而"诱其舍而斫禁木者"之"僧",为"不识法之僧",分别受到"杖一百"和"杖六十"的惩罚。又如"庵僧盗卖坟木"条:"许孜,古之贤士也。植松于墓之侧,有鹿犯其松栽,叹曰:鹿独不念我乎!明日,其鹿死于松下,若有杀而致之者。兽犯不赦,幽而鬼神,犹将声其冤而诛殛之;矧灵而为人者,岂三尺所能容

上林繁叶

哉！师彬背本忘义，曾禽兽之不若。群小志于趋利，助之为虐，此犹可诿者，潘提举语其先世，皆名门先达也，维桑与梓，必恭敬止，今其松木连云，旁起临渊之羡，斤斧相寻，旦旦不置，乡曲之义扫地不遗，此岂平时服习礼义之家所应为乎！事至有司，儆之以法，是盖挽回颓俗之一端也。师彬决脊杖十七，配千里州军牢城收管。"罪罚对象"庵僧"可能即"师彬"，判定"师彬决脊杖十七，配千里州军牢城收管"，处罚是严厉的。"背本忘义"，违反"礼义"原则的责备，至于"曾禽兽之不若"的程度。

许孜故事，见于《晋书》卷八八《孝友传·许孜》："许孜字季义，东阳吴宁人也。孝友恭让，敏而好学。年二十，师事豫章太守会稽孔冲，受《诗》、《书》、《礼》、《易》及《孝经》、《论语》。学竟，还乡里，冲在郡丧亡，孜闻问尽哀，负担奔赴，送丧还会稽，蔬食执役，制服三年。俄而二亲没，柴毁骨立，杖而能起，建墓于县之东山，躬自负土，不受乡人之助。或愍孜羸惫，苦求来助，孜昼助不逆，夜便除之。每一悲号，鸟兽翔集。孜以方营大功，乃弃其妻，镇宿墓所，列植松柏亘五六里。时有鹿犯其松栽，孜悲叹曰：'鹿独不念我乎。'明日，忽见鹿为猛兽所杀，置于所犯栽下。孜怅惋不已，乃为作冢，埋于隧侧。猛兽即于孜前自扑而死，孜益叹息，又取埋之。自后树木滋茂，而无犯者。积二十余年，孜乃更娶妻，立宅墓次，烝烝朝夕，奉亡如存，鹰雉栖其梁，檐鹿与猛兽扰其庭圃，交颈同游，不相搏噬。元康中，郡察孝廉，不起，巾褐终身。年八十余，卒于家。邑人号其居为孝顺里。"许孜经营"二亲"墓园"列植松柏亘五六里"，又有"有鹿犯其松栽"及"鹿为猛兽所杀，置于所犯栽下"情节。而"自后树木滋茂，而无犯者"，是"服习礼义"者以为理想的境界。而《名公书判清明集》卷九《墓木》"庵僧盗卖坟木"案例，"师彬决脊杖十七，配千里州军牢城收管"的判决，是以司法形式维护这种"礼义"境界的故事。

与"礼义"处于另一观念层次的社会追求，也许同样值得我们注意。即"树木滋茂""鸟兽翔集"向往所体现的生态意识，似乎透露出追求自然和谐的倾向。前引方储事迹"种松柏奇树千余株，鸾鸟栖其上，白兔游其下"，应当也是表现之一。以当时的社会理念为背景，这种自然，即"使动植之类，莫不各得其所"（《宋书》卷二七《符瑞志上》）的环境条件。史籍所见类似表述，又有《南齐书》卷四七《王融传》："臣闻春庚秋蝉，集候相悲，露木风荣，临年共悦。夫唯动植，且或有心。况在生灵，而能无感。"《隋书》卷一四《音乐志中》："微微动植，莫违其性。"这一情形，应当是适宜于陵墓主人"魂魄飞扬"的自由的。"魂魄"的这种自由，在古人的意识中似乎相当重要。我们看到，《汉书》卷二七下之上《五行志第七下之上》："心之精爽，是谓魂魄。"《史记》卷八《高祖本纪》："（高祖）谓沛父兄曰：'游子悲故乡。吾虽都关中，万岁后吾魂魄犹乐思沛。'"《后汉书》卷四五《袁敞传》："欧刀在前，棺絮在后，魂魄飞扬，形容已枯。"又《宋书》卷二一《乐志三》载古词《乌生》之《乌生八九子》："唶我一丸即发中乌身，乌死魂魄飞扬上天。"这些历史文化遗存，都体现了相关理念。

关于曹操高陵出土刻铭石牌所见"挌虎"

　　曹操高陵出土"魏武王常所用挌虎大戟""魏武王常所用挌虎短矛"刻铭石牌，是非常重要的考古发现，以文物实证增益了我们对于曹操个人品性以及汉魏时代社会风尚的认识。

　　据《三国志》卷一《魏书·武帝纪》，在"遗令"之后，明确记载："谥曰武王。二月丁卯，葬高陵。"对于曹操高陵出土文物所见"魏武王"称谓的合理性，不应有所怀疑。所谓"常所用"，有人提出疑问，已经有学者指出，《三国志》卷五五《吴书·周泰传》裴松之注引《江表传》记录孙权事迹，可见"敕以己常所用御帻青缣盖赐之"。可知"常所用"实际上是当时社会的习用语。以"常所用"兵器随葬，与曹操强调薄葬原则时"敛以时服"的要求也是一致的。

　　"挌虎"即"格虎"。《说文·手部》："挌，击也。"《逸周书·武称》："穷寇不挌。"晋孔晁注："挌，斗也。"宋王观国《学林》卷五"格"条写道："《字书》：'格字从手，古伯切，击也，斗也。'《文选》相如《子虚赋》曰：'使专诸之伦，手格此兽。'五臣注曰：'格，击也'。"左思《吴都赋》也说到野生动物"啼而就擒""笑而被格"事。"五臣注曰：'格，杀也。'史书言格杀、格斗者当用从手之挌，而亦或用从木之格。如《汉书》《子虚赋》用从木之格。盖古人于从木从手之字多通用之。如橪枪挽抢之类是也。"同书卷九"挼"条也有类似的说法。

《三国志》卷一九《魏书·任城王传》说，任城威王曹彰，"少善射御，膂力过人，手格猛兽，不避险阻。数从征伐，志意慷慨。""手格猛兽"的说法较早见于《史记》卷三《殷本纪》帝纣事迹。《汉书》卷六五《东方朔传》亦说到汉武帝行猎"手格熊罴"行为。此后，"手格猛兽"事在魏晋南北朝史记录中颇为密集。具体如"格虎"，《太平御览》卷八三一引崔鸿《十六国春秋·后赵录》及《魏书》卷九五《石虎传》有"格虎车"，《水经注》卷二九《沔水》有"格虎山"，《搜神后记》卷九："义熙中，左将军檀侯镇姑孰，好猎，以格虎为事。"又《文苑英华》卷四一六署沈约《常僧景等封侯诏》有"前军将军宣合格虎队主马广"字样。汉代文献，则有《孔丛子》卷下孔臧《谏格虎赋》。而朱熹评断："《孔丛子》说话多类东汉人，其文气软弱，全不似西汉人文。"(《朱子语类》卷一二五）

而东汉"格虎"故事有《太平御览》卷八九二引王孚《安成记》曰:"平郡区宝者,后汉人,居父丧。邻人格虎,虎走趋其孤庐中,即以襄衣覆藏之。"

在曹操所处的时代,多有勇敢者与虎争搏的历史记录。《三国志》卷九《魏书·诸夏侯传》裴松之注引《世语》说:夏侯称年十六,参与田猎,"见奔虎,称驱马逐之,禁之不可,一箭而倒。名闻太祖,太祖把其手喜曰:'我得汝矣!'"又《诸夏侯传》记载,曹操哀惜族人功臣孤儿曹真,"收养与诸子同,使与文帝共止。常猎,为虎所逐,顾射虎,应声而倒。太祖壮其鸷勇,使将虎豹骑。"《三国志》卷一三《魏书·王朗传》说:曹丕"车驾出临捕虎,日昃而行,及昏而反"。我们虽然没有看到曹操亲自"格虎"的明确记载,但是从其身边后辈少年贵族上述事迹和曹操本人的态度,可以了解他欣赏"慷慨""鸷勇"的精神倾向。曹操高陵出土刻铭石牌"魏武王常所用挌虎大戟""魏武王常所用挌虎短矛"文字,虽然目前没有看到相关史籍资料,但是作为反映当时时代精神的文物实证,确实是十分宝贵的。孙权则有与猛虎近距离遭遇,且冒险"乘马射虎"的故事。《三国志》卷四七《吴书·吴主传》:"二十三年十月,权将如吴,亲乘马射虎于庱亭。马为虎所伤,权投以双戟,虎却废,常从张世击以戈,获之。"《三国志》卷五二《吴书·张昭传》:"权每田猎,常乘马射虎，虎常突前攀持马鞍。昭变色而前曰：'将军何有当尔？夫为人君者，谓能驾御英雄，驱使群贤，岂谓驰逐于原野，校勇于猛兽者乎？如有一旦之患，奈天下笑何？'权谢昭曰：'年少虑事不远，以此惭君。'然犹不能已，乃作射虎车，为方目，间不置盖，一人为御，自于中射之。时有逸群之兽，辄复犯车，而权每手击以为乐。昭虽谏争，常笑而不答。"这些体现当时人与虎的关系的故事，不仅是当时生态形势的反映，也可以理解为汉魏时代风尚的写照。孙权"常乘马射虎，虎常突前攀持马鞍"，而逸兽犯车，"每手击以为乐"的情节，给人们留下了深刻的历史印象。苏轼《江城子·猎词》有"亲射虎，看孙郎"的名句（《东坡词》），体现了这一历史记忆的长久。

我们注意到西汉上层社会曾经流行斗兽风习。而东汉帝王未见幸兽圈斗兽的事迹，似乎上层执政者这方面的嗜好已有所转移。从出土文物看，民间习俗亦已由斗兽向驯兽演变。这一情形，或许也可以部分反映汉代社会风尚演化的趋势。[①] 儒学的普及，或许与这一历史变化有关。而汉末三国时期，一些政治领袖推重法家之学，当时急烈之风再起，英雄人物多有"任侠"行迹。曹操少即"任侠放荡"，是符合当时世风的。这位史称"非常之人，超世之

---

① 王子今：《汉代的斗兽和驯兽》，《人文杂志》1982 年第 5 期。

杰"者,其个人风格,其实也是时代精神的某种标志性征像。而曹操高陵出土"魏武王常所用挌虎大戟""魏武王常所用挌虎短矛"刻铭石牌,可以看作相关历史文化现象的一种物证。

曹操高陵石牌文字"黄豆二斗"辨疑

　　曹操高陵出土石牌有起初释读铭刻"黄豆二升"字样者，后来有学者认真辨析，认为应当读作"黄豆二斗"[①]。

　　对于这一石牌的文字内容，有人提出质疑，以"曹操墓'黄豆二升'石牌涉假"，"唐朝的黄豆玩时空穿越，埋进了曹操墓"的形式批评。质疑者称，"安阳方面公布的这批石牌有21块，除了'魏武王常所用挌虎大戟'等文字外，其他的石牌上还有'黄豆二升'、'刀尺一……'（那个字看不清楚）、'胡粉二斤'等等。我曾请教北京大学的一位老教授，他说'黄豆'一语是后代出现的，汉魏时只用大豆一语。"质疑者自称"反复检索《四库全书》、《四部丛刊》及各种金石墓志和简帛牍策资料，并查看中国农业史的相关著作，发现结果确实如那位老教授所言"，"'黄豆'一词最先在唐代《开元占经》、《酉阳杂俎》等书

[①]　熊长云：《"黄豆二斗"石牌释文辨误》，《考古与文物》2015年第1期。

出现，之前用的全都是菽、大豆之语，无论经史子集、简帛金石，还是专业农学著作如汉《氾胜之书》、北魏贾思勰《齐民要术》中都是如此。"

这一问题涉及质疑者所说的"中国农业史"以及中国饮食史和中国丧葬观念史，也涉及史学研究的思想方法和考察路径，或许有必要讨论。

"'黄豆'一词"真的是"最先在唐代"出现的吗？是不是我们如果没有在唐以前的文献中看到有关"黄豆"的文字信息，就可以断言"曹操墓'黄豆二升'石牌涉假"呢？考据求实之学者，都知道证有易，证无难。断定某一时代某种事物之不曾存在，是要慎之又慎的。张荫麟先生曾经说，"凡欲证明某时代无某某历史观念，贵能指出其时代中有与此历史观念相反之证据。若因某书或今存某时代之书无某史学之称述，遂断定某时代无此观念，此种方法谓之'默证'（Argument from silence）。默证之应用及其适用之限度，西方史家早有定论。"张说专指"观念"，其实各种历史存在的"证明"都是如此。张荫麟先生引录了法国史学家色诺波（Ch. Seignobos）的说法："吾侪于日常生活中，每谓'此事果真，吾侪当已闻之。'默证即根此感觉而生。其中实暗藏一普遍之论据曰，倘若一假定之事实，果真有之，则必当有纪之之文籍存在。欲使此推论不悖于理，必须所有事实均经见闻，均经记录，而所有记录均保完未失然后可。虽然，古事泰半失载，载矣而多湮灭，在大多数情形之下，默证不能有效；必根于其所涵之条件悉具时始可应用之。现存之载籍无某事之称述，此犹未足为证也，更须从来未尝有之。倘若载籍有湮灭，则无结论可得矣。故于载籍湮灭愈多之时代，默证愈当少用。其在古史中之用处，较之19世纪之历史不逮远甚。"张荫麟先生以为，"此乃极浅显之理而为成见所蔽者，每明足以察秋毫之末而不见舆薪。"①徐旭生先生曾经对某些"疑古学派的极端派"的方法有这样的批评："极端疑古学派的工作人对于载籍湮灭极多的时代，却是广泛地使用默证，结果如何，可以预料。"②如果在考古收获中遇到意外的发现，不看作新鲜的信息，不看作有意义的新识，不看作探求未知世界的契机，而简单地直认"涉假"，嘲讽以"玩时空穿越"，应当说并不符合科学精神。

事实也许并非如曹操高陵质疑者所说："'黄豆'一词最先在唐代《开元占经》、《酉阳杂俎》等书出现，之前用的全都是菽、大豆之语，无论经史子集、简帛金石，还是专业农学著作如汉《氾胜之书》、北魏贾思勰《齐民要术》

---

① 张荫麟：《评近人对于中国古史之讨论》，《学衡》第40期，1925年4月；《古史辨》第二册，上海古籍出版社1982年版，第271—272页。

② 徐旭生：《中国古史的传说时代》（增订本），文物出版社1985年版，第24—25页。

中都是如此。"河西汉简可见"黑粟""白粟""白米""白粺米""白粱稷米"简文，可知汉代以色质区别农作物收成，已经成为习惯。以"黄"色指称的，有"黄米""黄种"等。汉简可见"胡豆"，《齐民要术·大豆》引《本草经》云："张骞使外国，得胡豆。"又引《广志》则说："胡豆，有青、有黄者。"其中"黄者"，有可能与所谓"黄豆"有关。《齐民要术·作酱等法》可见"乌豆"，有研究者以为，"乌豆"就是"黑大豆"①。东汉时期是豆类作物种植面积大规模扩展的历史阶段，有关"豆"的称谓有复杂的表现形式，是很自然的事情。

《齐民要术·大豆》写道："今世大豆，有白、黑二种。""小豆有菉、赤、白三种。"许多地区现今仍称"黄豆"为"白豆"。《齐民要术·大豆》又特别说道："黄高丽豆、黑高丽豆、䴸豆、裨豆，大豆类也。"如果理解其中"黄高丽豆"与"黄豆"有关，或者就是"黄豆"的一种，也许并不偏离历史真实过远。

宋超先生曾经著文《"黄豆二升"小考》，讨论曹操高陵出土石牌文字"黄豆二升"的历史学价值。其中写道："'黄豆'一词除见'曹操墓'中出土的石牌外，亦见日本学者池田温先生《中国历代墓券略考》所录熹平二

---

① 缪启愉校释：《齐民要术校释》，农业出版社1982年版，第426页。

年'张叔敬墓券'中:'熹平二年十二月乙巳朔十六日庚申、天帝使者、告张氏之家……今日吉良、非用他故,但以死人张叔敬,薄命蚤死,当来下归丘墓。黄神生五岳,主生人禄(生,一作死),召魂召魄,主死人籍。生人筑高台,死人归,深自狸。眉须以落(须以、须已),下为土灰。今故上复除之药,欲令后世无有死者。上党人参九枚,欲持代生人。铅人,持代死人。黄豆瓜子,死人持给地下赋……勿复烦扰张氏之家。急急如律令。'熹平(172—177)是东汉灵帝年号。如果池田氏录文无误,'墓券'中的'黄豆'一词,应是我们所能见到最早的关于'黄豆'的记录。"① 这件所谓《张叔敬墓券》,刘昭瑞先生《汉魏石刻文字系年》附录《汉魏镇墓文》中收录,题《张叔敬镇墓文》,定名显然更为准确。郭沫若《奴隶制时代》引用过这一资料②。陈直有《汉张叔敬朱书陶瓶与张角黄巾教的关系》一文,收入《文物考古论丛》。其中说到这件朱书陶瓶出土情形:"1935年春间,晋省修筑同蒲路工程中,掘得熹平二年张叔敬陶缶,朱书二十三行,共二百一十九字,不但文字最多,书法最精,且每字皆清

---

① 中国秦汉史研究会、中国魏晋南北朝史学会两会会长联席会议"曹操高陵考古发现学术研讨会"论文,安阳,2010年4月。
② 参见郭沫若:《奴隶制时代》,人民出版社1973年版,第92—93页。

朗，不啻一块汉碑石刻。可谓朱书陶瓶中之王。"[1] 与"黄豆"相关的文字，刘昭瑞先生据陈氏所录并参照郭氏录文及标点，写作："上党人参九枚，欲持代生人；铅人，持代死人；黄豆瓜子，死人持给地下赋。"[2]

注意到有明确"熹平二年"纪年的《张叔敬镇墓文》中"黄豆瓜子，死人持给地下赋"文字，应当可以平息疑议，纠正"黄豆"一词是唐代才出现的误见。而曹操高陵出土文物"涉假"的说法，或许也可以因此得以澄清。

① 《文物考古论丛》，天津古籍出版社 1988 年版，第 290—291 页。
② 《汉魏石刻文字系年》，新文丰出版公司 2001 年版，第 202—203 页。

上林繁叶

图书在版编目(CIP)数据

上林繁叶:秦汉生态史丛说/王子今著.—上海:
上海人民出版社,2021
(论衡)
ISBN 978-7-208-17108-4

Ⅰ.①上… Ⅱ.①王… Ⅲ.①生态环境-历史-中国
-秦汉时代 Ⅳ.①X321.2

中国版本图书馆 CIP 数据核字(2021)第 091179 号

责任编辑　杨　清
封扉设计　人马艺术设计·储平

论衡

上林繁叶
──秦汉生态史丛说

王子今　著

出　　版　上海人民出版社
　　　　　(200001　上海福建中路 193 号)
发　　行　上海人民出版社发行中心
印　　刷　上海盛通时代印刷有限公司
开　　本　787×1092　1/32
印　　张　11.75
插　　页　9
字　　数　202,000
版　　次　2021 年 8 月第 1 版
印　　次　2021 年 8 月第 1 次印刷
ISBN 978-7-208-17108-4/K·3087
定　　价　68.00 元